KB117246

인조이 **중미**

인조이 중미

지은이 박재영
펴낸이 임상진
펴낸곳 (주)넥서스

초판 1쇄 발행 2024년 3월 05일
초판 2쇄 발행 2024년 3월 10일

출판신고 1992년 4월 3일 제311-2002-2호
주소 10880 경기도 파주시 지목로 5
전화 (02) 330-5500 팩스 (02) 330-5555

ISBN 979-11-6683-798-2 13980

가격은 뒤표지에 있습니다.
잘못 만들어진 책은 구입처에서 바꾸어 드립니다.

www.nexusbook.com

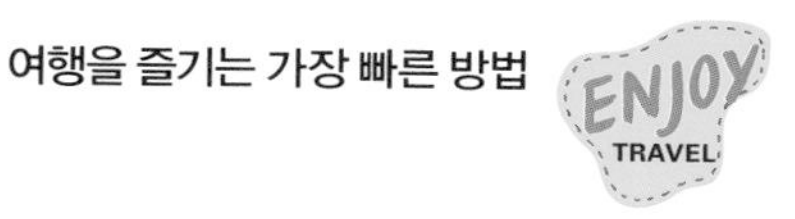

인조이 중미

멕시코·과테말라 쿠바·코스타리카

CENTRAL AMERICA

박재영 지음

넥서스BOOKS

Prologue

여는 글

제가 중미를 처음 여행한 것은 2008년이었습니다. 회사를 그만두고 1년간 여행을 할 때 처음 도착한 도시가 멕시코 과달라하라였습니다. 남미로 내려가기 전에 중미를 몇 달간 여행했었고, 중미는 제가 처음으로 라틴 아메리카의 문화와 사람들을 만난 곳이라 늘 인상 깊었습니다. 당시만 해도 중미에는 한국인 여행자가 아주 드물었고 제대로 된 우리나라 가이드북도 없어서 세계적으로 유명한 '론리 플래닛' 영문판을 구해서 일일이 번역을 해가며 참고를 했습니다.

2011년경부터 여행자가 폭발적으로 늘기 시작하면서 이제는 중미에서 한국 사람을 보는 것이 더는 신기하지 않게 되었습니다. 특히나 칸쿤이 우리나라 신혼 부부들에게 신혼 여행지로 유명해지면서, 코로나 전에는 매년 2만 명 가까운 한국인들이 칸쿤을 찾곤 했습니다. 하지만 여전히 우리나라의 중미 가이드북은 정보가 부족하고 매년 변하는 현지 사정을 제대로 반영하지 못하고 있습니다. 특히, 사진과 관광지 소개에만 집중하다보니 여행자들에게 가장 필요한 여행 준비와 투어, 교통 부분의 정보가 부실한 것이 늘 문제였습니다. 그래서 예전에는 차라리 여행 블로그를 보라고 권하곤 했습니다. 하지만 블로그의 정보도 사실 문제가 많습니다. 왜냐하면 대부분의 우리나라 여행자들은 스페인어로 현지인들과 원활한 의사소통을 할 수 없는 데다가, 딱 한 번의 여행 경험을 바탕으로 적기 때문이죠. 여행지는 계절에 따라, 성수기냐 비수기냐에 따라, 심지어 날씨에 따라 상황이 다르고, 매년 현지의 물가나 여행과 관련된 규정이 변하는데 그런 것까지 잘 알고 적는 블로거는 없으니까요. 이렇게 항상 가이드북에 대해 아쉬움을 가지고 있다가 몇 년 전에 '넥서스북'으로부터 남미 가이드북을 써 줄 수 있냐는 제안을 받고 오랜 작업 끝에 인조이 남미를 출발하게 되었습니다. 그리고 제가 매년 남미를 직접 가기 때문에 처음 약속처럼 해마다 개정판을 내면서 지속적으로 정보를 수정하고 있습니다. 남미 가이드북을 썼으니 제대로 된 중미 가이드북도 쓰자는 데 출판사와 의견을 같이해 2023년부터 작업한 끝에, 마침내 중미 가이드북도 나오게 되었습니다.

《인조이 남미》처럼 원고 작업을 하면서 무엇보다 염두에 둔 것은 정보의 깊이와 자세함이었습니다. 예를 들어 멕시코는 5천 년이 넘는 오랜 역사를 가진 곳이라서 수많은 유적과 훌륭한 박물관이 있는데, 우리나라에는 멕시코의 역사와 유물에 대해 자세한 설명을 해주는 책이 없습니다. 그래서 박물관, 미술관, 유적 등의 공식 홈페이지와 각종 영어·스페인어 자료를 참고해서 최대한 신뢰할 수 있는 정보를 전달하기 위해 노력했습니다. 특히나 저는 멕시코 칸쿤에서 살았었기 때문에 제가 사는 동안 느꼈던 여행에 도움이 되는 상세한 정보를 최대한 많이 담았습니다. 거기에 더해, 중미 여행 팀을 인솔하면서 팀원들이 저에게 물어봤던 점들을 최대한 반영했습니다. 그래서 별도의 자료를 찾아보지 않고도 이 책 한 권만으로 자세한 정보와 절차까지 알 수 있도록 구성했습니다.

이 책도《인조이 남미》처럼 생생한 현지의 최신 정보를 반영하려고 노력했습니다. 세상 어디나 그렇듯이 물가와 여행지의 규정은 매년 변합니다. 특히나 쿠바는 코로나 기간 동안 국가부도를 선언하면서 화폐제도 자체가 변경되었고, 쿠바 페소의 가치가 급락하면서 암달러가 생겼으며, 그로 인해 많은 정보가 달라졌습니다. 저는 매년 중미를 방문하기 때문에 모든 최신 정보와 경험을 이 책에 반영하기 위해 노력했습니다. 가이드북의 특성상 이번에 출간하는 것이 결코 전부는 아닙니다. 앞으로 인조이 남미처럼 꾸준히 매년 달라지는 현지 사정을 반영해서 언제 보더라도 신선한 정보가 가득한 책으로 유지하도록 하겠습니다.

부족하지만 이 책이 중미 여행을 준비하고 꿈꾸는 모든 분들에게 작은 도움이 되기를 바랍니다. 그리고, 중미를 여행하는 모든 분들이 안전하고 즐겁게 여행하시길 기원합니다.

마지막으로 저와 함께 중미를 여행하면서 귀중한 사진 자료를 제공해주신 문종훈, 권호진, 양문주 님께 감사드립니다. 무엇보다 이 책을 위해 엄청난 양의 사진을 제공해주셔서 가장 큰 도움이 된 신한카드 배상민 형님께 깊이깊이 감사드립니다. 오랜 시간 동안 성격 깐깐한 저자와 함께 일을 하면서 출간을 위해 많은 노력을 기울여주신 넥서스북 식구들께도 깊이 감사드립니다.

박재영

이 책의 구성

현지의 최신 정보를 정확하게 담고자 하였으나 현지 사정에 따라 정보가 예고 없이 변동될 수 있습니다. 특히 요금이나 시간 등의 정보는 안내된 자료를 참고 기준으로 삼아 여행 전 미리 확인하시기 바랍니다.

중미 Best 여행지 10

중미를 여행할 때 놓치지 말아야 하는 추천 장소를 정리했다. 중미 여행을 준비할 때는 이곳을 중심으로 여행 일정을 잡는 것을 추천한다.

2

중미 추천 코스

어디부터 여행을 시작할지 고민이 된다면 추천 코스를 살펴보자. 저자가 추천하는 코스를 참고하여 자신에게 맞는 최적의 일정을 세워보자.

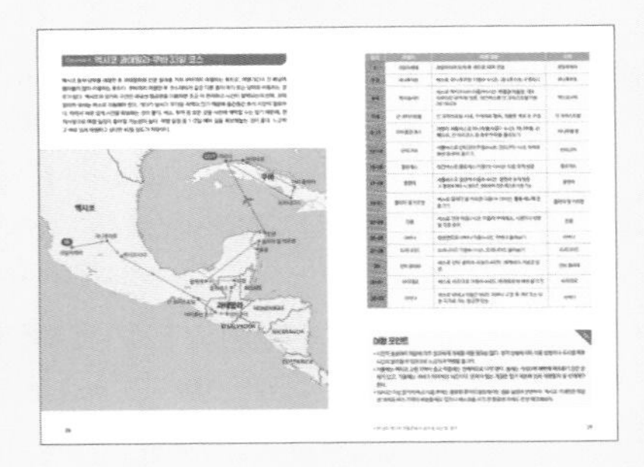

3

중미 여행 준비

여행 시기를 결정하는 데 중요한 기후 정보부터 여행 준비 과정에서 필요한 비자, 예약, 준비물 등의 다양한 정보를 담았다.

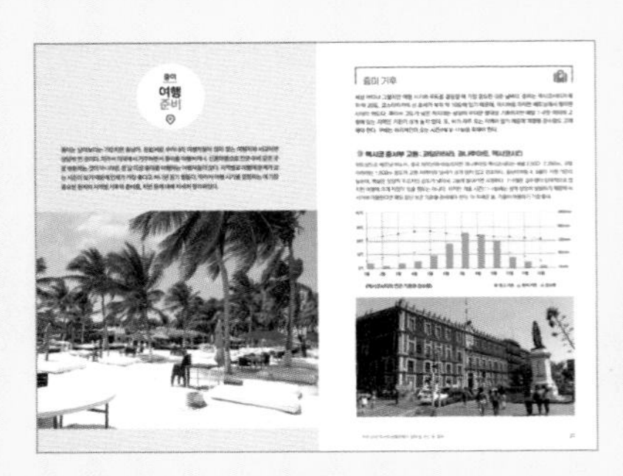

4

중미 입출국하기

중미 여행의 시작과 끝인 입출국에 관한 정보를 자세히 담았다.

5

지역 여행

중미의 각 지역별 주요 관광지와 투어 정보, 맛집, 숙소 등을 소개한다. 중미를 찾는 여행자라면 꼭 가 봐야 할 핵심 여행 정보 위주로 정리하였다.

나라별 기본 정보

나라별 대표 음식

지역 특징과 상세한 교통 정보

꼭 찾아가야 하는 핵심 명소

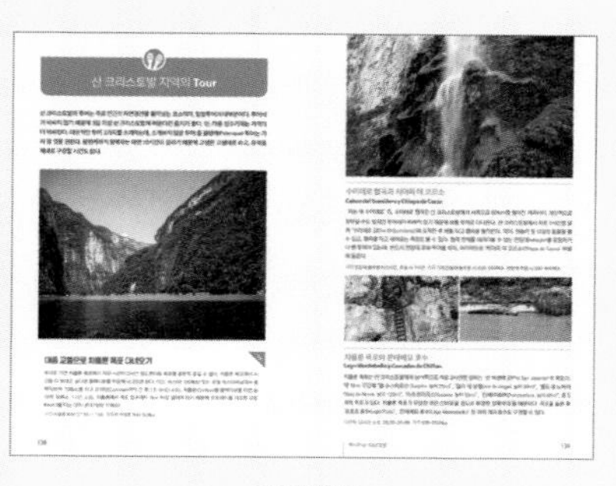

투어 정보

추천 식당 및 숙소

6

현지 여행회화

중미 여행에서 꼭 필요한 단어와 상황별 회화를 미리 살펴보고, 또 현지에서 바로 활용할 수 있도록 꼭 필요한 것들만 담았다.

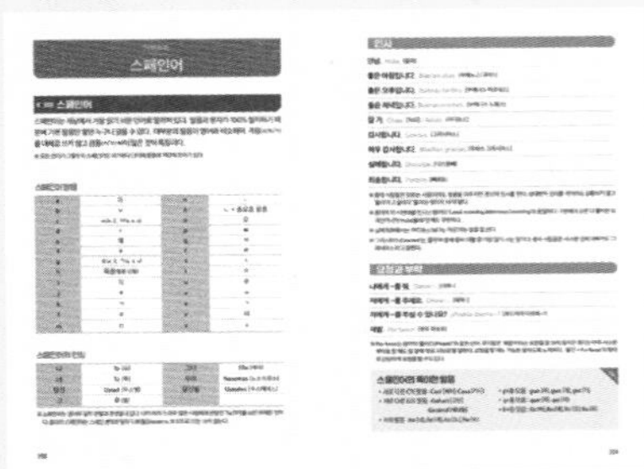

7

찾아보기

이 책에서 소개된 곳들을 관광지, 투어, 식당, 숙소 등 주제별 목록으로 정리하여 이름만 알아도 쉽게 찾을 수 있도록 하였다.

Notice!

발음 표기

우리나라의 외래어 표기법은 현지 발음을 정확하게 반영하지 못하는 경우가 많습니다. 따라서 가능한 한 외래어 표기법을 따랐고, 일부 항목의 경우 현지 발음을 그대로 반영했습니다.

가격 정보

투어, 시외버스 등의 요금 정보는 최저가로만 표기하면 여러 가지 문제가 생길 수 있습니다. 시즌에 따라 가격이 변동되는 경우가 많고, 시외버스는 버스회사와 좌석 등급(일반, 우등 등)에 따라 요금 변동이 크기 때문입니다. 따라서 요금 정보는 합리적이라고 생각되는 범위로 표시했습니다.

책에 나온 장소를 내 휴대폰 속으로!

여행 중 길 찾기가 어려운 독자를 위한 인조이만의 맞춤 지도 서비스.
구글맵 기반으로 새롭게 돌아온 모바일 지도 서비스로 스마트하게 여행을 떠나자.

STEP 01

아래 QR을 이용하여
모바일 지도 페이지 접속.

STEP 02

STEP 03

지도 목록에서 찾고자 하는 장소를 검색하여 원하는 장소로 이동!

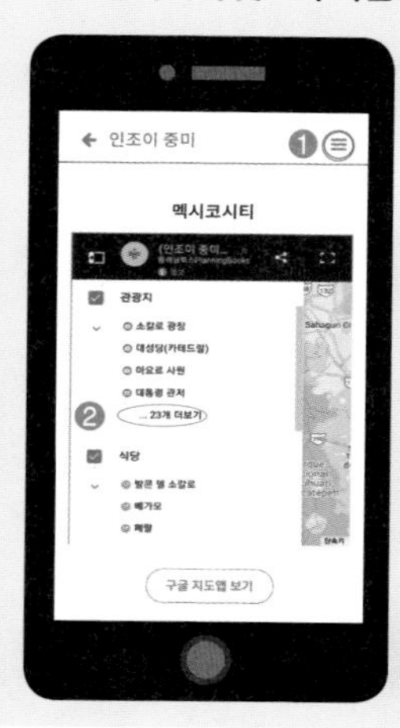

❶ 지역 목록으로 돌아가기
❷ 길 찾는 장소 선택
❸ 큰 지도 보기
❹ 지도 공유하기
❺ 구글 지도앱으로 장소 검색

Contents

목차

쿠바

코스타리카

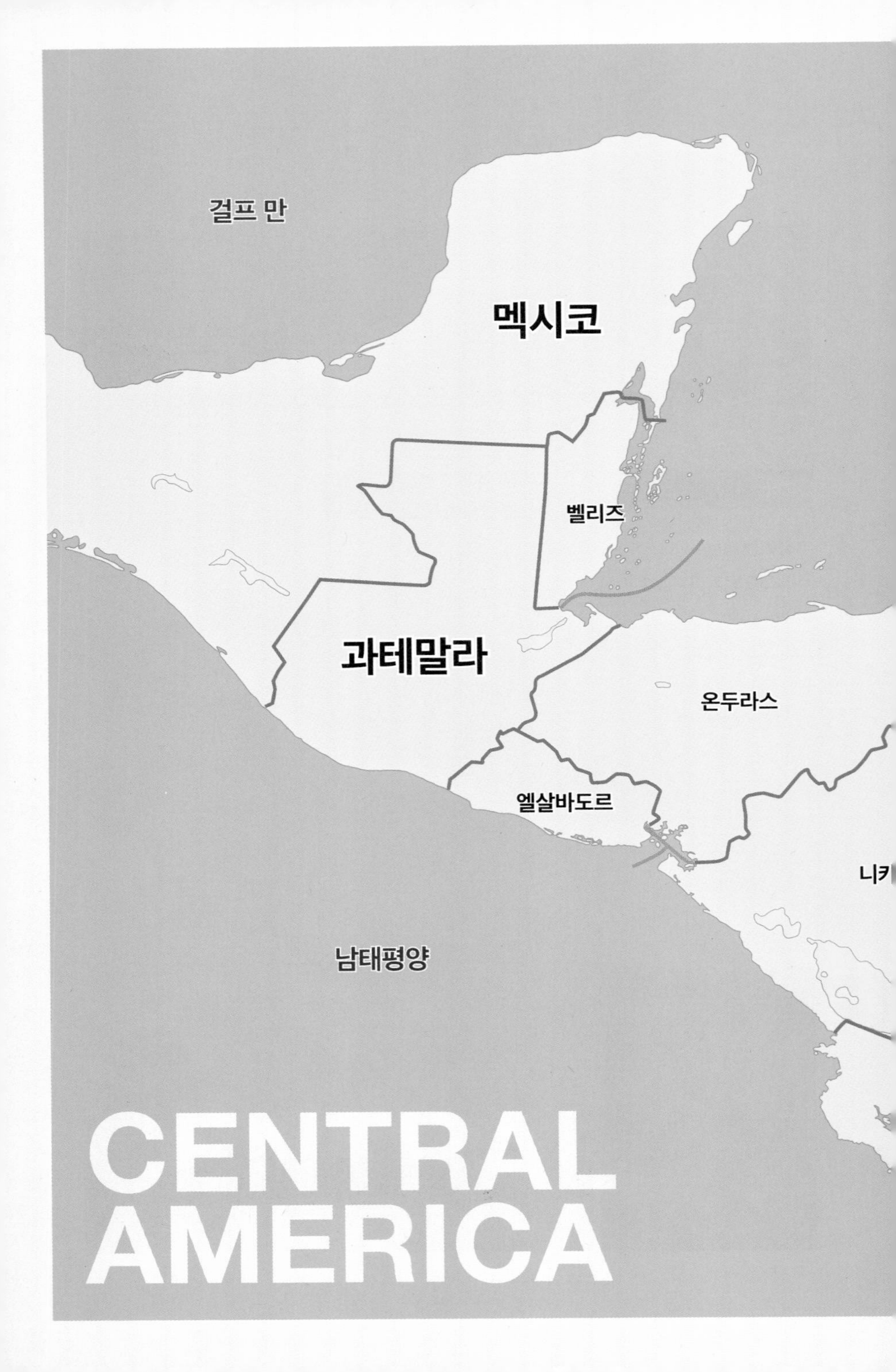
걸프 만
멕시코
벨리즈
과테말라
온두라스
엘살바도르
니카
남태평양
CENTRAL
AMERICA

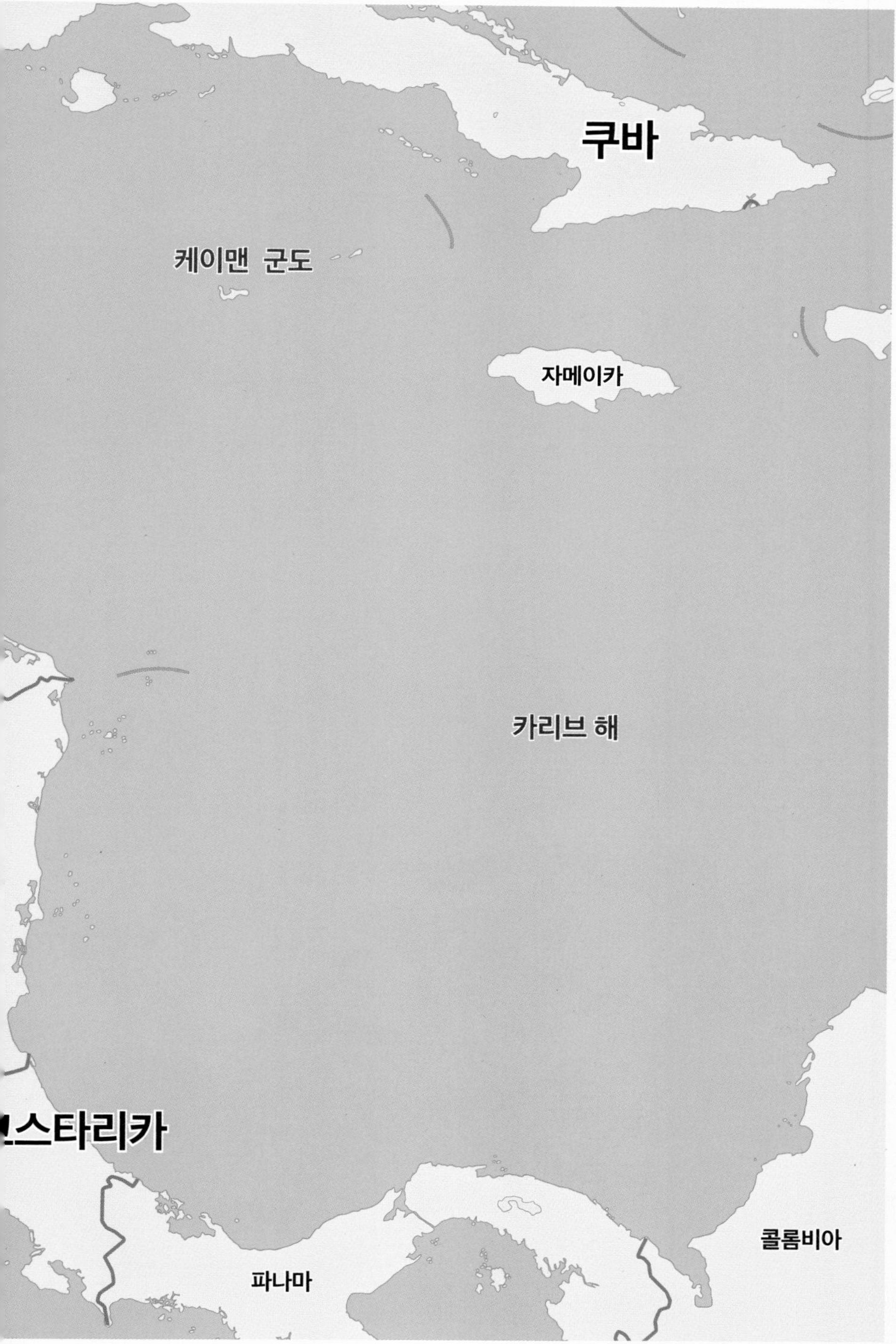

쿠바

케이맨 군도

자메이카

카리브 해

스타리카

콜롬비아

파나마

수천 년의 역사와 전통문화가 살아 숨 쉬는 땅, 중미

지리적으로 중미는 아메리카 대륙 중 북아메리카와 남아메리카를 연결하는 지역을 뜻한다. 하지만 북미에 속하는 멕시코도 중미 대부분의 나라들처럼 스페인어를 쓰고, 문화적·역사적으로 비슷하기 때문에 여행자들은 보통 멕시코도 중미에 속하는 지역이라고 생각한다. 멕시코까지 포함시킬 때 중미에는 멕시코, 과테말라, 온두라스, 엘살바도르, 니카라과, 코스타리카, 파나마가 있고, 대륙 동쪽의 카리브해에는 쿠바, 자메이카, 아이티, 도미니카 공화국 등 많은 섬나라들이 있다. 이 책에서는 중미 국가들 중 우리나라 여행자들이 가장 많이 찾는 멕시코, 과테말라, 쿠바, 코스타리카 4개국을 다룬다.

중미는 15세기 스페인의 정복 전부터 살았던 원주민, 유럽에서 건너온 백인, 노예로 아프리카에서 유입된 흑인 그리고 혼혈 인종까지 다양한 인종이 있다. 인구가 1억이 넘고 국토가 남한의 20배 가까이 되는 멕시코를 제외하면, 대부분의 국가들이 남미 국가들에 비해 면적이 작고 인구도 적은 편이다. 멕시코는 국토가 넓고 인구가 많아서 먹거리와 공산품이 저렴하지만 과테말라와 코스타리카는 공산품이 다소 비싼 편이다. 쿠바는 미국의 오랜 경제 제재로 인해 탄산음료 등 간단한 공산품도 쉽게 구하기 힘들 정도로 물자가 부족하다. 과테말라와 쿠바는 대부분의 차량이 낡고 매연이 심한데 반해, 자연보호를 위해 환경 규제를 엄격하게 하는 코스타리카에서는 우리나라에서는 좀처럼 보기 힘든 티 없이 맑은 하늘을 거의 매일 볼 수 있다.

중미는 우유니 소금 사막, 모레노 빙하, 토레스 델 파이네 등 엄청난 풍경을 만날 수 있는 남미에 비해 인상적인 볼거리는 적은 편이다. 하지만 멕시코, 과테말라 같은 곳에서는 수천 년에 걸쳐 발달한 마야와 아스텍, 테오티우아칸 등 다양한 문명의 유적과 유물들을 만날 수 있고, 남미의 콜로니얼 도시와는 전혀 다른 느낌의 아름다운 도시들을 볼 수 있다. 남미 여행이 대자연을 만나는 여행이라면 중미 여행은 마치 유럽 여행처럼 도시별로 색다른 분위기와 아기자기한 재미를 느낄 수 있을 것이다. 오랜 역사와 문화가 살아 숨 쉬고 있는 중미 지역을 탐험해보자.

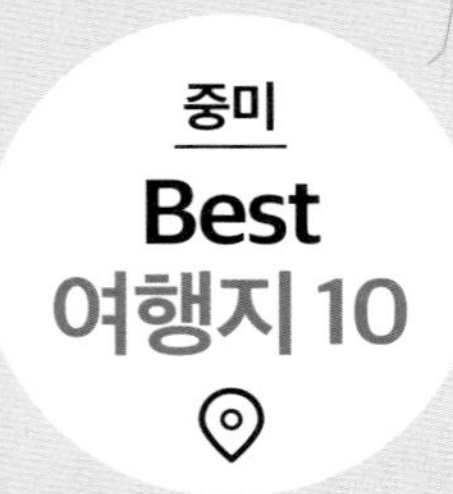

중미 Best 여행지 10

중미, 특히 멕시코와 과테말라는 중국만큼이나 오랜 역사와 문화적 전통을 자랑하는 곳이기 때문에 세계 그 어느 곳의 유적, 박물관, 미술관과 견주어도 떨어지지 않는 멋진 볼거리들이 있다. 또한 카리브해 지역에는 너무나 아름다운 해변과 자연을 만날 수 있고, 코스타리카는 세계 그 어떤 국가보다 자연이 잘 보호되어 있다. 여기에서는 필자가 뽑아본 중미에서 절대 놓치지 말아야 할 최고의 여행지 10곳을 소개한다.

멕시코 테오티우아칸 Teotihuacan

우리나라의 삼국 시대 정도쯤 만들어진 이 거대한 유적은 들어서자마자 여행객을 압도한다. 길이가 2km가 넘는 '죽은 자의 거리'를 따라 고대의 유적이 남아 있으며, 아메리카 대륙에서 가장 큰 '태양의 피라미드'에 올라가면 광활한 유적 전체의 모습을 볼 수 있다. 이보다 압도적인 고대 유적은 세계를 다 뒤져봐도 좀처럼 만나기 어렵다.

멕시코 인류학 박물관과 베야스 아르테스

Museo Nacional de Antropologia & Bellas Artes

멕시코시티는 훌륭한 박물관과 미술관이 많은 것으로 유명하다. 그중 가장 멋진 곳은 멕시코 각지에서 발굴된 유물들을 모아놓은 인류학 박물관과 멕시코 벽화 운동을 주도한 거장들의 작품이 모여 있는 '베야스 아르테스' 미술관일 것이다. 중국만큼이나 오랜 역사를 자랑하는 멕시코 문명의 유물과 멕시코 미술의 정수를 놓치지 말자.

멕시코 과나후아토 Guanajuato

멕시코에서 가장 아름다운 도시로 꼽아도 무리가 없는 과나후아토는 도시 전체가 멕시코적인 색깔로 가득 차 있다. 모든 골목이 미로처럼 얽혀 있고, 곳곳에서 예쁜 조형물을 마주치게 된다. 어디를 가나 음악이 넘쳐흐르는 이곳에서 밴드와 함께 골목길을 누비며 노래를 부르고 환호성을 지르다보면 이 작고 예쁜 도시와 사랑에 빠지게 될 것이다. 아름다운 과나후아토의 골목길과 흥겨운 멕시코의 음악을 함께 할 수 있는 '까예 호네아다스'를 절대 놓치지 말자.

멕시코 칸쿤 Cancun

세계 최고의 휴양지 중 한 곳인 칸쿤은 눈부시게 아름다운 카리브해의 해변만으로도 여행할 이유는 충분하지만 섬이 아니라 대륙에 붙어 있다보니 해변 외에도 볼거리가 많다. 신비로운 세노테에서 수영을 하고, 툴룸과 치첸이사의 유적을 돌아볼 수 있다. 작고 아름다운 '이슬라 델 무헤레스' 섬을 구경하고, 화려한 코코봉고 클럽에서 신나는 밤을 즐길 수 있다. 세상에서 가장 즐거운 여행지 중 한 곳인 칸쿤은 중미 여행의 필수 코스다.

과테말라 안티구아 Antigua

스페인 식민지 시절의 건물과 거리가 그대로 남아 있는 안티구아는 중미에서 가장 아름다운 콜로니얼 도시다. 밝은 파스텔 톤의 거리는 어디를 가나 아름다운 성당과 건물로 가득하다. 또, 지진으로 파괴된 건물 중 일부는 아직도 남아 있어서 안티구아만의 독특한 분위기를 만든다. 여기에 더해 도시를 둘러싼 화산들은 안티구아를 어디서도 볼 수 없는 독특한 아름다움을 가진 곳으로 만들어준다. 세계적으로 유명한 안티구아 커피는 당연히 맛봐야 한다.

과테말라 아티틀란 호수 Lago Atitlan

세 개의 화산이 호수를 병풍처럼 둘러싸고 있는 아티틀란 호수의 풍경은 마치 그림 같다. 이 아름다운 호수 주변에는 아직까지 마야의 전통의상을 입고 전통문화를 유지하고 있는 사람들이 살고 있다. 산 페드로, 산 마르코스 같은 작은 호숫가 마을에서 매력적인 시간을 보낼 수 있다.

과테말라 티칼 Tikal

울창한 밀림 속에 숨어 있는 티칼 유적은 마야문명의 유적들 중에 가장 규모가 크고 신비롭다. 유적을 둘러보면서 정글 속을 탐험하는 듯한 기분을 느낄 수 있고, 원숭이 등 많은 동식물을 볼 수 있다. 스타워즈 시리즈에서 반란군의 본부가 있는 '야빈IV' 행성이 바로 이 티칼을 본뜬 것이다. 중미에서 가장 신비로운 유적인 티칼을 꼭 만나보자.

쿠바 바라데로 Varadero

육지에서 폭이 몇백 미터밖에 안 되는 좁고 긴 땅이 바다로 튀어나와 있는 바라데로는 쿠바에서 가장 아름다운 해변을 만날 수 있는 곳이다. 좁은 땅 양쪽으로는 눈부시게 빛나는 에메랄드색 바다와 넓은 백사장이 자리잡고 있다. 쿠바를 여행하면서 무더운 날씨와 호객꾼, 매연에 지쳤다면 훌쩍 바라데로를 향해 떠나보자.

코스타리카 몬테베르데 Monteverde

'몬테베르데 운무림 보호구역'으로 지정되어 있는 몬테베르데는 울창한 숲과 산을 자욱한 안개와 구름이 뒤덮고 있고, 무성한 산림 사이사이에는 다양한 투어를 즐길 수 있는 자연 테마파크들이 있다. 나무와 꽃이 가득한 숲속에는 벌새가 날아다니고, 온갖 새들이 지저귄다. 말 그대로 자연 그 자체를 느낄 수 있는 몬테베르데의 숲속을 걸어보자.

코스타리카 토르투게로 Tortuguero

토르투게로는 코스타리카에서, 아니 중미 전체에서 가장 독특한 여행지 중 하나다. '토르투게로 국립공원' 안에 있는 작은 마을은 강과 카리브해 사이의 폭 몇십 미터에 불과한 육지에 있다. 다른 지역과 육로 연결이 안 되어 있기 때문에 마을 전체가 말 그대로 자연 속에 파묻혀 있으며, 매연을 내뿜는 그 어떤 운송 수단도 없고, 커다랗고 화려한 건물도 없다. 인위적인 것이 최대한 배제된 자연 그 자체를 느낄 수 있는 곳이 토르투게로다.

중미 추천 코스

중미는 고산 지역과 아마존이 있어서 여행 루트가 제한적인 남미와 달리 어디서 여행을 시작해도 무리가 없다. 그리고 남미보다는 우리나라에서 훨씬 가깝다보니 한 나라만 여행하는 여행자들도 많다. 과테말라와 코스타리카 중간에 있는 온두라스, 엘살바도르, 니카라과 같은 나라들은 볼거리가 부족하고 치안도 안 좋기 때문에 대부분의 여행자들이 이 세 국가는 방문하지 않고, 코스타리카 또는 남미를 항공편으로 가는 경우가 많다. 이런 여러 가지 상황을 고려해 멕시코·쿠바·코스타리카는 국가별로 별도의 여행 일정을 소개한다. 그리고 여행 기간이 긴 장기여행자는 멕시코·과테말라·쿠바를 묶어서 여행하는 경우가 많기 때문에 이 세 나라를 여행하는 루트를 소개한다.

Course 1. 멕시코 12일 코스

멕시코는 워낙 볼거리가 많은 곳이기 때문에 멕시코만 한 달 이상을 여행해도 유명한 여행지를 다 둘러보기 힘들 정도다. 일주일 정도 시간이 있다면 보통 멕시코시티와 칸쿤 일대만 여행하게 되고, 2주 정도의 시간이 있다면 과달라하라, 과나후아토 같은 곳도 둘러볼 수 있다. 산 크리스토발, 팔렌케 같은 멕시코 남부 지역까지 여행하는 여행자들은 보통 과테말라까지 들르기 때문에 한 달 이상의 기간을 잡아서 여행하곤 한다. 그리고 한국에서 중미는 국제선으로 왕복에 2~2.5일이 걸리기 때문에 여행 일정을 잡을 때 국제선 소요 시간을 고려해야 한다. 이곳에서 소개하는 루트는 국제선 이동 시간은 고려하지 않은 것이다.

여행 기간이 짧으면 현지에 도착해서 이것저것 알아볼 시간이 없기 때문에 항공권과 숙소는 미리 예약하는 것이 좋다. 멕시코의 여름은 너무 덥고 겨울은 멕시코시티 등 고원 지역이 꽤 쌀쌀하기 때문에 봄, 가을이 여행하기 가장 좋다. 그런데 칸쿤 지역은 지구온난화로 해조류 문제가 심각하기 때문에(p156 참조) 이것까지 고려하면 가을이 여행하기에 가장 좋다. 단, 가을은 허리케인 시즌이라 쿠바를 여행하긴 쉽지 않다.

일자	여행지	여행 내용	숙박
1	과달라하라	과달라하라 도착 후 센트로 구경	과달라하라
2	과나후아토	틀라케파케 방문 후 버스로 과나후아토 이동(4~5시간)	과나후아토
3	과나후아토	과나후아토 시내 구경	과나후아토
4	멕시코시티	버스로 멕시코시티 이동(약 5시간), 센트로 둘러보기	멕시코시티
5	멕시코시티	박물관·미술관 관람	멕시코시티
6	멕시코시티	테오티우아칸·과달루페 성당 등 방문	멕시코시티
7	플라야 델 카르멘	칸쿤으로 항공 이동(2시간), 공항에서 플라야 델 카르멘 이동(1시간) 후 시내·해변 둘러보기	플라야 델 카르멘
8	툴룸	툴룸·세노테 등 방문	플라야 델 카르멘
9	칸쿤	버스로 칸쿤 이동(1시간), 페리로 이슬라 무헤레스 다녀오기	칸쿤
10	칸쿤	치첸이사 방문(버스로 왕복 약 7시간)	칸쿤
11	칸쿤	칸쿤의 해변과 각종 투어 즐기기	칸쿤
12	칸쿤	칸쿤에서 귀국 항공편 탑승	

TIP

여행 포인트

- 멕시코시티의 거의 모든 박물관·미술관은 월요일에 문을 닫는다. 여행 기간이 짧기 때문에 일정 계획 시 이 점을 고려해야 한다.

Course 2. 쿠바 8일 코스

쿠바는 주로 버스로 이동하고, 버스표는 현지에서 구매할 수 있기 때문에 숙소와 항공권 외에 별다른 준비는 필요 없다. 민박인 카사를 이용한다면 숙소도 현지에 도착 후 구해도 된다. 투어는 인터넷에서 예약하는 것보다 현지에 와서 알아보는 것이 더 저렴할 때가 많다. 8월 말부터 11월까지는 허리케인 시즌이기 때문에 여행을 피하는 것이 좋다.

일자	여행지	여행 내용	숙박
1	아바나	아바나 비에하베다도 둘러보기	아바나
2	트리니다드	오전에 아바나 구경 후 버스로 트리니다드 이동(6~7시간)	트리니다드
3	트리니다드	트리니다드 시내 둘러보기	트리니다드
4	산타 클라라	버스로 산타 클라라 이동(3~4시간), 체게바라 기념관과 시내 구경	산타 클라라
5	바라데로	버스로 바라데로 이동(3~4시간), 바라데로의 해변과 석양 즐기기	바라데로
6	바라데로	아름다운 바라데로의 자연 속에서 휴식	바라데로
7	아바나	버스로 아바나 이동(2~3시간), 아바나 외곽 지역 둘러보기	아바나
8	아바나	아바나에서 귀국 항공편 탑승	

여행 포인트

TIP

- 한국에서 쿠바까지 가는 항공편 루트를 잘 선택해야 한다. 쿠바는 미국의 적성 국가이기 때문에 미국을 경유할 경우 추후 미국 입국에 문제가 생길 수도 있다. 미국의 정치적 상황에 따라 규제가 다르지만 미국 경유는 상황을 잘 알아본 후 선택해야 한다. 멕시코 등 중미 국가에서 미국을 다녀오는 것이 안전하다. 중미에서 쿠바를 다녀오면 미국 정부가 쿠바 입국여부를 알 수 없기 때문에 미국 ESTA에 아무런 영향이 없다.

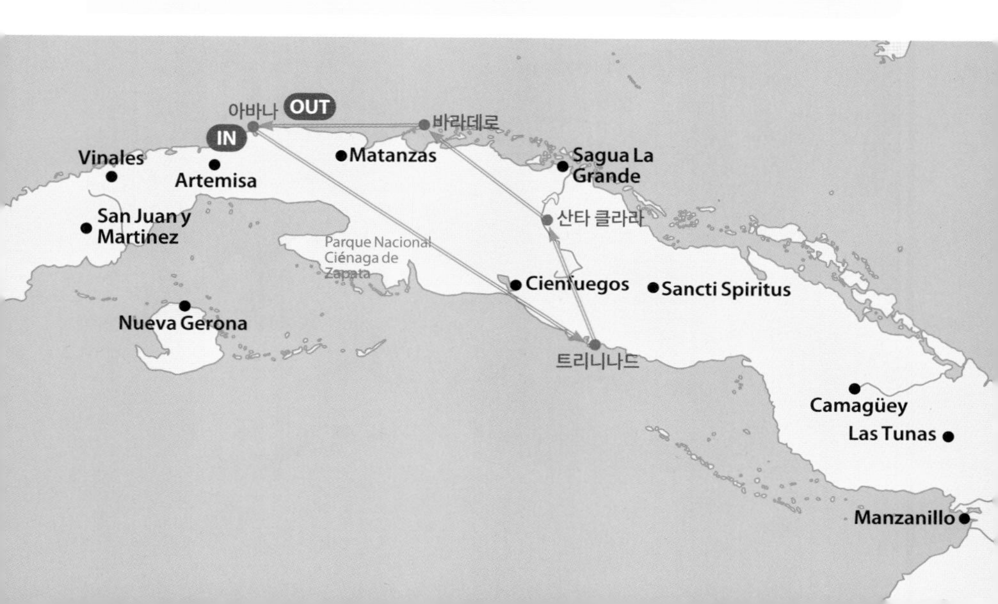

Course 3. 코스타리카 9일 코스

코스타리카는 항공편을 이용해서 산 호세에 도착하는 여행자가 많다. 시외버스가 상당히 저렴한 대신 수시로 서는 완행버스라 느리고 여행지 사이를 한 번에 이동하기 어렵다. 따라서 산호세-몬테베르데 구간을 제외하고는 여행사 셔틀버스를 이용한다는 가정하에 작성한 루트다. 시외버스를 이용하면 시간이 훨씬 더 걸린다.

일자	여행지	여행 내용	숙박
1	산 호세	산 호세 도착 후 시내 구경	산 호세
2	몬테베르데	시외버스로 몬테베르데(산타 엘레나) 이동(4~5시간), 산타 엘레나 인근 둘러보기	몬테베르데
3	몬테베르데	각종 테마파크·운무림 보호구역 방문	몬테베르데
4	포르투나	여행사 셔틀버스로 포르투나 이동(4시간), 포르투나 마을 둘러보기	포르투나
5	포르투나	화산 트레킹 등 각종 투어 즐기기	포르투나
6	토르투게로	여행사 셔틀버스와 보트로 토르투게로 이동(5~6시간), 토르투게로 마을 둘러보기	토르투게로
7	토르투게로	바다거북 투어·보트 투어 등 즐기기	토르투게로
8	산 호세	여행사 셔틀버스와 보트로 산 호세 이동(5~6시간), 산 호세 둘러보기	산 호세
9	산 호세	산 호세에서 귀국 항공편 탑승	

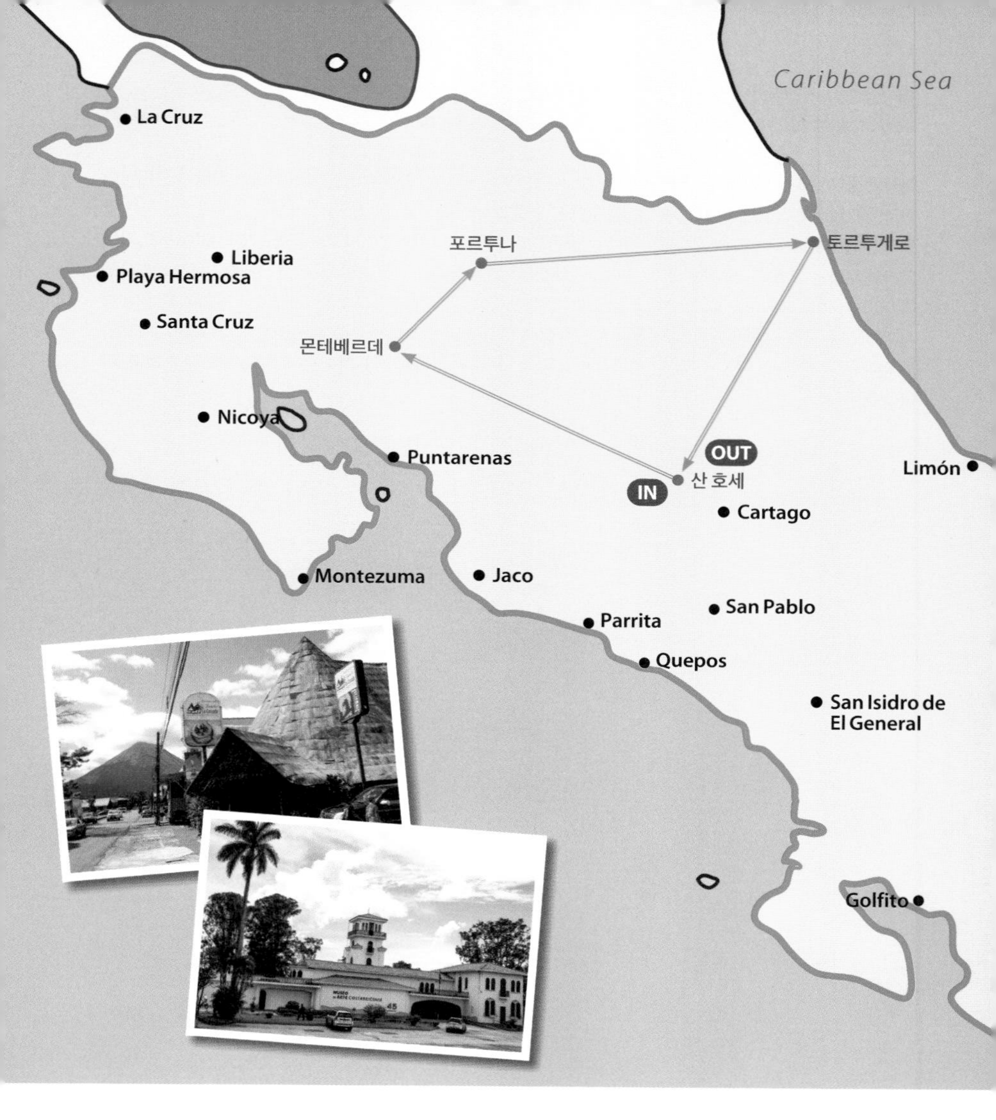

여행 포인트

- 토르투게로 등 일부 지역은 국내선 항공편도 있지만 상당히 비싸다. 여행사 셔틀버스가 가장 무난한 이동 방법이다.
- 몬테베르데에는 이 책에서 지면 관계상 소개하지 못한 엄청나게 다양한 즐길 거리와 투어가 있기 때문에 만약 시간 여유가 더 있다면 몬테베르데에 투자할 것을 권한다.
- 몬테베르데-토르투게로 구간은 여행사 셔틀버스가 없다. 따라서 몬테베르데-포르투나-토르투게로 순으로 방문하는 것이 좋다. 물론 역순도 가능하다.

Course 4. 멕시코·과테말라·쿠바 33일 코스

멕시코 중부·남부를 여행한 후 과테말라와 칸쿤 일대를 거쳐 쿠바까지 여행하는 루트로, 여행 기간이 긴 배낭여행자들이 많이 이용하는 루트다. 쿠바까지 여행한 후 코스타리카 같은 다른 중미 국가 또는 남미로 이동하는 경우가 많다. 멕시코의 장거리 구간은 국내선 항공편을 이용하면 조금 더 편리하고 시간이 절약되는데 반해, 과테말라와 쿠바는 버스로 이동해야 한다. 게다가 날씨가 무더운 지역이 많기 때문에 중간중간 휴식 시간이 필요하다. 따라서 여유 있게 시간을 확보하는 것이 좋다. 버스, 투어 등 모든 것을 사전에 예약할 수는 없기 때문에 현지 사정으로 여행 일정이 틀어질 가능성이 높다. 여행 일정 중 1~2일 예비 일을 확보해놓는 것이 좋다. 느긋하고 여유 있게 여행하고 싶다면 40일 정도가 적당하다. 코로나 이후 쿠바를 방문하는 여행자가 크게 줄면서, 아바나로 들어가는 항공편 구하기가 쉽지 않다.

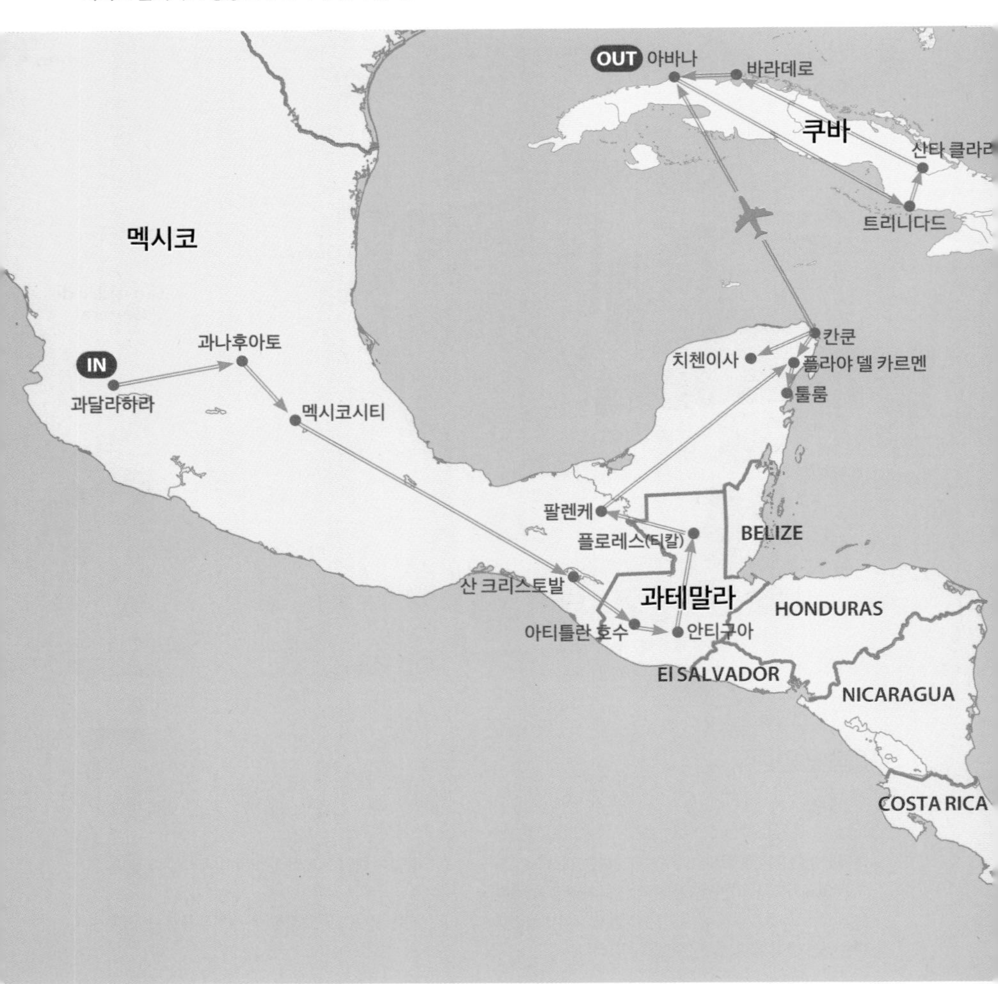

일자	여행지	여행 내용	숙박
1	과달라하라	과달라하라 도착 후 센트로 지역 구경	과달라하라
2~3	과나후아토	버스로 과나후아토 이동(4~5시간), 과나후아토 구경하기	과나후아토
4~6	멕시코시티	버스로 멕시코시티 이동(약 5시간), 박물관·미술관·테오티우아칸 유적 등 방문, 야간버스로 산 크리스토발 이동(16~18시간)	멕시코시티
7~8	산 크리스토발	산 크리스토발 시내·수미데로 협곡·치플론 폭포 등 구경	산 크리스토발
9~11	아티틀란 호수	여행자 셔틀버스로 파나하첼 이동(7~8시간), 파나하첼·산 페드로·산 마르코스 등 호숫가 마을 둘러보기	파나하첼 등
12~14	안티구아	셔틀버스로 안티구아 이동(3시간), 안티구아 시내·파카야 화산 등 투어 즐기기	안티구아
15~16	플로레스	야간버스로 플로레스 이동(12~13시간), 티칼 유적 방문	플로레스
17~18	팔렌케	셔틀버스로 팔렌케 이동(8~9시간), 팔렌케 유적 방문 ※ 팔렌케 제외 시 벨리즈 경유하여 칸쿤 쪽으로 이동 가능	팔렌케
19~21	플라야 델 카르멘	버스로 플라야 델 카르멘 이동(14~15시간), 툴룸·세노테 등 즐기기	플라야 델 카르멘
22~24	칸쿤	버스로 칸쿤 이동(1시간), 이슬라 무헤레스·치첸이사 방문 및 각종 투어	칸쿤
25~26	아바나	항공편으로 아바나 이동(1시간), 아바나 둘러보기	아바나
27~28	트리니다드	트리니다드 이동(6~7시간), 트리니다드 둘러보기	트리니다드
29	산타 클라라	버스로 산타 클라라 이동(3~4시간), 체게바라 기념관 방문	산타 클라라
30~31	바라데로	버스로 바라데로 이동(3~4시간), 바라데로의 해변 즐기기	바라데로
32~33	아바나	버스로 아바나 이동(2~3시간), 아바나 구경 후 귀국 또는 다른 국가로 가는 항공편 탑승	아바나

여행 포인트

- 시간이 충분하기 때문에 아주 정교하게 계획을 세울 필요는 없다. 현지 상황에 따라 이동 방법이나 도시별 체류 시간이 달라질 수 있으므로 느긋하게 여행을 즐기자.
- 겨울에는 멕시코 고원 지역이 춥고, 여름에는 전체적으로 너무 덥다. 봄에는 카리브해 해변에 해조류가 많은 문제가 있고, 가을에는 쿠바가 허리케인 시즌이다. 문제가 없는 계절은 없기 때문에 언제 여행할지 잘 선택해야 한다.
- 10시간 이상 장거리 버스 이동 후에는 충분한 휴식이 필요하다는 점을 일정에 반영하자. 멕시코 국내선은 항공권 가격과 버스 가격이 비슷할 때도 있으니 버스표를 사기 전 항공권 가격도 한 번 체크해보자.

중미

여행 준비

중미는 남미보다는 가깝지만 동남아, 유럽처럼 우리나라 여행자들이 많이 찾는 여행지와 비교하면 상당히 먼 곳이다. 따라서 미국에서 거주하면서 중미를 여행하거나 신혼여행으로 칸쿤·쿠바 같은 곳을 방문하는 것이 아니라면, 한 달 이상 중미를 여행하는 여행자들이 많다. 지역별로 여행에 문제가 있는 시즌이 있기 때문에 언제가 가장 좋다고 하나만 꼽기 힘들다. 따라서 여행 시기를 결정하는 데 가장 중요한 현지의 지역별 기후, 준비물, 치안 등에 대해 자세히 정리하였다.

중미 기후

세상 어디나 그렇지만 여행 시기와 루트를 결정할 때 가장 중요한 것은 날씨다. 중미는 멕시코시티가 북위 약 20도, 코스타리카의 산 호세가 북위 약 10도에 있기 때문에 아시아로 따지면, 베트남에서 필리핀 사이의 위도다. 따라서 고도가 낮은 저지대는 상당히 무더운 열대성 기후이지만 해발 1~2천 미터의 고원에 있는 지역은 기온이 크게 높지 않다. 또, 비가 자주 오는 지역이 많기 때문에 계절별 강수량도 고려해야 한다. 쿠바는 허리케인이 오는 시즌(8월 말~11월)을 피해야 한다.

멕시코 중서부 고원 : 과달라하라, 과나후아토, 멕시코시티

위도상으로 베트남 하노이, 중국 하이난과 비슷하지만 과나후아토·멕시코시티는 해발 2,000~ 2,250m, 과달라하라는 1,600m 정도의 고원 지역이라 날씨가 크게 덥지 않고 건조하다. 동남아처럼 4, 5월이 가장 기온이 높은데, 햇살은 상당히 뜨겁지만 습도가 낮아서 그늘에 들어가면 시원하다. 7~9월은 강수량이 상대적으로 많지만 여행에 크게 지장이 있을 정도는 아니다. 하지만 겨울 시즌(11~2월)에는 밤에 상당히 쌀쌀하기 때문에 이 시기에 여행한다면 패딩 같은 보온 의류를 준비해야 한다. 이 지역은 봄, 가을이 여행하기 가장 좋다.

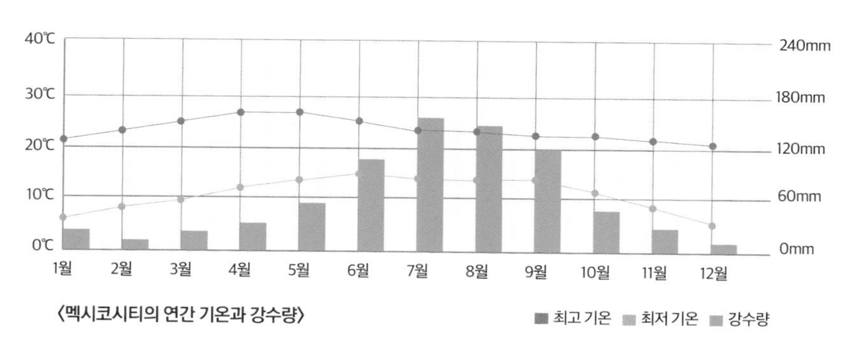

〈멕시코시티의 연간 기온과 강수량〉

카리브해 연안 저지대 : 멕시코 칸쿤 일대, 쿠바, 과테말라 플로레스(티칼)

필리핀이나 베트남의 열대 날씨 정도라고 생각하면 된다. 겨울(12~2월) 외에는 항상 덥고 습하며 자외선이 아주 강하다. 여름(7~8월)에는 햇빛이 너무 뜨거워서 밖에 오래 돌아다니기 힘들 정도다. 허리케인은 쿠바를 거쳐서 미국 쪽으로 올라가기 때문에 칸쿤에 직접 영향을 미치는 경우는 드물지만 허리케인이 많이 오는 9~10월에는 비가 오는 날이 많다. 반면 쿠바는 매년 많은 허리케인이 상륙하기 때문에 허리케인 시즌(8월 말~11월)에는 여행을 피하는 것이 좋다. 과테말라 플로레스(티칼)는 허리케인의 영향은 거의 받지 않지만 6~9월은 우기라서 비가 오는 날이 많다. 칸쿤 일대의 기후는 봄이 가장 좋지만 지구온난화로 인한 심각한 해조류 문제 때문에 해조류가 사라지는 가을이 여행하기 낫다. 쿠바를 안 간다면 해조류가 없는 가을이 가장 좋고, 쿠바를 간다면 봄에 여행하는 것이 좋다.

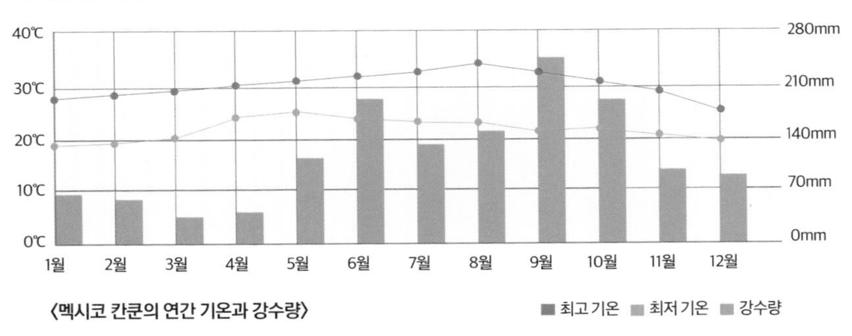

〈멕시코 칸쿤의 연간 기온과 강수량〉

과테말라 중서부 고원 지역 : 안티구아, 아티틀란 호수(파나하첼, 산 페드로 등)

해발 1,500~1,600m의 고원 지역으로 일 년 내내 기온이 온화하고 따뜻한 봄날씨다. 그러나 비가 오는 날과 밤늦은 시간에는 다소 쌀쌀하기 때문에 가벼운 재킷이나 긴팔 옷이 필요하다. 여행에 영향을 미치는 변수는 기온보다는 강수량으로, 우기(6월~9월)에는 하루 종일 비가 내릴 때가 자주 있다. 건기에는 대기 중의 미세먼지가 많기 때문에 우기 전후인 5월과 10월이 여행하기 가장 좋다.

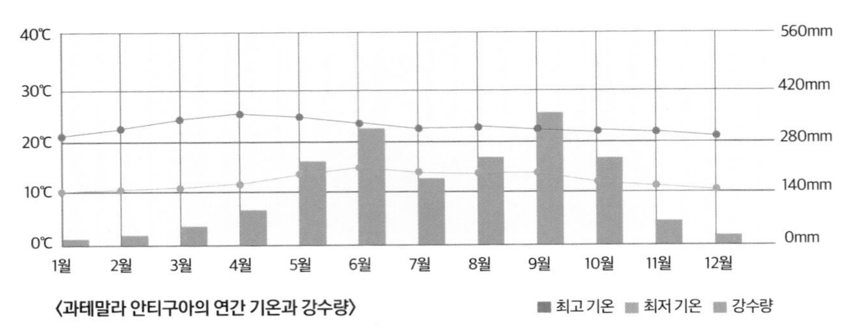

〈과테말라 안티구아의 연간 기온과 강수량〉

코스타리카 : 산 호세, 포르투나, 토르투게로, 몬테베르데

코스타리카는 지역별로 기온은 다르지만 강수량은 비슷한 패턴을 보인다. 어디를 가나 강수량이 상당히 많은데, 특히 9~11월은 하루 종일 비가 내릴 때가 많다. 1~4월은 강수량이 적은 반면 상당히 더운데, 특히 3~4월이 가장 덥다. 기온은 지역별로 차이가 있는데, 포르투나는 일 년 내내 최고 기온이 30도 정도로 상당히 더우며, 산 호세와 해안가에 있는 토르투게로는 25~28도 수준으로 포르투나보다는 조금 덜 덥다. 몬테베르데는 해발 1,300m의 산악 지대에 있고 구름이 낄 때가 많아서 한낮에도 크게 덥지 않고 밤에는 조금 쌀쌀하다. 전체적으로 봄이 여행하기 가장 좋다.

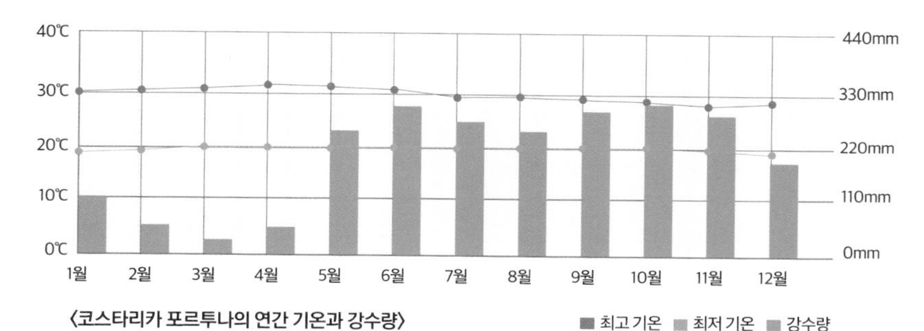

〈코스타리카 포르투나의 연간 기온과 강수량〉

40℃
30℃
20℃
10℃
0℃
600mm
400mm
200mm
100mm
0mm
1월 2월 3월 4월 5월 6월 7월 8월 9월 10월 11월 12월

〈코스타리카 몬테베르데의 연간 기온과 강수량〉

최고 기온 최저 기온 강수량

중미의 치안

중미 여행을 준비하는 많은 여행자들이 가장 걱정하는 것 중 하나가 치안 문제다. 하지만 현지에서 사는 사람들이 느끼는 안전과 도시별로 며칠만 머무는 여행자들이 체감하는 안전은 상당히 다르다. 그럼 이 문제에 대해 자세히 설명해보겠다.

치안이 불안한 대도시, 비교적 안전한 지방 도시

세상 어디를 가나 치안이 불안한 지역은 인구가 많은 대도시다. 우리나라는 이웃 나라인 일본과 함께 세계적으로 치안이 가장 좋은 나라 중 한 곳이기 때문에 체감하기 힘들지만 우리보다 잘 사는 미국을 가도 시카고, 볼티모어 등 대도시의 치안 상태는 좋다고 할 수 없다. 대도시는 빈민층과 부자가 모두 많고, 범죄자 검거율이 떨어지기 때문에 강력 범죄가 많이 발생한다.

중미의 대부분의 대도시도 마찬가지 이유로 치안이 좋지 않다. 하지만 주요 관광지에는 상당히 많은 경찰이 배치되어 있고, 외국인 관광객이 아주 많다. 따라서 관광객이 잘 찾지 않는 외곽 지역을 혼자 방문하거나 밤늦은 시간에 인적이 드문 거리를 돌아다니거나 하지 않는 한 문제가 생길 가능성은 상당히 낮은 편이다.

중미 여행 중 도둑을 맞을 가능성은 생각보다 낮다.

여행자를 노리는 전문적인 소매치기와 도둑들이 많은 로마, 바르셀로나 등 유럽의 대도시에 비해, 중미의 대도시에는 그런 기술 좋은 도둑들이 많지 않다. 중미의 대도시들은 소매치기보다는 상대적으로 강도가 많은 편인데, 세상 어디나 그렇듯이 강도 사건은 주로 인적이 드문 으슥한 거리나 변두리 지역에서 일어난다. 따라서 그런 지역을 방문하지 않으면 대부분의 강도 사건은 피할 수 있다. 그리고 관광객이 많은 시내 중심가는 하루 종일 사람이 많고 경찰도 많기 때문에 본인이 목표가 되거나 강도 사건이 발생할 가능성이 낮다. 즉, 기본적인 안전 수칙만 지킨다면 거의 모든 여행자들이 중미 여행을 아무런 문제없이 끝낼 가능성이 아주 높다.

장기여행자는 더 주의를 기울이자.

몇 달씩 여행하는 장기여행자는 짧게 여행하는 사람들보다는 사고가 생길 가능성이 높기 때문에 조심해야 한다. 오랜 기간을 여행하다 보면 짧게 여행하는 사람들과 달리, 한국인 숙소가 있고 한국 식당이 있는 대도시에서 주로 몇 주씩 머물곤 한다. 이럴 경우 관광객이 많은 중심가만 둘러보는 것이 지겹기 때문에 외국인들이 잘 가지 않는 변두리 지역에 가기도 한다. 또, 주변 동네에 익숙해져서 인적이 드문 밤늦은 시간에 돌아다니기도 한다. 이렇게 잠시 방심할 때 강도를 만나는 일이 발생하는 것이다. 따라서 대도시에서는 아무리 오래 머물더라도 긴장을 완전히 풀지 않도록 조심해야 한다.

또한, 장기여행자는 비용을 아끼기 위해 저렴한 로컬 버스를 이용하는 일이 많다. 이런 버스들은 비싼 버스들에 비해 가난한 사람들이 이용하고, 중간에 자주 정차하다 보니 도난 사고가 발생할 가능성이 높다. 버스와 버스터미널에서는 짐 관리에 주의해야 한다.

TIP

중미 여행의 안전 수칙

아래에 필자가 언급하는 내용은 중미뿐만 아니라 세상 어느 지역을 가더라도 기본적으로 조심해야 하는 안전 수칙이다.

귀중품을 보이지 말자.

비싼 장신구와 DSLR 카메라 같은 값비싼 전자 제품은 노출을 가급적 피해야 한다. 특히 대도시에서는 장신구는 착용하지 말고, 카메라는 카메라 가방에 넣어서 다니다가 사용할 때만 꺼내는 것이 좋다. 유적지, 박물관 등 관광객들이 많이 있는 곳에서는 마음놓고 사용해도 무방하다.

휴대폰을 조심하자.

우리나라에서는 휴대폰이 별것 아닌 물건이지만 중미에서는 상당히 고가의 품목이다. 실제로 훔쳐서 팔면 노트북과 유사한 가격을 받을 수 있고, 훔치기가 훨씬 쉽기 때문에 여행자들이 가장 많이 도난당하는 것이 휴대폰이다. 대도시에서는 길거리, 카페의 야외 테이블, 택시 등 외부에 노출될 수 있는 곳에서는 휴대폰 사용을 가능한 피하는 것이 좋다. 특히 대도시에서는 오토바이를 탄 도둑이 손에 들고 있는 휴대폰을 훔쳐서 달아나는 경우가 많기 때문에 주의해야 한다.

가방은 몸 앞쪽에 두자.

식당, 버스터미널 등 사람이 많은 곳에서는 가방을 항상 몸 앞쪽에 두어야 한다. 버스터미널에서 짐을 뒤쪽에 두고 잠시 한눈을 파는 동안 짐을 도둑맞는 일이 자주 발생하기 때문이다. 식당에서도 가방을 의자 뒤쪽에 걸어두는 것은 위험하다. 반드시 다리 사이 같은 몸 앞쪽에 두어야 한다. 만약 혼자 식사를 한다면 화장실에 갈 때는 가방을 가지고 가는 것이 좋다.

대도시에서 밤늦게 다니지 말자.

대도시에서 인적이 드문 거리에 들어가지 말고 밤늦은 시간에는 외출을 피하자. 이런 곳은 강도를 당하기 딱 좋은 곳이다. 만약 밤늦게 외출해야 한다면 숙소에 치안 상태를 물어보고, 멀리 이동한다면 택시를 이용하는 편이 안전하다.

귀중품을 위탁 수하물로 보내지 말자.

공항에서 현금, 노트북, 카메라 등 귀중품을 위탁 수하물로 보내지 말아야 한다. 중미의 공항에선 여행자의 가방을 열고 귀중품을 훔치는 사건이 종종 발생한다. 귀중품은 반드시 본인이 가지고 기내로 반입하는 것이 좋다.

말을 거는 현지인을 조심하자.

길에서 말을 거는 현지인을 조심하자. 물론 한류의 영향으로 한국 사람과 이야기를 나누고 싶어 하는 사람이 있을 수도 있겠지만 굳이 말도 잘 안 통하는 외국인에게 접근하는 대부분의 사람들은 다른 목적이 있다. 특히 이야기를 나누다 특정 장소로 함께 가자고 하는 경우는 절대 동행하지 말아야 한다.

택시 합승을 해서는 안 된다.

중미의 거의 모든 택시는 합승을 하지 않는다. 합승을 요구한다면 강도일 가능성이 높으니 즉시 택시에서 내리는 것이 좋다. 다만, 일부 지역에서는 짧은 구간을 운행하면서 버스처럼 1인당 요금을 받는 합승 택시가 있는데, 이런 것은 문제없다.

카드는 필요할 때만 휴대하자.

만에 하나 강도를 당했는데 카드가 있다면 더 큰 피해를 입을 수 있다. 중미 여행 중 신용카드와 국제 현금카드는 자주 이용할 일이 없기 때문에 꼭 필요한 경우에만 휴대하는 것이 좋다. 그리고 만약 ATM에서 현금을 뽑아야 한다면 사람이 많은 중심가에서, 낮에 인출하는 것이 안전하다.

환전 시 위조지폐 여부를 확인하자.

최근에는 위조지폐가 발견되는 일이 크게 줄었지만 그래도 여행자는 항상 위조지폐를 조심해야 한다. 우리 돈으로 몇만 원 단위의 고액권은 환전소에서 받는 즉시 지폐의 재질, 은선, 음화 같은 것을 확인하는 것이 좋다. 종이에 프린트한 수준으로 조악하게 만들어진 위폐가 많기 때문에 대부분 조금만 주의를 기울이면 피할 수 있다. 혹시나 의심이 가는 지폐가 있다면 바로 환전소에 교환을 요구하자.

여행 종류 선택하기

중미는 개인적으로 배낭여행을 할 수도 있지만 패키지 여행이나 단체 여행을 할 수도 있다. 단체 여행의 경우 일반적으로 두 가지 형태가 있는데, 호텔에서 숙박을 하고 비행기로 주로 이동하는 호텔팩과 호스텔 또는 게스트하우스에서 숙박하면서 버스로 주로 이동하는 배낭팩이 있다. 호텔팩이 배낭팩보다는 다소 비싸지만 숙소와 이동이 훨씬 편하기 때문에 피로가 덜하고, 일행들 사이에 문제가 발생할 가능성이 배낭팩에 비하면 적다. 패키지 여행은 모든 것을 여행사가 준비하기 때문에 아주 편하지만 비용이 많이 들고, 정해진 식사와 투어를 해야 한다. 중미의 장거리 버스는 극히 일부 버스를 제외하고는 대부분 우리나라 일반 고속버스보다 불편하기 때문에 가능한 버스 이동이 짧은 것을 선택하는 것이 좋다.

여행사를 통하면 개인적으로 여행하는 것보다 당연히 비용이 더 많이 든다. 하지만 이동이나 숙박, 투어에 대해 준비하지 않아도 되기 때문에 짧은 시간에 많은 여행지를 방문할 수 있고, 여행지 자체에 집중할 수 있는 장점이 있다. 이에 반해, 개인적으로 여행을 하면 비용을 크게 아낄 수 있고, 원하는 일정에 맞춰 움직일 수 있는 장점이 있지만 현지 사정에 대해 정확하게 모르기 때문에 실수를 할 수 있다. 따라서 개인적으로 여행한다면 동일한 루트를 여행하는 단체 여행에 비해서는 더 충분한 시간이 있어야 한다.

구분	장점	단점
개인 여행	비용이 적게 든다. 여행 일정과 루트를 마음대로 조정할 수 있다.	단체 여행보다는 시간이 많이 든다. 숙소, 교통, 투어 등의 모든 것을 직접 알아봐야 한다.
단체 여행	패키지 여행에 비해 저렴하다. 투어, 식사, 시내 관광 코스 등을 개인 취향에 따라 선택할 수 있다.	개인 여행에 비해 비용이 많이 든다. 단체로 여행하기 때문에 일행들 사이에 문제가 발생할 수 있다.
패키지 여행	식사 메뉴, 투어, 도시별 관광 코스가 정해져 있기 때문에 따라다니기만 하면 된다.	비용이 상당히 많이 든다. 자유 시간이 짧다. 식사, 투어 등을 개인적으로 선택할 수 없다.

여행 비용 준비 & 비자

중미 국가 중 멕시코와 코스타리카는 신용카드 사용이 쉬운 편이지만 과테말라는 신용카드 사용이 어렵다. 쿠바는 현재 암달러가 있기 때문에 반드시 암달러 환전을 해야 한다. 장기여행자가 아니라면 대부분 현금으로 준비하는 것이 편하다.

달러 준비 및 환전

여행 비용은 달러를 준비해가서 현지에서 환전하는 것이 가장 좋다. 멕시코시티 공항 등 일부 환전소는 고액권(50/100달러)의 환율이 더 좋고, 쿠바는 암달러 환전을 해야 하기 때문에 가능한 고액권 달러를 준비하는 것이 좋다. 유로, 캐나다 달러 등 다른 통화도 환전 가능하나 달러가 일반적으로 가장 유리하다. 코스타리카는 달러를 현지 화폐인 콜론과 함께 쓸 수 있다. 쓰고 남은 화폐는 인접한 다른 나라에서 그 나라의 화폐로 환전이 가능하다. 예를 들어, 멕시코 돈이 남으면 과테말라에서 현지 화폐로 바꿀 수 있다. 물론 환전을 다시 하는 것 때문에 약간의 손해는 보게 되지만 정확하게 쓸 만큼만 환전하기 위해 환전 금액을 너무 고민할 필요는 없다.

ATM 이용

ATM은 어디에나 있다. 하지만 거의 모든 ATM을 이용할 때 현지 은행에서 2~5달러의 별도 수수료를 부과한다. 거기에 더해 현금카드를 발행한 우리나라의 은행과 Master/Visa 등 카드사에서 부과하는 수수료도 있기 때문에 한 번 인출하면 1만 원 가까운 돈을 수수료로 날려야 한다. 따라서 장기여행자가 아니라면 가능한 달러를 가져와서 환전하고, ATM은 비상용도로만 이용하는 편이 좋다.

신용 카드 이용

멕시코와 코스타리카는 백화점, 마트, 고급 식당, 쇼핑몰 같은 곳에서 신용카드 사용이 가능하다. 하지만, 해외에서 신용카드를 사용하면 별도 수수료가 붙기 때문에 소액은 현금 결제를 하는 것이 좋다. 구멍가게, 로컬 식당, 대부분의 호스텔과 투어비는 현금으로 지불해야 한다. 단, 쿠바는 신용카드나 ATM을 이용하면 공식환율이 적용되기 때문에 반드시 달러 현금을 가져와서 암달러 환전을 해야 한다. 과테말라는 신용카드를 쓸 수 있는 곳이 극히 제한적이다.

무비자 입국

멕시코, 과테말라, 코스타리카는 무비자 국가이기 때문에 비자 준비가 필요 없으며, 최대 90일까지(멕시코는 180일) 체류가 가능하다.

비자(투어리스트 카드) 구매

쿠바는 여권 대신 비자 역할을 하는 투어리스트 카드(Tourist Card)에 출입국 도장을 찍어준다. 투어리스트 카드는 쿠바행 항공편을 타는 공항에서 구매할 수 있으며 보통 25~30달러 정도다.

여행 준비물

중미는 전체적으로 더운 지역이 많기 때문에 남미 여행에 비해 준비물을 챙기기 쉬운 편이다. 대부분의 도시에 대형마트가 있기 때문에 생필품은 최소한으로 챙기고, 부족하면 현지에서 구매하면 된다. 짐이 가벼운 만큼 여행도 가볍고 편해진다는 것을 명심하자.

여권

중미 국가들은 여권 만료일까지 최소 6개월이 남아 있어야 입국이 가능하다. 따라서 여권 만료일이 임박했다면 출발 전에 새 여권을 발급받는 것이 좋다.

의류

해발 3천 미터 이상의 고산 지역이 많아서 쌀쌀한 날씨를 많이 겪게 되는 남미와 달리, 중미는 전체적으로 무더운 지역이 많아서 봄·여름용 가벼운 옷 위주로 준비하면 된다. 단, 겨울(12~2월)에 여행한다면 멕시코시티, 과달라하라, 안티구아 등 멕시코와 과테말라의 고원 지역은 밤이 되면 상당히 쌀쌀해진다. 따라서 패딩 등 보온 의류를 준비해야 좋다. 겨울 외의 시즌에는 얇은 긴팔과 재킷 정도의 보온 의류면 충분하다. 단, 속옷과 양말은 충분히 준비하는 것이 좋다. 일반적으로 중미의 속옷과 양말의 품질이 우리나라보다 좋지 않고, 속옷의 경우 사이즈 표기가 달라서 고르기가 쉽지 않다.

신발

트레킹을 전혀 하지 않는다면 운동화를 신어도 되지만 대부분의 여행자들이 한 번쯤은 트레킹을 한다. 또, 비가 자주 오는 지역도 많기 때문에 운동화보다는 방수가 되는 경량 트레킹화를 준비하는 편이 좋다. 중미는 호스텔은 물론 호텔에서도 실내화를 제공하지 않기 때문에 실내에서 신을 슬리퍼를 가져가는 것이 좋다. 실내·실외에서 모두 신을 수 있는 크록스 같은 신발을 많이 이용한다.

침낭과 담요

야간 버스를 자주 이용해야 한다면 버스 안에서 이용할 침낭이나 담요를 준비하는 것이 좋다. 두껍고 보온 효과가 큰 침낭은 필요 없고 얇은 침낭이면 충분하다.

110볼트 어댑터

중미 지역은 주로 110볼트를 사용하기 때문에 흔히 '돼지코'라고 불리는 110볼트 어댑터가 있으면 여행하는 데 지장이 없다. 110볼트 어댑터가 있으면 굳이 멀티 어댑터를 챙길 필요는 없다.

세면도구, 물티슈, 휴지 등 생필품

중미 어디를 가나 쉽게 살 수 있고 오히려 우리나라보다 싼 곳이 많다. 따라서 조금만 준비하면 된다. 현지에서는 헤드 앤 숄더, 도브 등 글로벌 브랜드의 물품을 주로 팔기 때문에 품질은 걱정하지 않아도 된다. 단, 코스타리카는 공산품이 상당히 비싼 편이고, 쿠바는 어떤 공산품이든 구하기가 쉽지 않기 때문에 이곳을 여행할 때는 필요한 물건을 미리 준비해서 가는 것이 좋다.

여행 중 세탁소 이용

여행자가 모이는 지역은 어디를 가나 세탁소가 있다. 옷 무게를 달아서 요금을 매기는 곳이 많으며, 보통 1kg에 우리 돈으로 2,000~4,000원 수준이다. 일부 지역에는 기계 건조를 해서 2~4시간 만에 찾을 수 있는 세탁소도 있는데, 하루 뒤에 찾는 일반 세탁에 비해 비싸지만 빠르게 처리해 시간을 절약할 수 있다.

선블록과 선글라스

무덥고 햇빛이 강한 지역이 많기 때문에 선블록과 선글라스는 필수적으로 준비해야 한다. 혹시 준비하지 않았다면 현지에서 쉽게 살 수 있다.

의약품

중미 어디를 가나 약국, '파르마시아(Farmacia)'가 상당히 많이 있다. 하지만 스페인어가 능숙하지를 않다면 증상을 정확하게 설명하고 약을 사기 쉽지 않기 때문에 필수적인 의약품은 미리 준비하는 것이 편하다. 물론 대부분의 약은 현지 약국에서 구매할 수 있는데, 말이 잘 통하지 않는다면 영어를 할 줄 아는 현지인에게 도움을 요청하거나 인터넷 번역기 등을 활용할 수 있다.

• 필수 약품

지사제, 종합 감기약, 멀미약, 소독약, 상처 치유 연고, 밴드 등이다. 환경이 자주 달라지기 때문에 배탈 증세를 겪을 가능성이 있다. 따라서 지사제를 충분히 준비해야 한다. 칸쿤, 코스타리카 등 무더운 지역은 에어컨이 강한 곳이 많아서 감기 증세를 겪을 가능성이 높기 때문에 종합 감기약도 반드시 준비해야 한다. 특히 기관지가 약한 여행자는 쿠바, 과테말라 등 매연이 심한 곳에서 기관지염 같은 증세를 겪을 수 있기 때문에 약을 준비해오는 것이 좋다. 장거리 버스와 배를 탈 일이 있기 때문에 멀미약도 준비하는 것이 좋다. 트레킹, 액티비티 중 사소한 상처가 생기는 경우가 많기 때문에 소독약, 상처 치유 연고, 밴드도 준비가 필요하다.

기타

온천 및 물놀이를 위한 수영복(또는 물에 입고 들어갈 수 있는 옷), 우비, 우산 등을 준비한다.

배낭 VS 캐리어

중미 여행을 준비하는 사람들이 상당히 많이 물어보는 질문 중 하나가 배낭과 캐리어 중 어떤 것이 더 좋은가 하는 것이다. 물론 둘 중 어떤 것을 가지고 여행해도 여행이 불가능한 것은 아니다. 하지만 필자의 경험상 혼자 여행하는 사람은 배낭을 이용하는 것이 좋고, 일행 또는 단체로 여행하는 사람은 캐리어를 이용해도 무방하다.

나 홀로 여행자

나 홀로 여행자들은 일반적으로 공항이나 버스터미널에서 숙소까지 이동할 때 시내버스를 타고, 숙소를 미리 예약하지 않고 여러 숙소를 둘러본 후 결정하곤 한다. 따라서 짐을 가지고 돌아다니는 시간이 길 수밖에 없는데 그럴 경우 캐리어보다 배낭이 편하다.

일행이 있는 여행자

일행이 여러 명 있거나 단체로 여행한다면 숙소를 미리 예약해두는 경우가 많다. 또한 여러 명이 나누면 비용 부담이 적어지기 때문에 공항과 버스터미널에서 시내버스 대신 택시를 타고 숙소까지 이동할 수 있다. 혹시나 숙소를 예약하지 않았더라도 일행 중 한 명이 짐을 지키는 동안 다른 일행이 돌아다니면서 숙소를 둘러볼 수도 있다. 따라서, 캐리어를 끌고 시내를 오래 돌아다니지 않아도 되기 때문에 굳이 배낭을 쓸 필요가 없다.

배낭과 캐리어의 적당한 크기

배낭여행자들 사이에 우스갯소리로 하는 말이 있다. '배낭의 무게는 전생 업보의 무게'라고. 무거운 짐을 가지고 여행하는 것이 그만큼 힘들다는 의미다. 배낭이나 캐리어가 크면 공간이 많아서 좋을 것 같지만 그만큼 꼭 필요하지 않은 짐도 넣게 된다. 따라서 가능한 작은 배낭과 캐리어를 준비해서 정말 필요한 것만 가져간다는 마음가짐으로 준비하는 것이 좋다. 실제로 여행을 해보면 필요 없이 공간만 차지하는 짐이 상당히 많다.
필자는 가능한 배낭은 50~55리터, 캐리어는 26인치 이하를 준비하라고 권하곤 한다. 특히 너무 큰 캐리어를 준비하면 숙소를 이용하거나 택시를 탈 때 아주 불편하다. 또한 큰 캐리어는 캐리어 자체의 무게도 4~5kg이 되기 때문에 여행 내내 애물단지가 될 수 있다. 옷 같은 것을 줄여서 가능한 작은 배낭과 캐리어를 쓸 수 있도록 노력해보자.

중미

입출국 하기

중미는 미국이나 캐나다, 멕시코 같은 곳을 경유해서 가게 된다. 경유 시간, 경유 횟수에 따라 가격이 크게 달라진다. 중미는 공항 출입국 절차가 까다롭지 않기 때문에 출입국에 어려움을 겪는 일은 드물다. 다만, 미국을 거치는 항공편을 탄다면, ESTA(이스타) 등 미국 경유를 위한 준비를 해야만 한다.

중미 국제선

중미행 국제선

중미는 한국에서 멀지만 남미에 비해서는 시간이 적게 걸린다. 멕시코까지는 환승 시간을 포함해 보통 20시간 정도 걸리고, 코스타리카는 20~24시간이 걸린다. 아에로멕시코가 멕시코까지 직항을 운항하는데, 코로나 이후 운항을 자주 중단해서 미리 체크해야 한다. 쿠바는 미국에서 입국할 경우 향후 미국 방문 시 문제가 생길 수 있기 때문에 멕시코 등 중미 국가에서 아바나로 들어가야 한다.

항공권 구매

중미행 항공권은 시즌에 따라 가격 편차가 아주 크기 때문에 어떤 항공사가 더 좋다고 말하긴 힘들다. 여행을 원하는 때의 항공권 가격을 체크해본 후, 소요시간이 적고 가격이 저렴한 항공권을 미리 구매하는 것이 좋다. 전 세계적인 여행 성수기인 12~1월, 7~8월, 부활절 연휴 시즌이 가장 비싸며, 일반적으로 출발 2~3개월 전까지는 구매를 해야 비교적 저렴하게 항공권을 확보할 수 있다.

항공사 선택

미국의 항공사인 '유나이티드(United)', '델타(Delta)', '아메리칸 에어라인(America Airlines)'은 미국을, '아에로멕시코(Aeromexico)'는 멕시코를, '에어캐나다(Air Canada)'는 캐나다를 경유한다. 아에로멕시코를 이용하면 미국을 입국하지 않기 때문에 ESTA가 필요 없다. 캐나다를 경유할 때도 미국처럼 사전비자(ETA)를 미리 신청해야 하는데, ESTA에 비해 발급이 쉽고 가격도 저렴하다(7 캐나다 달러). 전일본공수(ANA)도 멕시코시티행 항공편이 있는데, 보통 가격이 비쌀 때가 많아서 여행자들이 잘 이용하지 않는다.

한국 출국

공항 도착

서울에서 인천 공항으로의 이동은 공항버스를 이용하거나 자가용을 이용할 수 있다. 또한, 서울역에서 출발하는 공항철도를 이용할 수도 있다. 김포 공항에서 인천 공항까지는 40분 정도 소요된다. 서울역을 기준으로 인천 공항까지는 공항버스로 약 1시간이 소요되지만 서울 시내의 교통 사정을 감안하여 미리 서둘러야 한다. 공항버스 노선 및 시간은 공항 리무진 홈페이지(www.airportlimousine.co.kr)에서 미리 확인할 수 있으며, 버스 노선별로 적용되는 할인 쿠폰도 다운받을 수 있다.

탑승권 발급

출발 2시간 전까지는 공항에 도착하여 해당 항공 카운터에 가서 탑승권을 발급받자. 인천 국제공항은 2018년 제2여객터미널이 신설되어 제1청사는 아시아나 항공과 제주 항공을 비롯한 저비용 항공사와 외항사(일부 제외)가 이용하고, 제2청사는 대한 항공, 델타 항공, KLM, 에어프랑스 항공사 등 일부 항공사가 이용한다.

출국장

인천 공항 제1청사는 3층에 4개의 출국장이 있고, 제2청사는 3층에 2개의 출국장이 있다. 출국장으로는 출국할 여행객만 입장이 가능하며, 입장할 때 항공권과 여권, 그리고 기내 반입 수하물을 확인한다. 또한 출국장에 들어가자마자 양옆으로 세관 신고를 하는 곳이 있는데, 사용하고 있는 고가의 물건을 외국에 들고 나가는 경우 미리 이곳에서 세관 신고를 해야 입국 시 다시 가져오는 데 대한 불이익을 받지 않는다. 하지만 DSLR, 노트북 등 일반적으로 이용되는 품목은 신고를 하지 않아도 별문제가 없다.

보안 심사

여권과 탑승권을 제외한 모든 소지품 검사를 받는다. 칼, 가위 같은 날카로운 물건이나 스프레이, 라이터, 가스 같은 인화성 물질은 반입이 안 되므로 기내 수하물 준비 시 미리 체크한다.

출국 심사

출국 심사 때는 항공권과 여권을 검사하며, 서류 작성은 필요 없다. 우리나라는 자동 출입국 심사 서비스를 시행하고 있는데, 자동 출입국 심사대에서 여권과 지문을 스캔하고, 안면 인식을 한 후 심사를 마친다. 주민 등록이 된 7세 이상의 대한민국 국민이면 (14세 미만 아동은 법정 대리인 동의 필요) 모두 가능하고, 18세 이상 국민은 사전 등록 절차 없이 이용할 수 있다. 출국 심사를 통과하면 공항 면세점이 있는데 시내 면세점이나 인터넷 면세점에서 물건을 구입한 경우 면세점 인도장에서 물건을 찾을 수 있다. 면세 범위는 $600이며 초과 시에는 세금이 부과된다.

비행기 탑승

출국편 항공 해당 게이트에서 탑승이 가능한데 일반적으로 출발 30분~1시간 전부터 탑승이 가능하므로 보딩 타임을 확인하자. 항공 탑승권에 보면 'Boarding Time' 밑에 시간이 적혀 있다. 이 시간이 탑승 시간이므로 늦지 않도록 주의하자.

비행기 탑승 시 몇 가지 주의할 점

Q. 액체류는 기내 반입이 안 되나요?

2007년 3월 1일부로 액체, 젤류 및 에어로졸 등의 기내 반입이 제한되고 있다. 이는 늘어나는 항공 관련 테러를 방지하기 위한 대책의 일환으로 최근 액체로 된 폭탄 제조 사례가 많이 발견되고 있기 때문이다. 한국 내 모든 국제공항 출발편 이용 시 다음과 같은 규정이 적용된다.

❶ 항공기 내 휴대 반입할 수 있는 액체, 젤류 및 에어로졸은 단위 용기당 100ml 이하의 용기에 담겨 있어야 하며, 이를 초과하는 용기는 반입할 수 없다. 100ml는 요구르트병을 조금 넘는 정도의 크기다. 로션, 향수 등은 용기에 적혀 있는 용량을 꼭 확인하도록 한다.

❷ 액체류 등이 담긴 100ml 이하의 용기는 용량 1리터 이하의 투명한 플라스틱제 지퍼백(크기 20×20cm)에 담아서 반입하며, 이때 지퍼는 잠겨 있어야 한다. 지퍼백이 완전히 잠겨 있지 않으면 반입이 불가하며, 지퍼백으로부터 제거된 용기는 반입할 수 없다. 지퍼백은 1인당 1개만 허용된다. 1리터까지 기내 휴대가 가능하므로 규정상으로는 100ml 이하의 용기 10개까지 기내 반입이 허용되나 실제로는 봉투 크기가 작으므로 용기 2~3개를 넣으면 지퍼백이 꽉 찬다.

❸ 기내에서 승객이 사용할 분량의 의약품 또는 유 아를 동반한 경우 유아용 음식(우유, 음료 등)은 반입이 가능하다.

❹ 지퍼백은 공항 매점에서 구입할 수 있다.

Q. 면세품의 경우는?

❶ 보안 검색대 통과 후 또는 시내 면세점에서 구입 한 후 공항 면세점에서 전달받은 주류, 화장품 등의 액체, 젤류는 투명하고 봉인이 가능한 플라스틱제 봉투에 넣어야 한다.

❷ 봉투가 최종 목적지행 항공기 탑승 전에 개봉되거나 훼손된 경우 반입이 금지된다.

❸ 이 봉투에는 면세품 구입 당시 교부받은 영수증을 동봉하거나 부착해야 한다.

❹ 한국 내 공항에서 국제선으로 환승 또는 통과하는 승객의 면세품에도 위의 조항이 적용된다.

미국 경유

중미로 가는 항공편 중 상당수가 미국을 경유한다. 미국은 단순히 환승할 때도 입국 심사를 하므로 미국 경유 항공편을 이용한다면 입국 심사에 시간이 걸리는 것을 고려해 환승 시간을 2시간 이상 확보하는 것이 좋다.

ESTA(이스타) 신청

미국을 경유만 하더라도 반드시 미국의 '전자 여행 허가 시스템(ESTA)'을 출발 전에 미리 신청해야 한다. 한 번 승인된 ESTA는 2년간 유효한데, 유효 기간 중간에 여권을 교체할 경우는 다시 신청해야 한다. ESTA는 인터넷으로 신청할 수 있으며 신청 시 신용카드로 21달러(USD)를 지불해야 한다. 단, 여권에 유효한 미국 비자가 있는 사람은 ESTA를 발급받을 필요가 없다. 신청 후 승인에 시간이 다소 걸리는 경우도 있기 때문에 최소 출국 일주일 전까지는 신청을 하는 것이 좋다. 공식 ESTA 신청 사이트가 아닌 곳에서 신청하면 대행 수수료로 3~8만 원의 추가 비용을 내게 된다. 따라서 반드시 공식 사이트(esta.cbp.dhs.gov)에서 신청하자.

입국 심사

미국에 도착하면 입국 심사관을 만나기 전에 ESTA 단말기를 먼저 이용해야 한다. ESTA라고 적힌 표지판을 따라가면 단말기가 쭉 늘어서 있는데, 한글 메뉴를 선택할 수 있다. 단말기에 나오는 지시 사항에 따라 여권을 스캔하고, 사진을 찍고, 입국 목적, 위험물 소지 여부 등을 체크하면 용지가 출력된다. 출력된 용지를 가지고 입국 심사대에 가서 다시 줄을 선 후 입국 심사관을 만나게 되는데, 중미로 '트랜짓(Transit, 경유)'한다고 하면 간단하게 심사가 끝난다. 영어가 미숙하다면 중미행 국제선의 이티켓(e-Ticket)을 심사관에게 보여주자. ESTA 단말기가 없는 공항도 있는데, 그럴 경우 바로 입국 심사대로 가는 줄을 서게 된다.

수하물 환승

일부 항공편은 미국의 공항에서 수하물을 찾아서 다시 보내야 한다. 일반적으로 인천공항의 체크인 카운터에서 항공권을 받을 때 항공사 직원이 수하물 환승이 필요한지 알려준다. 만약 수하물을 다시 보내야 한다면 경유 공항의 수하물을 찾는 곳에서 짐을 찾은 후, '수하물 환승(Baggage Transfer)' 카운터로 가서 짐을 다시 보내야 한다. 수하물 환승 카운터는 일반적으로 수하물 찾는 곳 인근에 있는데, 찾기 힘들다면 공항 직원에게 위치를 물어보면 된다.

중미 입국

입국 절차는 국가에 상관없이 거의 동일하다. 단, 쿠바는 입국할 때 여행자보험을 보여달라는 경우가 많다. 따라서 쿠바를 여행할 계획이라면 여행자보험을 미리 가입하는 것이 좋다. 보험 가입이 완료되면 영문 보험증서를 보험사에 요구해서 받은 후 출력해서 준비해야 한다.

착륙 및 입국 심사

대부분의 국가가 세관 신고서를 작성해야 한다. 비행기에서 승무원이 미리 나눠주는 신청서를 작성하자. 일반적으로 중미 국가의 입국 심사관이 까다로운 질문을 하지는 않지만 방문 목적, 입국하는 국가에 머무는 체류 기간, 입국하는 도시의 숙소 등의 기본적인 질문에 대한 대답은 영어로 준비하는 것이 좋다. 쿠바는 입국신고를 온라인으로 미리 해야 한다. (www.dviajeros.mitrans.gob.cuba) 입국신고 완료 후 화면을 핸드폰에 캡쳐해서 가져가면 된다

짐 찾기

입국 심사를 마친 후 수하물 찾는 곳으로 이동한다. 전광판에서 자신의 항공편명을 확인한 후 해당 수하물 수취대에서 짐이 나오면 본인의 네임 태그를 확인해 짐을 찾는다. 만약, 본인의 짐이 나오지 않았다면 당황하지 말고 항공사 직원에게 도움을 요청하자. 특히 미국을 경유하는 항공편은 짐이 도착하지 않는 일이 종종 발생한다. 항공사 직원에게 항공권과 함께 받은 수하물 티켓을 보여주고, 숙소 주소를 알려주면, 보통 1~2일 내에 항공사가 숙소로 짐을 보내준다. 숙소에 도착해서 직원에게 상황을 설명하면 직원이 항공사에 전화해 진행 상황을 체크하고 짐을 받아줄 것이다.

세관 심사

육류, 채소, 과일을 포함한 기타 동식물의 반입은 금지되므로 주의한다. 간혹 가방 검색을 요청하는 심사관이 있으며, 이때에는 간단한 질문과 함께 가방 내 소지품 및 기타 물품에 대한 검사를 진행하기도 한다.

입국장

입국장으로 들어서면 공항버스, 택시 등 교통수단을 이용하여 숙소까지 가야 한다. 교통편 이용을 위해 현지 국가의 돈을 환전해야 하는데, 일반적으로 입국장에 있는 환전소들은 환율이 안 좋다. (단, 멕시코시티 공항은 입국장의 환전소가 시내보다 환율이 좋다.) 따라서 공항에서는 교통편을 이용할 약간의 돈만 환전하고, 시내에 가서 추가로 환전하는 것이 좋다. 택시비를 카드로 결제하거나 달러로 낼 수 있는 곳이 많아 이 방법을 사용한다면 공항에서 환전하지 않아도 된다. 도시별로 공항에서 시내까지 가는 방법은 본문의 정보에서 확인할 수 있다.

중미 출국

중미 출국은 다른 나라들과 별다른 차이가 없다. 다만 중미는 국제선 체크인이 느린 경우가 많기 때문에 비행기 출발 3시간 전까지 공항에 도착하는 것이 안전하다. 한국 입국 시 육류, 과일 등 신선 식품은 반입이 불가하며, 면세 한도(600달러)를 초과하지 않도록 주의하자. 미국을 경유하는 항공편이라면 미국 내에서 수하물 환승이 필요한지 반드시 확인해야 한다. 수하물을 맡길 때 항공사 직원이 자세히 안내해줄 것이다.

탑승권 발급

공항 국제선 청사에 도착하면 해당 항공사에 가서 탑승권을 받는다. 중미 공항은 일반적으로 보안 검색이 느리기 때문에 탑승권을 받은 후 즉시 보안 검색대로 가는 것이 좋다.

보안 검색 및 이민국 심사

한국에서의 출국과 마찬가지로 보안 검색을 받고, 이민국을 통과해야 한다.

비행기 탑승

출국 심사를 마치면 면세점이 나온다. 면세점 쇼핑이 끝나면 탑승 게이트로 이동하는데, 항공권에 적힌 보딩(Boarding) 시간에 늦지 않도록 주의한다.

입국 심사

인천 공항 도착 후에 입국 심사대로 이동한다. 출국할 때처럼 18세 이상의 국민은 사전 등록 없이 자동 입국 심사를 이용할 수 있다.

짐 찾기

입국 심사를 마친 후 아래층으로 내려오면 수하물 수취대가 있다. 자신의 항공편명이 적힌 수취대에서 가서 짐을 찾는다. 이때 수하물에 붙어 있는 일련번호를 체크해 자신의 짐이 맞는지 확인한다.

세관 검사

규정이 바뀌어서 세관 신고가 필요하지 않은 경우는 세관 신고서를 작성하지 않아도 된다. 세관 신고가 필요한 사람은 작성한 신고서를 가지고 자진 신고라고 표시되어 있는 곳으로 가야 한다. 세관 신고가 필요한 사람은 항공기 내에서 승무원이 미리 필요 여부를 묻고 세관 신고서를 나눠주기 때문에 미리 작성해 놓는 것이 편리하다.

중미

장거리 이동 수단

항공편

항공편을 이용하면 훨씬 편하고 빠르게 이동하면서 여행을 즐기는 것에 더 집중할 수 있다. 중미는 저가 항공이 잘 발달되어 있고, 버스가 남미에 비해 상당히 불편하기 때문에 장거리 구간은 항공편을 이용하는 것이 훨씬 편하다. 항공권은 항공사 홈페이지나 Kayak, Sky Scanner 등의 항공권 비교 사이트에서 구매할 수 있다. 저가 항공의 경우 항공사 홈페이지에서 사는 것이 조금 더 저렴하다. 국가별 항공사 홈페이지는 도시별 국내선 항공 내용을 참고하면 된다.

• 항공사 홈페이지

정규 항공사

Aero Mexico www.aeromexico.com
Copa Air www.copaair.com
Avianca www.avianca.com
LATAM www.latam.com (남미행 항공편)

저가 항공사

Volaris www.volaris.com
Viva Aerobus www.vivaaerobus.com
Aeromar www.aeromar.mx
TAG www.tag.com.gt

장거리버스

중미 국가들은 철도가 발달하지 않았기 때문에 도시 간 이동 시 버스를 주로 이용하게 된다. 하지만 일반적으로 버스 시설이 상당히 좋은 남미와 달리 멕시코 일부 버스를 제외하고는 버스 시설이 좋지 않다. 거의 모든 버스가 한 줄에 4개 좌석이 있으며, 남미의 '까마(Cama)' 좌석처럼 한 줄에 3개 좌석이 있는 우등버스는 극히 드물다. 또한 남미의 장거리 버스처럼 식사와 음료를 제공하는 버스도 거의 없다. 따라서 장거리 구간은 비행기를 이용하는 편이 훨씬 편리하다.

• 멕시코의 버스

멕시코의 버스가 중미 다른 국가들에 비해 나은 편이지만 그래도 남미에 비하면 시설이 많이 떨어진다. 프리메라 플루스(Primera Plus), 에테엔(ETN), 아데오(ADO) 등 고급 버스회사와 기타 일반 버스회사의 가격 차이가 심하며, 가격차만큼 시설도 차이가 난다. 고급 버스회사라고 시설이 남미 버스처럼 좋은 것도 아니다. 한 줄에 3개 좌석이 있는 우등버스는 에테엔(ETN) 등 극히 일부 버스에 국한되고, 거의 모든 버스가 일반 좌석이고, 좌석 간격이 남미보다는 좁다. 따라서 멕시코시티-칸쿤 구간처럼 장거리 구간은 비행기를 이용하는 것이 낫다.

• 쿠바의 버스

외국인은 반드시 비아술(Viazul) 버스나 국영 여행사에서 운영하는 '트란스 투르(Trans Tur)'를 이용해야 하는데, 외국인을 대상으로 운영하기 때문에 중남미 다른 국가들에 비해 이동 거리당 요금이 상당히 비싸다. 2024년 기준 비아술 버스는 신용카드로만 결제가 가능한데, 어떤 때는 현금 결제가 가능할 때도 있다. 따라서 일단 카드 결제를 해야 한다는 것을 기본으로 생각하고 준비하는 것이 좋다. 버스가 지저분하지는 않지만 시설은 좋지 않은 편이다.

• 과테말라의 버스

몇 시간 정도 걸리는 가까운 거리는 미국의 중고 스쿨버스를 개조한 치킨버스(Chicken)가 운행하는데, 저렴하지만 상당히 불편하고 매연이 심하다. 치안상의 문제도 있기 때문에 거의 모든 여행자가 여행사 셔틀버스를 이용해 이동한다. 2~5시간 걸리는 비교적 가까운 구간은 셔틀버스가 직접 가며, 플로레스(티칼)처럼 먼 곳은 셔틀버스가 과테말라시티의 버스 터미널에 내려줘서 장거리 버스로 갈아타게 한다. 치킨버스가 셔틀버스보다 훨씬 저렴하지만 현지 사정에 익숙하지 않다면 안전을 위해 셔틀버스를 이용하는 편이 좋다. 셔틀버스는 보통 12~15인승 밴을 이용하기 때문에 좌석이 불편하며, 장거리 버스의 시설도 다른 국가들에 비해 열악한 편이다.

• 코스타리카의 버스

코스타리카의 시외버스는 직행버스가 아니라 수시로 정차하는 완행버스라서 시간이 많이 걸리지만 비용은 상당히 저렴하다. 시설도 시외버스보다는 시내버스에 가까우며 보통 에어컨이 없는데, 인근 국가로 가는 국제선 버스는 에어컨이 있다. 보다 빠르게 이동하고 싶다면 여행사에서 운영하는 셔틀버스를 타면 된다.

멕시코 Maxico

- 멕시코시티 Ciudad de Mexico
- 과달라하라 Guadalajara
- 과나후아토 Guanajuato
- 산 크리스토발 San Cristobal
- 팔렌케 Palenque
- 칸쿤 Cancun
- 이슬라 무헤레스 Isla Muheres
- 플라야 델 카르멘 Playa del Carmen
- 툴룸 Tooloom

멕시코는 영화에 나오는 마약, 살인 등 부정적인 이미지와 달리 실제로 방문해보면 전 세계 최고의 여행지 중 한 곳임을 실감하게 된다. 물론 미국으로 마약과 불법 이민자들이 들어가는 주요 통로인 북부 국경 지역은 위험하지만 여행자가 주로 찾는 중남부와 유카탄(Yucatán) 지역은 여행을 하는 데 치안이 걸림돌이 되지 않는다. 멕시코는 중국, 그리스처럼 수천 년에 걸쳐 문명이 존재했기 때문에 엄청난 규모의 유적과 유물을 볼 수 있으며, 디에고 리베라, 프리다 칼로, 호세 오로스코 등 세계적으로 유명한 화가들의 인상적인 작품들도 만날 수 있다. 각 도시들은 저마다 다른 스타일이기 때문에 도시가 바뀔 때마다 새로운 기분으로 여행할 수 있다. 게다가 칸쿤을 비롯한 유카탄 지역에 가면 환상적으로 아름다운 카리브해의 해변을 만날 수 있고, 맛있는 음식, 잘 정비된 여행 인프라와 외국인에게 친절한 멕시코인들은 여행자들을 한껏 즐겁게 해준다.
박물관과 미술관, 거대한 유적, 개성 넘치고 볼거리가 가득한 도시, 환상적으로 아름다운 해변, 저렴하고 맛있는 음식 등 여행자가 반가워할 모든 것들을 멕시코에서 만날 수 있다. 멕시코를 여행한다면 일주일을 여행하든 한 달을 여행하든 매일매일 즐겁고 새로운 재미를 만날 수 있을 것이다.

멕시코 기본 정보

수도 멕시코시티

인구 1억 2,670만 명 (2021년 기준)

면적 1,964만㎢ (남한의 약 20배)

언어 스페인어

1인당 GDP 10,046 달러(2021년 기준)

통화 페소(Peso).
1USD = 16.5~17.0페소,
1페소 = 75~80원 (2024년 기준)

전압 120V 60Hz

기후

멕시코의 기후는 크게 건조한 고지대과 무더운 저지대로 나눌 수 있다. 건조한 중남부 고원 지역인 멕시코시티, 과달라하라, 과나후아토, 산 크리스토발은 여름철(6~8월)에는 상당히 자외선이 강해서 뜨겁지만 겨울(12~2월)에도 영하까지 내려가는 일은 드물다. 이에 반해 팔렌케, 칸쿤, 툴룸 등 저지대는 열대 밀림이라 1년 내내 무덥고 비가 자주 온다. 여름은 특히 더우며, 겨울은 덜 덥지만 밤이 되면 조금 쌀쌀하다.

역사

·스페인 지배 이전

멕시코는 무려 4천 년 전부터 큰 규모의 문명이 등장하기 시작했다. 즉, 중국의 은나라와 비슷한 시기부터 역사가 시작되었다. 단, 중국과는 다르게 하나의 통일 왕조가 있는 것이 아니라 수천 년 동안 지역별로 수많은 문명이 생겼다 사라졌다를 반복했다. 예를 들어, 저지대 밀림에서 번창한 마야(Maya)문명은 하나의 국가가 아니라 4천 년에 걸쳐 고대 그리스처럼 수많은 도시 국가들이 밀림 속에서 생겼다가 사라졌다. 따라서 그 복잡한 역사를 가이드북에서 하나하나 소개하는 것은 사실상 불가능하며, 한 나라에서 나온 것이라고는 믿기 힘들 정도로 다양한 형태의 유물을 멕시코에서 만날 수 있다. 건조한 고원 지역은 최초의 문명이자 커다란 석제 두상 유물로 유명한 올멕(Olmec), 거대한 유적이 남아 있는 테오티우아칸(Teotihuacan), 톨텍(Toltec), 스페인 침입자들에게 멸망한 아스텍(Aztec)이 유명하며, 밀림 지역에서 발달했던 마야문명은 팔렌케(Palenque), 티칼(Tikal, 과테말라), 치첸이사(Chichen Itza), 욱스말(Uxmal), 마야판(Mayapan) 같은 도시 국가들의 유적이 유명하다.

·스페인 정복

1492년 '크리스토퍼 콜럼버스(Cristopher Columbus)'가 서인도 제도에 도착한 이후, 스페인은 지속적으로 탐험대를 파견하였다. 1519년 '에르난도 코르테스(Hernando Cortes)'는 600명의 스페인인들과 함께 당시 멕시코 중부 고원을 장악하고 있던 아스텍 제국 정복을 시도한다. 아스텍의 지배를 받던 틀락스칼텍(Tlaxcaltec)을 동맹으로 끌어들이고, 아스텍의 동맹 도시였던 촐룰라(Cholula)를 파괴한 코르테스는 스페인인들에게 두려움을 느낀 '몬테수마 2세(Moctezuma Ⅱ)'의 초대를 받아 수도인 테노치티틀란(Tenochtitlan)에 도착했다. 하지만 코르테스는 몬테수마를 인질로 삼고 금을 갈취하기 시작했다. 이에 분노한 아스텍 전사들에게 습격받은 '슬픔의 밤(La Noche Triste)' 전투에서 스페인과 틀락스칼텍인들은 엄청난 인명 피해를 입으며 테노치티틀란을 탈출하였고, 추적군에게 포위된 후 치른 오툼바(Otumba) 전투에서 기병 돌격으로 아스텍의 지휘관들을 제거해 겨우 추적에서 벗어났다. 이후 코르테스는 수백 명의 스페인 증원군을 끌어들였고, 아스텍에 지배를 받던 부족들로부터 10만 명 이상의 병력을 모은 후 다시 테노치티틀란을 공격하였다. 스페인인과 함께 온 천연두로 엄청난 인명 피해를 입고 있던 아스텍은 그 공격을 버티지 못하고 결국 1521년 멸망했다. 잉카를 정복한 피사로나 콜럼버스 등 다른 콩키스타도르(Conquistador, 정복자)들보다는 온건했던 코르테스는 1540년까지 총독을 역임하였다. 당시 멕시코 지역은 소, 돼지 같은 큰 포유동물이 없어서 대규모 인신공양과 식인이 이루어지고 있었는데, 이를 막기 위해 코르테스는 스페인에서 돼지를 들여왔다. 그래서 돼지고기를 잘 먹지 않는 남미와 달리 멕시코 등 중미 지역은 돼지고기를 많이 먹는다.

·독립

멕시코에서 채굴된 막대한 은으로 스페인은 부강해졌지만 멕시코인들의 삶은 경제적 수탈과 차별로 늘 힘들었다. 1807년 나폴레옹이 이베리아 반도를 침공해 스페인의 영향력이 약해져갔고, 마침내 1810년 9월 16일 '멕시코 독립의 아버지'로 평가받는 '미겔 이달고(Miguel Hidalgo)' 신부는 독립 투쟁을 촉구하는 연설인 '돌로레스의 절규(Grito de Dolores)'를 외치며 독립 운동을 시작했다. 10만 명 이상이 모여 과나후아토(Guanajuato)와 과달라하라(Guadalajara)를 점령하고 혁명정부를 수립했지만 1년 후 이달고 신부는 스페인 군에 잡혀 처형되었다. 뒤를 이어 모렐로스(Morelos) 신부가 독립정부를 세우며 투쟁했지만 역시 실패하였다. 하지만 스페인의 힘이 점점 약해지자 식민지 군대 사령관이었던 '아구스틴 데 이투르비데(Agustin de Iturbide)'가 독립군과 연합해 멕시코의 독립을 선언하고, 1821년 멕시코 제국을 세워 황제 아구스틴 1세로 등극했다. 즉위 후 독재를 자행하던 아구스틴 1세는 1824년 산타 아나(Santa Ana)가 주도한 쿠테타로 축출되고 멕시코 제1공화국이 성립되었다. 이달고 신부가 독립을 선언한 9월 16일은 독립 기념일이 되었으며, 해마다 9월 16일이 되면 전국에서 대통령과 함께 '비바 멕시코(Viva Mexico. 멕시코 만세)'와 이달고를 비롯한 독립 영웅들의 이름을 함께 외치고 밤새 축제를 한다. 참고로 멕시코의 건국은 이달고 신부가 독립운동을 시작한 1810년이다.

·독립 이후

미국-멕시코 전쟁

독립 당시 멕시코는 캘리포니아, 텍사스, 애리조나, 뉴멕시코 등 현재 미국의 서남부 지역까지 차지한 거대한 국가였다. 1824년 멕시코 제1공화국이 성립 이후에도 멕시코는 잦은 쿠테타와 반란으로 혼란스러웠고, 1833년 대통령이 된 '산타 안나(Santa Anna)'는 텍사스로 이주한 후 독립을 선언한 미국인들을 1836년 알라모 전투에서 격파하였다. 하지만 '산 하신토(San Jacinto)' 전투에서 패해 산타 안나는 포로로 붙잡혔고, 멕시코는 새로운 정부를 구성하였다. 이렇게 서부로 진출하려는 미국과 멕시코 사이에 충돌이 발생하였고, 1846년 미국-멕시코 전쟁이 발발하였다. 땅이 넓고 국력은 강했지만 정치·사회적 혼란으로 정비되지 못했던 멕시코 군은 미군에게 연전연패하였고, 1847년에는 멕시코시티까지 점령당하고 말았다. 결국 1848년 종전 협정이 체결되면서 멕시코는 국토의 절반 이상을 미국에게 빼앗기고 엄청난 경제적·사회적 타격을 입었다. 반대로 미국은 캘리포니아, 유타, 뉴멕시코, 텍사스, 네바다, 애리조나, 콜로라도 등 풍부한 자원을 가진 서부를 확보하면서 강대국으로 발돋움하는 토대를 마련하게 되었다.

멕시코 혁명

미국-멕시코 전쟁에서 패한 이후에도 사회는 혼란스러웠고, 급기야 1864년 프랑스의 나폴레옹 3세가 멕시코 정부를 무너뜨리고 괴뢰국인 멕시코 제2제국을 만들었다. 제2제국은 원주민 출신 '베니토 후아레스(Benito Juares)' 대통령에 의해 1867년 사라지지만 혼란은 진정되지 않았다. 그리고 1910년, 30년 넘게 장기 집권을 하던 독재자 '포르피리오 디아스(Porfirio Diaz)'에 대항한 멕시코 혁명이 일어났다.

디아스 정권의 부패와 함께 혁명이 일어나게 된 결정적 이유 중 하나는 토지 정책이었다. 식민지 시절부터 토지의 소유권이 불확실했는데, 디아스 정권은 이런 토지를 몰수해 외국인과 대지주에게 팔고 농민의 저항을 탄압했다. '프란시스코 마데로(Francisco Madero)'는 디아스 반대 운동을 펼쳤으나 디아스는 마데로를 체포하고, 부정선거로 대통령에 다시 당선되었다. 이후 석방된 마데로가 멕시코 북부에서 봉기를 일으키면서 혁명이 시작됐다. '에밀리아노 사파타(Emiliano Zapata)', '판초 비야(Pancho Villa)', '알바로 오브레곤(Alvaro Obregon)' 등 지도자들이 봉기해 내전이 벌어졌고, 1911년 디아스는 망명하였다.

마데로가 대통령이 되었으나 출신과 이념이 다른 혁명 세력은 통제가 되지 않았다. 거기다 대농장주 출신인 마데로가 기득권을 인정하고 토지 개혁을 제대로 못하자 혁명 세력이 다시 봉기하여 내전이 반복되었다. 1913년 마데로는 '빅토리아노 우에르타(Victoriano Huerta)'의 쿠테타에 의해 축출된 후 살해됐다. 우에르타는 디아스 시기로 회귀하려고 하였고, 혁명 세력은 우에르타에 저항하였다. 치열한 전투 끝에 1914년 혁명 세력은 멕시코시티를 점령하였고, 우에르타는 망명하였다. 하지만 다시 혁명 세력 간에 전투가 계속되어 사파타는 암살되었고, 결국 오브레곤 세력이 승리해 1920년 대통령이 되었다. 판초 비야는 항복하였으나 1923년 암살당했고, 오브레곤은 1924년 임기를 마친 후, 1928년에 다시 대통령에 당선됐지만 임기 시작 전 암살되었다. 멕시코 혁명은 이후 멕시코의 사회와 예술 등 다양한 분야에 큰 영향을 끼쳤다. 특히 디에로 리베라 등 화가들의 벽화 운동은 혁명에서 아주 큰 영향을 받았다.

현대의 멕시코

20세기 중반에 이르러 정치적 혼란이 정리되고 경제가 성장하면서 1968년 올림픽까지 개최했지만 1980년대부터 미국에 마약을 공급하는 마약 카르텔이 급성장하면서 북부의 치안이 크게 악화되었다. 2007년 '펠리페 칼데론(Felipe Calderon)' 대통령이 마약과의 전쟁을 선포하면서 해마다 수천 명의 사람들이 살해될 정도로 상황이 안 좋았지만 2019년부터 대형 카르텔 토벌을 포기하면서 상황이 진정되고 있다. 하지만 북부 지역은 치안이 나쁘기 때문에 여행을 피하는 것이 좋다.

경제

미국-멕시코 전쟁으로 석유가 풍부한 텍사스를 상실했지만 멕시코는 일일 200만 배럴 가까운 석유를 생산하는 세계 10위권의 산유국이다. 또 전자제품, 자동차 등 다양한 제품을 생산해 북미 지역에 공급하는 생산기지라서 원자재에 의존하는 다른 중남미 국가들에 비해 산업이 발달해 있다. 하지만 외부 자본의 생산기지 역할만 주로 하기 때문에 임금 수준이 상당히 낮다. 거기다 정경 유착과 부정부패로 인해 내수 시장을 독점하는 기업이 많으며, 빈부 격차가 심하다. 임금 수준이 낮다보니 식료품과 음식, 각종 서비스 비용이 아주 저렴했는데, 코로나 기간 동안 물가가 한국처럼 엄청나게 올랐다. 거기다 멕시코 페소의 강세와 원화 약세가 겹치면서 이제는 예전처럼 멕시코를 저렴하게 여행할 수 없게 되었다.

환전

여행지 어디나 있는 사설 환전소는 여권 없이 환전할 수 있다. 은행은 환율이 조금 더 좋지만 여권이 필요하고 줄을 서야 할 때가 많다. 따라서 대부분의 여행자가 사설 환전소나 ATM을 이용한다. 단, ATM은 출금 수수료가 있기 때문에 소액이 필요하다면 환전이 훨씬 낫다. 필자의 경험상 멕시코시티 공항에서 100달러짜리 지폐로 환전하는 것이 가장 환율이 좋았다.

신용 카드 / ATM

ATM은 현지 은행의 출금 수수료가 있는데, 보통 20~40페소이며, 1회 인출 한도는 6,000~9,000페소다. 은행에 따라 수수료와 인출 한도가 다르기 때문에 몇 군데를 들러서 비교해보는 것이 좋다. 바나멕스(Banamex)의 ATM이 수수료가 비싸지 않고 인출 한도가 커서 여행자들이 많이 이용한다. 신용카드는 고급 식당과 마트, 쇼핑몰, 호텔 같은 곳에서 이용이 가능하다.

대한민국 대사관

주소 Lopez Diaz de Armendariz 110, Mexico D.F
전화 (+52) 55-5202-9866
E-mail embcoreamx@mofa.go.kr
홈페이지 overseas.mofa.go.kr/mx-ko
※긴급 연락처(근무시간 외) (+52) 55-8581-2808

멕시코의 팁Tip 문화

멕시코는 미국처럼 팁 문화가 일반적이다. 따라서 로컬 식당, 관광객용 식당, 택시 등 어떤 서비스를 이용하든 팁을 지불해야 한다. 일반적으로 팁은 10%인데, 고급 식당은 15~20%를 요구하기도 한다. 계산서에 팁이 적혀 있지 않다면 10%를 내면 되고, 팁이 적혀 있다면 적힌 대로 내면 된다. 우리나라 여행자들은 팁에 익숙하지 않다보니 깜박하는 경우가 많은데, 식당, 택시, 호텔 등에서 잊지 말고 반드시 팁을 주자. 호텔 조식을 먹은 뒤에도 테이블에 약간의 팁을 놔두는 것이 일반적이다.

멕시코
대표 먹거리

중미는 고추, 옥수수, 카카오, 토마토, 담배 같은 작물의 원산지이며, 멕시코는 아주 다양한 먹거리가 있다. 또, 물가가 비싸지 않고 푸짐한 길거리 음식이 많다. 수많은 멕시코의 음식을 다 소개할 수는 없으니, 여행자들이 자주 접하는 길거리 음식 위주로 소개하겠다. 다만 칸쿤 일대는 휴양지이다보니 길거리 음식이 별로 없고 다른 지역에 비해 상당히 비싸다. 멕시코 음식은 고기와 탄수화물 위주로 양이 많은데 비해 야채는 적어서 살찌기에 딱 좋다. 멕시코 여행 중에는 체중 조절에 주의해야 한다.

또르띠아 Tortilla

멕시코는 수천 년 동안 옥수수가 주식이었다. 따라서 옥수수로 만든 또르띠아는 우리의 쌀밥과 같은 위치다. 즉, 또르띠아로 모든 음식을 싸먹는 것이 전통적 식사 방법이다. 요즘엔 밀가루로 만든 또르띠아를 더 많이 먹는 편인데, 식당에 가면 마이스(Maiz. 옥수수)와 아리나(Harina. 밀가루) 중 뭘 먹을지 물어보는 곳이 많다. 옥수수 또르띠아는 밀가루에 비해 뻑뻑하지만 멕시코 전통의 맛을 느끼고 싶다면 시도해보자. 검은색 옥수수인 '마이스 아술(Maiz Azul)'로 만든 또르띠아도 있는데, 일반 옥수수보다 더 텁텁하면서 옥수수 맛이 강하다.

노빨 Nopal

노빨은 멕시코에 많이 있는 넓은 잎을 가진 부채선인장(Opuntia)인데, 가시와 껍질을 제거한 후 볶거나 구워 먹는다. 별다른 향과 맛은 없지만 육류가 많은 멕시코 음식과 잘 어울린다. 멕시코에서 양파와 함께 가장 많이 접하는 야채이며, 즙을 내서 먹기도 한다. 멕시코 국기에 독수리가 노빨을 발로 움켜쥐고 있는 것이 그려져 있을 정도로 대중적인 식자재다.

따꼬 Taco

따꼬는 멕시코를 대표하는 음식으로 전 세계적으로 널리 퍼져 있고, 우리나라에도 파는 곳이 많다. 하지만 우리나라의 따꼬는 멕시코식이 아니라 변형된 미국식이 대부분이다. 멕시코식 따꼬는 작은 또르띠야 두 장 위에 고기와 양파, 고수 정도만 올린다. 치즈나 쌀을 올리는 것은 미국식이다. 식당에 따라 감자튀김이나 노빨 등 다른 야채를 추가하기도 한다. 또르띠야에 뭘 올리느냐에 따라 종류가 달라지는데, 가장 흔한 것은 양념한 구운 돼지고기인 빠스또르(Pastor)다. 소고기는 비스떽(Bistec)이나 까르네(Carne)라고 하며, 뽀요(Pollo)는 닭고기다. 멕시코 사람들이 아주 좋아하는 부위는 아라체라(Arrachera)인데, 소고기의 치마살이다. 가장 고급 부위에 속하는 것은 소 혀인 렝구아(Lengua)다. 그 외에 까마론(Camaron. 새우), 뻬스까도(Pescado. 생선)를 올린 해산물 따꼬도 있다. 따꼬의 본고장인 과달라하라(Guadalajara)에 가면 돼지의 귀, 코, 내장 등 수십 가지의 따꼬를 맛볼 수 있다. 기름에 튀긴 또르띠야 위에 각종 재료를 올린 것은 '또스따다(Tostada)'라고 한다.

께사디야 Quesadilla & 부리또 Burrito

께사디야는 따꼬보다 큰 또르띠야에 고기와 약간의 야채, 치즈를 넣은 후 반으로 접어서 구운 것이다. 치즈는 멕시코 남부 와하카(Oaxaca)에서 생산된 '와하카 치즈(Queso Oaxaca)'를 최고로 친다. 와하카 치즈는 스트링 치즈와 비슷한데 맛이 담백하다.

께사디야처럼 큰 또르띠야에 고기와 야채, 치즈를 넣고 둥글게 말면 부리또가 된다. 미국식은 쌀, 콩 같은 것도 넣는데, 멕시코식은 그런 것을 넣지 않고 고기와 치즈가 푸짐하게 들어가서 훨씬 맛있다. 부리또를 기름에 튀긴 것은 '치미창가(Chimichanga)'라고 한다

고르디따 Gordita

우리나라 호떡처럼 두꺼운 또르띠야를 반으로 갈라서 고기와 각종 재료를 넣은 것이다. 얇은 또르띠야를 쓰는 따꼬, 께사디야에 비해 탄수화물의 비중이 높다. 따라서 가격이 싸고 양이 많은 서민 음식이다. 고기 없이 야채만 넣을 수도 있는데, 이러면 정말 가격이 저렴하다.

소뻬 Sope

멕시코식 미니피자로, 또르띠야 위에 치즈와 고기, 양상추나 양파 같은 야채를 올린 후 구워서 나온다. 일반적으로 따꼬나 부리또 같은 것에 비해 야채가 많이 들어가는 편이다.

또르따 Torta

바게트 빵처럼 생긴 작은 빵에 고기와 야채를 넣은 것이다. 빵의 양이 많다보니 고르디따처럼 저렴하고 푸짐하다. 과달라하라에 가면 고추가 들어간 빨갛고 진한 고기 육수나 토마토 육수에 또르따를 넣은 '또르따 아오가다(Torta Ahogada)'라는 음식이 있다.

몰레 Mole

우리나라는 고추가 들어온 지 300년 정도인데 비해, 멕시코는 몇천 년 동안 고추를 먹었던 지역이라 고추를 이용한 다양한 요리가 있다. 그중 몰레는 초콜릿이 들어간 멕시코식 고추장이다. 기본적으로 고춧가루에 아몬드, 허브, 카카오(초콜릿), 마늘 등 다양한 재료를 넣어서 만드는데, 지역에 따라 들어가는 재료가 다르고 맛이 다르다. 색깔도 검은색, 갈색, 붉은색 등 다양하며, 단맛, 매운맛, 짠맛 등 여러 가지 맛이 섞여 있다. '몰레 데 뽀요(Mole de Pollo)'는 닭고기를 몰레로 요리한 것이고, '몰레 꼰 까르네(Mole con Carne)'는 소고기를 요리한 것이다.

뽀솔레 Pozzole

멕시코에는 다양한 국물 요리가 있는데 가장 쉽게 접할 수 있는 것은 뽀솔레다. 닭고기나 돼지고기를 고추, 옥수수 등과 함께 푹 끓인 것으로, 멕시코식 육개장으로 생각하면 된다. 빨간 국물 색과 달리 맵지 않으며 양상추, 양파 등 다양한 야채가 함께 나온다. 야채를 듬뿍 넣은 후 매운 소스(살사)를 넣어서 본인 입맛에 맞게 맛을 조절해야 한다. 멕시코 국물 요리 중 우리나라 사람들 입맛에 가장 잘 맞는다.

까르니따 Carnita

까르니따는 다양한 부위의 돼지고기를 양념을 한 국물에 삶은 후 잘게 잘라서 또르띠야와 함께 먹는 것으로, 색깔은 우리나라 족발과 비슷하다. 일반적으로 무게에 따라 팔며, 까르니따 전문점이나 시장에 가야 먹을 수 있다. 조리가 된 고기이고, 또르띠야와 야채, 피클 같은 것이 함께 나오는데도 우리나라 마트의 생고기 수준으로 가격이 싸다. 외국인은 잘 모르는 음식이기 때문에 시장에서 현지인들 틈에 끼여 까르니따를 먹으면 관심을 한 몸에 받을 것이다.

엘로떼 Elote

엘로떼는 삶거나 구운 옥수수에서 낱알을 떼어낸 후 마요네즈, 샤워크림, 치즈가루 같은 것을 섞고, 그 위에 라임 즙과 고추소스를 뿌린 것이다. 보통 컵에 담아서 파는데, 거리를 걷다가 출출할 때 먹기 딱 좋다. 통 옥수수 전체에 양념을 한 것은 '엘로떼 엔떼로(Elote Entero)'라고 한다.

과까몰레 Guacamole

아보카도에 토마토, 양파, 고추, 허브 등 재료를 넣고 소금과 라임 즙으로 간을 한 후 으깬 것으로, 우리나라 레스토랑에서도 나오기 때문에 친근한 음식이다. 나초나 또르띠야와 함께 먹기 좋고, 멕시코 어디를 가든 흔하게 먹을 수 있다. 단, 아보카도는 칼로리가 꽤 높다.

메누도 Menudo

메누도는 멕시코식 내장탕이다. 고춧가루와 함께 소의 위장을 푹 삶은 것인데, '몬돈고(Mondongo)'라고도 부른다. 보기에는 상당히 맛있어 보이지만 뽀솔레보다 건더기의 양이 적고 맛이 심심하다. 필자의 경험으로 보면 우리나라 사람들은 메누도보다 뽀솔레를 보통 더 선호한다. 뽀솔레처럼 양파 등 야채를 넣고 매운 살사를 넣어서 본인 입맛에 맞게 조절해야 한다.

오르차따 Horchata

멕시코의 식당에서 아주 많이 마시는 음료로, 우유에 쌀, 보리, 설탕, 계피가루 등을 넣어 만든 것이다. 색깔은 우리나라의 쌀음료인 '아침햇살'과 비슷하고, 맛은 좀 더 달고, 계피향이 난다. 오르차따와 함께 많이 마시는 음료인 하마이까(Jamaica)는 히비스커스(Hibiscus) 차다.

멕시코의 과일

멕시코는 1년 내내 기온이 높고 햇빛이 강한 곳이 많아서 과일이 맛있고 저렴하다. 메론, 수박처럼 수분이 많은 과일과 망고, 파파야 같은 열대과일이 맛있는데, 과달라하라 등 건조한 중북부 고원 지역에서는 삐따야(Pitaya)라는 선인장 열매가 있다. 작은 용과처럼 보이는데 맛은 용과보다 훨씬 달다. 먹기 좋게 과일을 잘라서 플라스틱 컵이나 비닐봉지에 넣어서 길에서 많이 파는데, 고추의 원산지답게 과일에도 고추소스와 소금, 라임 즙을 뿌려서 먹는다. 과일과 고추는 전혀 안 어울릴 것 같지만 먹어보면 상당히 먹을 만하다.

데킬라 Tequila & 메스칼 Mezcal

멕시코를 대표하는 술은 데킬라다. 데킬라는 알로에와 비슷하게 생긴 선인장인 아가베(Agave)를 이용해서 만든다. 아가베의 몸통 부분을 삐냐(Piña)라고 하는데, 이것을 효모와 함께 숙성시켜 주정을 만들고 두 번 증류한 후 오크 통에서 숙성시킨다. 숙성시키지 않은 무색의 데킬라는 '블랑꼬(Blanco)', 2개월~1년 숙성한 것은 '레포사도(Refosado)'라고 한다. 1년 이상 숙성시킨 진한 갈색의 데킬라는 '아녜호(Añejo)', 3년 이상 숙성시킨 것은 '엑스트라 아녜호(Extra Añejo)'라고 한다. 고급 데킬라는 깊은 향과 맛이 고급 스카치 못지않은데, '호세 쿠에르보(Jose Cuervo)'의 '레세르바 델라 파밀리아(Reserva de la Familia)'가 대표적인 고급 데킬라다. 우리나라에서 주로 볼 수 있는 연한 색의 데킬라는 데킬라 블랑꼬에 아녜호를 섞은 싸구려다. 단, 과달라하라 지역에서 '아가베 아술(Agave Azul. 블루 아가베)'로 만든 술만 데킬라라고 부를 수 있으며, 다른 지역에서 아가베로 만든 술은 메스칼(Mezcal)이라고 부른다.

살사 Salsa & 아바네로 Habanero

고추의 원산지인 멕시코의 고추는 상상을 초월할 정도로 맵다. 그중 가장 매운 것이 아바네로인데, 매운 정도를 측정하는 스코빌 척도로 청양고추보다 20~30배 맵다. 모양은 작은 피망처럼 생겼고, 색깔은 붉은색, 노란색, 녹색 등 다양하다. 필자처럼 매운 것을 잘 못 먹는다면 작은 조각만 들어가도 음식을 먹기 힘들 것이다. 멕시코는 음식에 고춧가루를 듬뿍 넣는 것이 아니라 주로 피클이나 소스로 먹어서, 식당에 가면 빨간색, 노란색, 녹색 등 다양한 색의 살사(Salsa)가 나오는데, 거의 모두 매운 것이다. 외국인용 식당은 별로 맵지 않지만 로컬 식당에 가면 엄청나게 매울 수도 있다. 따라서 얼마나 매운지 미리 맛을 본 후 음식에 넣는 것이 좋다. 멕시코 사람들 앞에서 우리나라 음식 맵다고 자랑하는 것은 번데기 앞에서 주름잡는 것이다.

멕시코 전체

Monclova
Grande
Culiacán
몬테레이
Monterrey
두랑고
Durango
La Paz
Ciudad
Victoria
Zacatecas
San Luis Potosí
Gulf
of
Mexico
레온
León
Tepic
과나후아토
Guanajuato
과달라하라
Guadalajara
Santiago de
Querétaro
모렐리아
Morelia
테오티우아칸
Teotihuacan
멕시코시티
Ciudad de México
콜리마
Colima
톨루카
Toluca
Acapulco
바야돌리드
Valladolid
이슬라 무헤레스
Isla Muheres
칸쿤
Cancun
메리다
Mérida
플라야 델 카르멘
Playa del Carmen
치첸이사
Chichén Itzá
툴룸
Tulum
Campeche
비야에르모사
Villahermosa
팔렌케
Palenque
BELIZE
툭스틀라
Tuxtla
코미탄
Comitán
산 크리스토발
San Cristobal
GUATEMALA
HONDURAS
El SALVADOR
NICARAGUA
COSTA RICA
200km

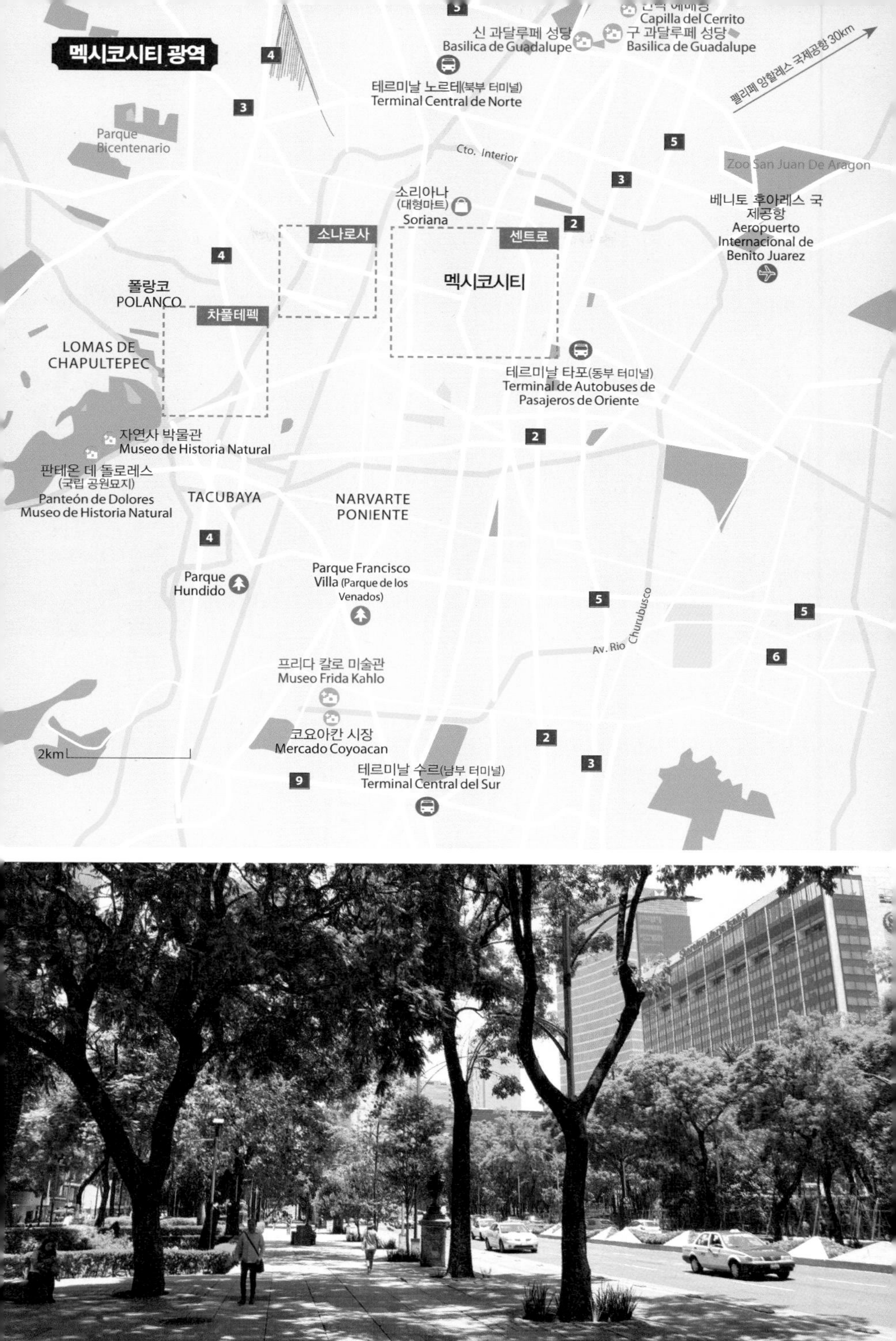

멕시코시티 광역
Capilla del Cerrito
신 과달루페 성당
Basilica de Guadalupe
구 과달루페 성당
Basilica de Guadalupe
펠리페 앙할레스 국제공항 30km
테르미날 노르테(북부 터미널)
Terminal Central de Norte
Parque Bicentenario
Cto. Interior
Zoo San Juan De Aragon
소리아나
(대형마트)
Soriana
베니토 후아레스 국제공항
Aeropuerto Internacional de Benito Juarez
소나로사
센트로
멕시코시티
폴랑코
POLANCO
차풀테펙
LOMAS DE CHAPULTEPEC
테르미날 타포(동부 터미널)
Terminal de Autobuses de Pasajeros de Oriente
자연사 박물관
Museo de Historia Natural
판테온 데 돌로레스
(국립 공원묘지)
Panteón de Dolores
Museo de Historia Natural
TACUBAYA
NARVARTE PONIENTE
Parque Hundido
Parque Francisco Villa (Parque de los Venados)
Churubusco
Av. Rio
프리다 칼로 미술관
Museo Frida Kahlo
코요아칸 시장
Mercado Coyoacan
2km
테르미날 수르(남부 터미널)
Terminal Central del Sur

멕시코시티

Ciudad de Mexico

해발 2,200m의 고원에 자리잡은 멕시코시티는 아스텍의 수도였던 테노치티틀란이 있던 자리에 만들어진 인구 900만 명이 넘는 대도시다. 그리고 그 크기만큼이나 수많은 볼거리가 있는 도시로 유명하다. 중심가는 유럽 여느 도시 못지않게 잘 꾸며져 있고, 수많은 사람들로 가득한 거리에는 고풍스러운 건물이 가득하다. 도시 중심에 있는 소칼로(Zocalo) 광장에 들어서면 그 엄청난 크기에 놀라게 된다. 드넓은 광장 주위로 대성당과 대통령 관저 등 역사적인 건물이 즐비하고, 목청을 높여 손님을 부르는 상인과 기념품을 구경하기 바쁜 여행자들로 발 디딜 틈이 없다. 유럽의 대도시에 온 것처럼 근사한 건축물들이 즐비한 중심가를 잠깐만 둘러봐도 멕시코에 대해 가지고 있던 부정적인 이미지가 싹 날아가버릴 것이다. 특히 멕시코시티의 박물관과 미술관들은 유럽이나 미국의 그 어떤 곳보다 멋진 전시물로 가득하다. 역사와 문화가 살아 숨 쉬는 도시, 멕시코시티를 탐험해보자.

국제선 항공

'베니토 후아레스 국제공항(Aeropuerto Inter nacional de Benito Juarez)'은 시내 중심가에서 동쪽으로 약 5km 떨어져 있다. 한국에서 출발할 경우 미국, 캐나다를 경유하거나 아에로멕시코를 이용하게 되며, 비행 시간은 보통 16~20시간(환승시간 포함)이 걸린다. 만약 미국에서 머물다 멕시코시티로 이동한다면 2~5시간이 소요된다. 인근 국가인 과테말라, 쿠바, 코스타리카로 연결되는 항공편은 아주 많으며, 저렴한 저가 항공도 많다. 2022년 3월 멕시코시티 북동쪽으로 약 30km 지점에 '펠리페 앙헬레스 국제공항(Aeropeurto Internacional Felipe Angeles)'이 새로 개항했는데, 건설 과정에 많은 문제가 있었다. 또, 시내에서 접근성이 안 좋다보니 아직까지 일부 국내선만 신공항을 이용한다. 따라서 항공권을 사기 전에 출발지/도착지를 확인하는 것이 좋다. 구공항은 공항 코드가 MEX, 신공항은 NLU인데 구공항을 AICM, 신공항을 AIFA로 표기하기도 한다. 당연히 구공항(MEX)을 이용하는 것이 시간과 돈을 절약할 수 있다. 구공항은 시내에 있다보니 규모는 작은데 운항하는 항공편은 아주 많아서 항상 사람이 많고 탑승 수속이 느리다. 따라서, 국내선은 출발 2시간, 국제선은 3시간 정도 전에는 도착하는 것이 좋다.

■ 구공항(MEX)에서 시내로 이동하기

지하철 Metro

짐이 많지 않다면 지하철이 가장 싸고 빠르다. 하지만 계단이 많기 때문에 짐이 무겁다면 버스나 택시를 이용하는 편이 낫다. 공항 안에 지하철 역이 있는 것이 아니라서 공항을 나와서 지하철까지 5분 정도 걸어야 한다. 지하철의 단말기에서 교통카드(15페소)를 구매한 후 이용하면 되는데, 5페소가 충전되어 20페소에 판매된다. 교통카드는 버스도 이용 가능하다.

시간 월~금 05:00~24:00, 토 06:00~24:00, 일·공휴일 07:00~24:00 소요시간 소칼로 광장까지 25~30분 요금 5페소

공항버스 Metrobus

공항버스인 메트로버스는 시설이 깨끗하고 안전요원도 탑승해 있다. 또, 버스 전용차로를 이용하기 때문에 혼잡한 시내를 빠르게 지나간다. 단, 공항에서 버스카드를 구매해서 충전 후 이용해야 하며, 하나의 카드로 여러 명이 결제할 수 있다. 공항버스 타는 곳에 충전기가 있는데, 충전이 잘 안 된다면 직원이나 기사에게 도움을 요청하면 된다. 짐이 많거나 새벽, 밤늦게 이동해야 한다면 지하철보다 공항버스 이용을 추천한다.

시간 월~토 04:30~24:00, 일 05:00~24:00 소요시간 소칼로 광장까지 20~25분 요금 버스카드 15페소, 버스 요금 30페소

공항택시

터미널 대합실에 여러 택시회사의 부스가 있으며 목적지까지 가는 정액요금을 내고 티켓을 받은 후 택시를 타면 된다. 공항택시는 일반택시와 별도로 운영되기 때문에 깨끗하고 안전하다. 단, 시내는 교통체증이 심하기 때문에 출퇴근 시간이면 공항버스를 이용하는 편이 낫다. 공항 밖으로 나와서 일반택시를 이용하면 훨씬 저렴한데, 멕시코시티가 익숙한 사람이 아니라면 추천하지는 않는다.

시간 24시간 운행 소요시간 소칼로 광장까지 20~40분(변동이 심함) 요금 300~400페소

■ 신공항(NLU)에서 시내로 이동하기

공항버스 Metrobus

센트로까지 가는 노선이 많지 않고 시간이 오래 걸리기 때문에 가능한 구공항을 이용하는 것이 좋다. 멕시코시티 북부 터미널과 공항을 왕복하는 버스도 있다(80~90페소. 1.5시간 소요).

시간 04:30~24:00 **소요시간** 센트로까지 1시간 20분~2시간 **요금** 125~150페소

공항택시

구공항과 마찬가지로 터미널 대합실에 여러 택시회사의 부스가 있으며 목적지까지 가는 요금을 내고 티켓을 받은 후 택시를 타면 된다.

시간 24시간 운행 **소요시간** 시내 중심가까지 50분~1시간 반 **요금** 600~800페소

국내선 항공

멕시코는 땅이 넓고 인구가 많다보니 항공편이 잘 발달되어 있다. 또, 저가 항공도 많기 때문에 장거리 구간은 항공편을 이용하는 것이 낫다. 따라서 버스표를 사기 전에 반드시 항공권 가격을 체크해보자. 정규 항공사는 아에로멕시코이고, 저가 항공사는 볼라리스, 비바아에로부스, 아에로마르 등 여러 항공사가 있다. 특히, 중미의 이지젯이라고 할 수 있는 볼라리스는 국내선뿐만 아니라 쿠바, 과테말라, 코스타리카, 미국 등으로 가는 국제선도 있다.

홈페이지

아에로멕시코 www.aeromexico.com
볼라리스 www.volaris.com
비바아에로부스 www.vivaaerobus.com
아에로마르 www.aeromar.mx

시외버스

멕시코시티는 여러 개의 터미널이 있고, 목적지에 따라 터미널이 다르다. 따라서 어느 터미널에서 버스가 출발하는지 인터넷이나 숙소 직원에게 확인하는 것이 좋다. 중장거리 구간은 버스회사 홈페이지에서 구매하면 10% 정도 할인되기 때문에 미리 구매하는 것도 좋은 방법이다. 일반적으로 티켓을 왕복으로 사도 할인된다. 프리메라 플루스(Primera Plus), 에테엔(ETN), 아데오(ADO) 등 고급 버스회사와 기타 일반 버스회사의 가격 차이가 심하며, 가격차만큼 시설도 차이가 난다. 저렴한 버스들은 자주 정차하기 때문에 시간이 많이 걸리며, 소지품 관리에도 주의해야 한다.

테르미날 노르테(북부 터미널) Terminal Central de Norte

과달라하라, 과나후아토, 몬테레이, 푸에르토 바야르타 등 북부 지역행 버스가 주로 출발하며, 산 크리스토발, 와하카 등 일부 남부 지역으로 가는 버스도 출발한다. 무엇보다 테오티우아칸으로 가는 버스가 출발한다. 테오티우아칸은 '라스 피라미데스(Las Piramides)' 행 버스를 타면 된다.

위치 지하철 5호선 아우토부세스 델 노르테(Autobuses del Norte) 역에서 도보 1분 거리

테르미날 타포(동부 터미널) Terminal de Autobuses de Pasajeros de Oriente

유카탄 반도 여행에서 자주 이용하는 아데오(ADO) 버스가 운영하는 터미널로 산 크리스토발, 팔렌케, 와하카 등 남부 지역과 칸쿤 등 유카탄 반도 쪽으로 가는 버스가 많다. 소칼로 광장에서 가깝다.

위치 지하철 1호선 산 라사로(San Lazaro) 역에서 도보 5분 거리

테르미날 수르(남부 터미널) Terminal Central de Sur

지하철 타스케냐(Tasqueña) 역과 가까워서 '테르미날 타스케냐'라고도 부른다. 와하카, 타스코, 베라크루스 등 중 · 단거리 노선이 많이 출발한다. 주변 지역의 치안이 좋지 않기 때문에 늦은 시간에는 조심해야 한다.

위치 지하철 2호선 타스케냐(Tasqueña) 역에서 도보 5분 거리

예상 소요시간 및 요금

목적지	소요시간	요금
테오티우아칸	1시간	50~55페소
과달라하라	7~8시간	600~1,200페소
과나후아토	4.5~5.5시간	500~800페소
산 크리스토발	16~18시간	900~1,600페소
팔렌케	15~17시간	1,000~1,600페소
와하카	7~8시간	400~900페소
칸쿤	27~29시간	1,100~1,900페소

주요 시외버스 회사

멕시코의 버스는 페루, 아르헨티나, 칠레 등 남미의 버스에 비해 시설이 떨어진다. 한 줄에 3자리만 있는 우등버스가 드물고, 좌석 간격이 남미에 비해 좁다. 따라서 장거리 구간은 저가 항공을 이용하는 것이 편하다. 다음의 대형 버스회사들이 운행하는 버스가 대표적인 1등급(Primera Clase) 버스로, 시설이 좋은 편이다. 하지만 에테엔(ETN)을 제외하고는 시설이 좋아도 우리나라 일반 고속버스 수준이다.

•프리메라 플루스 Primera Plus

과달라하라, 과나후아토 등 멕시코시티 서북쪽 지역을 많이 운행하는 버스회사다. 시설은 괜찮고 깨끗하지만 좌석이 넓지는 않다.

홈페이지 www.primeraplus.com.mx

•에테엔 ETN

프리메라 플루스처럼 서북쪽 지역을 주로 운행한다. 비싸지만 시설이 좋고 우등버스를 주로 운행한다. 편안한 버스 여행을 원한다면 최고의 선택이다.

홈페이지 www.etn.com.mx

•아데오 ADO

팔렌케, 칸쿤 등 멕시코시티 남부 지역을 주로 운행하는 대형 버스회사다. 여러 등급이 있는데 OCC <ADO<ADO GL<ADO Platino 순서로 시설이 좋다. 단, 홈페이지에서 한국 신용카드 사용이 불가능하다.

홈페이지 www.ado.com.mx

시내 교통

지하철 Metro

멕시코시티의 지하철은 서울만큼이나 노선이 많다. 따라서 지하철만 이용해도 대부분의 관광지를 방문할 수 있다. 거기다 가격이 싸고 배차 간격이 아주 짧다. 역마다 경찰들이 많이 있기 때문에 안전에 대해서도 크게 걱정하지 않아도 된다. 다만 경찰의 감시가 느슨한 새벽이나 밤늦은 시간에는 이용하지 않는 것이 좋다. 우리나라와 달리 지하철 문이 아주 빨리, 강하게 닫히기 때문에 타고내릴 때 조심해야 한다. 지하철 안에서 공연을 하거나 물건을 파는 사람들이 많은데, 팁을 요구하거나 물건을 들이밀어도 겁먹지 말고 무시하면 된다. 지하철과 버스는 모두 교통카드(15페소)를 사서 충전해야 이용할 수 있다. 교통카드는 지하철역이나 메트로버스 정류장의 자동판매기에서 살 수 있다

요금 5페소(구간 구분 없이 동일 요금)

버스 Bus

일반버스는 노선 번호와 행선지가 정확하게 표기되어 있지 않기 때문에 현지 사정에 익숙하지 않다면 이용하기 쉽지 않다. 거기다 시내 교통이 워낙 많이 막히기 때문에 지하철이 훨씬 낫다. 메트로버스(Metro Bus)는 전용 차로를 이용해서 빠르고, 시설이 깨끗하며 안전하다. 다만 노선이 많지 않다.

요금 일반버스 4~6페소, 메트로버스 6~8페소(공항버스 30페소)

택시 Taxi

요금은 미터(m)기에 표시되며, 시외로 나갈 경우에는 미리 흥정을 해야 한다. 가격은 한국보다 저렴하지만 중심가는 교통체증이 심해서 지하철이 빠르다. 따라서 지하철이 없는 곳을 간다면 가까운 곳까지 지하철을 타고 간 후 나머지 구간을 택시를 타면 된다. 우버도 널리 이용되고 있다.

TIP

'멕시코'가 아니라 '메히꼬', '멕시코시티'가 아니라 '데에페(DF)'

우리나라의 표준어 표기법은 해당 국가의 실제 발음을 완전히 반영하지 못할 때가 종종 있다. 멕시코 국가명이 그 예인데, 멕시코인들은 '메히꼬'라고 발음한다. 즉, 'Mexico'에서 'x'가 'ㅎ'으로 발음된다. 멕시코시티는 스페인어로 '시우닷 데 메히꼬(Ciudad de Mexico)'인데, 현지에서는 '데에페(DF)'라고 한다. 미국처럼 연방국가인 멕시코에서 멕시코시티는 연방구역, 즉 '디스트릭토 페데랄(Districto Federal)'이었기 때문에 약자인 '데에페'로 부르는 것이다. 미국에서 수도인 워싱턴을 '디씨(D.C.)'라고 부르는 것과 비슷하다.

TIP

멕시코시티의 치안 상태

멕시코의 치안이 불안한 것은 사실이지만 살인 사건의 상당 부분은 마약 카르텔과 관련된 것이다. 따라서 마약의 통로인 미국 국경 인근 북부 지역은 치안이 아주 불안하며, 여행을 피해야 한다. 하지만 멕시코시티 같은 곳은 북부에 비해 훨씬 안전하며, 범죄율과 살인율은 총기가 넘쳐나는 미국의 세인트루이스, 볼티모어 같은 곳보다 훨씬 낮다. 즉, 멕시코시티가 미국이나 남미의 대도시들과 비교해 특별히 치안이 나쁜 것은 아니다. 또, 마약 카르텔은 자국에 와서 돈을 펑펑 쓰는 외국인 관광객은 거의 건드리지 않는다. 자기네 동네에 와서 돈을 쓰는 고객을 왜 공격하겠는가? 그 누구도 자기 밥상은 걷어차지 않는 법이다. 그래서 치안이 정말 나쁜 베네수엘라, 온두라스, 엘살바도르 같은 국가들과 달리 멕시코를 여행하는 관광객들은 치안에 대해 큰 불안 없이 여행할 수 있다. 하지만 대도시인 만큼 당연히 도둑이나 강도를 조심해야 한다. 유럽에도 여행자를 노리는 도둑들이 얼마나 많은가? 센트로, 특히 소칼로 광장 인근에서 숙박한다면 밤늦은 시간 외출을 피하고, 꼭 나가야 한다면 택시를 이용하는 것이 좋다. 인적이 드문 거리는 항상 피해야 하며 가방, 핸드폰 등 소지품 관리에 유의해야 한다. 대도시 여행 시 어디서나 지켜야 하는 기본적인 안전수칙만 준수한다면 멕시코시티도 별 어려움 없이 여행할 수 있다.

멕시코시티 지하철 노선도

Centro Historico

센트로

멕시코시티의 구시가지인 센트로는 거대한 소칼로(Zocalo) 광장을 중심으로 대통령 관저, 대성당(카테드랄) 등 고풍스러운 건물들이 많이 남아 있다. 아름다운 건물과 여유롭게 시간을 보내는 수많은 사람들을 보다보면 멕시코시티에 대해 가지고 있던 불안감이 사라지는 것을 느낄 것이다.

소칼로 광장
Plaza Zocalo

대통령 관저, 대성당 등 식민지 시대의 건축물들로 둘러싸인 멕시코시티의 거대한 중앙광장으로 남북 220m, 동서 240m다. 광장의 북동쪽, 즉 카테드랄 오른쪽에서는 아스텍 전통복장을 하고 춤을 추거나 연기를 피워 부정함을 없애는 전통 의식을 볼 수 있다. 무엇보다 유명한 것은 광장에 휘날리는 가로 25m, 세로 14m 크기의 국기를 50m 높이의 깃대에 오전 8시에 올리고 오후 6시에 내리는 모습이다. 단, 날씨와 상황에 따라 국기를 올리지 않는 날도 있다.

위치 지하철 2호선 소칼로(Zocalo) 역 하차

멕시코시티 센트로 광역
Av. Ricardo Flores Magón
삼 문화 광장
Plaza de las Tres Culturas
틀라텔롤코(유적)
Tlatelolco
산티아고 성당
Templo de Santiago
1
바스콘셀로스 도서관
Biblioteca Vasconcelos
COLONIA
BUENAVISTA
Peralvillo
체드라우이
(대형마트)
Chedraui
TEPLTO
월마트
Walmart
1
가리발디 광장
Plaza Garibaldi
Plaza Peña y Peña
혁명 기념탑
Monumento de la
Revolucion
공화국 광장
Plaza de la
Republica
센트로 세부
호텔 카사블랑카
Hotel Casa Blanca
HISTORIC
CENTRO OF
MEXICO CITY
1
CENTRO
1
1km

멕시코시티 센트로 세부
LAGUNILLA
C. Violeta
가리발디 광장
Plaza Garibaldi
C. Violeta
República de Perú
Mina
C. Mina
Church of
San Hipolito
UNAM Palacio de la
Escuela de Medicina
Museo de la Medicina
Museo Franz Mayer
디에고 리베라 벽화 미술관
Museo Mural Diego Rivera
국립 미술관
Museo Nacional de Arte
스위트 데에페 호스텔
Suites DF Hostel
알라메다 공원
Alameda Central
호스탈 문도 호벤 카테드랄
Hostal Mundo Joven Catedral
호텔 바르셀로 레포르마
Hotel Barcelo Reforma
베야스 아르테스 미술관
Palacio de Bellas Artes
Allende
호텔 카사블랑카
Hotel Casa Blanca
고탄
Gotan
베니토 후아레스 동상
Hemiciclo a Juarez
마요르 사원
Templo Mayor
Museo de
Arte Popular
1
마요르 광장
Plaza Mayor
발콘 델 소칼로
Balcon del Zocalo
페랄
Feral
대성당(카테드랄)
Catedral Metropolitana
호텔 프린시팔
Hotel Principal
폰다 산타 리타
Fonda Santa Rita
Zócalo /Tenochtitlan
소칼로 광장
Plaza Zocalo
대통령 관저
Palacio Nacional
베가모
Vegamo
Atenas
San Juan de Letrán
LiverPool
CENTRO
시우다델라 수공예품 시장
Mercado de Artesanias la Ciudadela
산후안 시장
Mercado de San Juan
Luis Moya
체드라우이
(대형마트)
Chedraui
Mesones
호스탈 레히나
Hostal Regina
1
Balderas
1A
셀리나 멕시코시티 다운타운
Selina Mexico City Downtown
세피로
Zefiro
Regina
500m
Isabel la Católica
Pino Suárez

대성당(카테드랄)
Catedral Metropolitana

1573년부터 건설된 대성당, 카테드랄은 길이 109m, 높이 65m의 거대한 성당이다. 20명 이상의 건축가들이 건설을 계속하여 1813년, 240년 만에 '마누엘 톨사(Manuel Tolsa)'에 의해 완성되었다. 오랫동안 만들다보니 고딕, 바로크, 신고전주의 등 여러 양식이 혼합되어 있다. 안으로 들어서면 '용서의 제단(Altar del Perdon)'이 있는데, 금색 제단 앞에는 '독의 예수상(Señor del Veneno)'이라는 검은 예수상이 있다. 개종을 거부하던 원주민들이 매일 예수상 발에 입을 맞추던 신부를 암살하기 위해 독을 발랐는데, 예수상이 신부를 구하기 위해 스스로 발을 피하면서 독에 의해 검게 물들었고 그것을 본 원주민들이 개종을 했다는 전설이 있다. 물론 가톨릭 포교를 위해 지어낸 이야기일 것이다. 제일 안쪽의 움푹 들어간 형태의 거대한 금색 제단은 '왕들의 제단(Altar de los Reyes)'이고, 지하에는 대주교 등 주요 인물들이 묻혀 있다. 이 일대는 호수였던 곳을 매립했기 때문에 침하 현상이 계속 발생하고 있다. 입장료 없이 방문할 수 있지만 미사 중에는 관람이 제한된다. 지하실 등 일부 시설은 기부를 해야 관람할 수 있다.

위치 소칼로 광장의 북쪽 시간 매일 08:00~20:00 요금 무료

마요르 사원
Templo Mayor

템플로 마요르(Templo Mayor)는 소칼로 광장 일대가 아스텍의 수도인 테노치티틀란이었을 때 신들에게 제사를 지내는 사원이었다. 원래는 수십 미터 높이의 피라미드가 있었는데, 그 석재로 대성당을 만들었다. 현재는 대성당 옆에 건물의 토대만 남아 있다. 가이드 투어로 돌아볼 수도 있지만 학문적 관심이 있는 사람이 아니라면 밖에서 보는 정도로 충분할 것이다.

위치 카테드랄 정면에서 오른쪽 시간 화~일 09:00~17:00, 월요일 휴관 요금 성인 95페소, 학생·어린이 무료 홈페이지 templomayor.inah.gob.mx

대통령 관저
Palacio Nacional

소칼로 광장 동쪽에 있는 거대한 건물로 대통령 집무실과 재무부가 있다. 원래는 아스텍의 왕궁이 있던 곳이었는데, 코르테스가 총독관저로 건설하였고, 이후 여러 번 보수를 해 현재의 형태가 되었다. 건물보다 더 유명한 것은 내부에 있는 디에고 리베라의 벽화다. 멕시코의 관공서에 가보면 유명 화가들이 그린 거대한 벽화가 많은데, 이곳에는 멕시코의 역사를 묘사한 리베라의 벽화가 있다. 무료이고 출입이 자유롭기 때문에 반드시 벽화를 구경하자. 단, 중요한 행사가 있을 때는 못 들어갈 수도 있으며, 관공서 내부이기 때문에 정숙해야 한다.

위치 소칼로 광장의 동쪽 시간 화~일 09:00~17:00, 월요일 휴무
요금 무료

TIP

'빨라시오Palacio'는 궁전?

중남미에 대한 글을 보면 '대통령 궁'이라는 표현이 많이 나온다. 이것은 '빨라시오(Palacio)'라는 스페인어를 영어의 '팰리스(Palace. 궁전)'로 해석했기 때문이다. 하지만 'Palacio'는 '궁전'이라는 뜻도 있지만 '관청' 또는 '정부에서 만든 건물'이라는 뜻도 있다. 예를 들어, 시청 건물은 'Palacio Municipal'이라고 한다. 즉, 대통령이 있는 'Palacio Nacional'은 '대통령 궁'보다는 '대통령 관저'라는 번역이 더 자연스럽다. 따라서 필자는 '대통령 관저'라는 표현으로 이 책에서 사용한다. 민주주의 국가에서 대통령이 있는 건물을 '궁전'이라고 부르는 것은 어색하다. '청와궁', '백악궁', 이상하지 않은가?

베야스 아르테스 미술관
Palacio de Bellas Artes

알라메다(Alameda) 공원 동쪽에 위치한 베야스 아르테스는 눈부시게 아름다운 외관부터 눈길을 사로잡는다. 신고전주의와 아르누보(Art Nouveau) 양식이 혼합된 하얀색 대리석 건물은 1905년에 건축을 시작해 1930년에 완공되었다. 3층으로 올라가면 멕시코 벽화의 3대 거장인 '디에고 리베라', '다비드 시게이로스', '호세 오로스코'의 거대한 벽화들이 벽을 가득 채우고 있다. 유럽이나 미국의 회화와는 완전히 다른, 강렬한 색채와 그보다 더 강렬한 메시지를 느낄 수 있는 멕시코 미술의 정수를 만날 수 있는 곳으로, 인류학 박물관과 더불어 멕시코시티 여행에서 절대 놓쳐서는 안 되는 곳이다.

위치 지하철 2/8호선 베야스 아르테스(Bellas Artes) 역 하차 **시간** 화~일 10:00~18:00, 월요일 휴관 **요금** 90페소, 사진·비디오 촬영 30페소, 일요일 무료 **홈페이지** museopalaciodebellasartes.gob.mx

TIP

'베야스 아르테스'가 '예술궁전'?

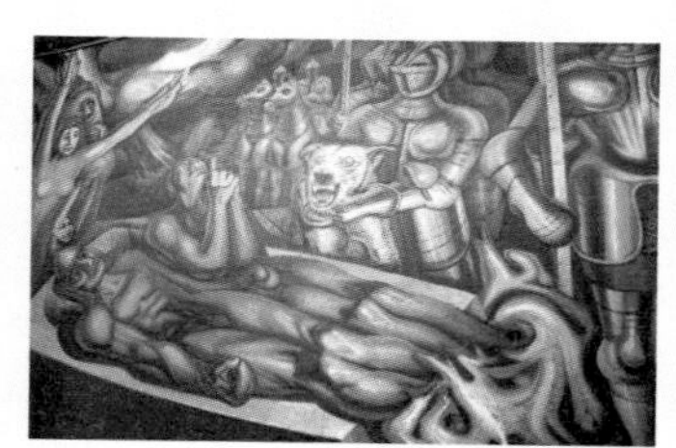

베야스 아르테스를 '예술궁전'이라고 번역하곤 하는데, 이건 중남미에 대해 잘 모르는 사람들이 하는 번역이다. 왜냐하면 '베야스 아르테스'라는 명칭 자체가 미술관을 의미하는 것이라 아르헨티나, 칠레, 에콰도르 등 중남미 다른 나라에도 '베야스 아르테스'라는 미술관이 있다. 즉, 대성당을 '카테드랄'이라고 부르는 것처럼 '베야스 아르테스'도 그 지역 또는 국가의 중심 미술관을 뜻하는 보통명사로 쓰는 것이다. 따라서, 그냥 '베야스 아르테스'라고 부르는 것이 맞지만 이해를 돕기 위해 필자는 '베야스 아르테스 미술관'이라고 표기했다.

베야스 아르테스 미술관의 대표 벽화

디에고 리베라의 '우주를 지배하는 인간'

El Hombre Controlador del Universo

가로 11.45m, 세로 4.8m이며 서쪽 벽면에 있다. 원래 미국 록펠러 센터의 벽화로 의뢰받아 작업했던 작품이다. 하지만 해방된 노동자에 의해 기존 사회가 전복되는 것을 표현했고, 노동자를 이끄는 인물로 레닌의 얼굴이 그려졌다. 록펠러 측에서는 링컨의 얼굴로 대체할 것을 요구했으나 리베라는 거부하였고, 결국 철거됐다. 이후 리베라는 그림을 베야스 아르테스에 다시 그렸다.

다비드 시게이로스의 '새로운 민주주의'

Nueva Democracia

가로 12m, 세로 5.5m로 북쪽 중앙 벽면에 있다. 낡고 인간을 억압하는 구체재를 파괴하고 새로운 세계가 출현하는 것을 표현하였다. 그림 우측 하단에 독일군 헬멧을 쓴 사람이 쓰러져 있는 것을 보면 알 수 있듯이, 파시즘에 대한 승리에 대한 의미도 담고 있다.

호세 오로스코의 '카타르시스' Katharsis

가로 11.5m, 세로 5.5m로 동쪽 벽면에 있다. 오로스코는 창녀, 거대한 기계, 무기 등 인간사회의 혼란과 분열을 가져오는 것들이 결국에는 인간을 멸망시킬 것이라는 메시지를 표현하였다.

멕시코의 박물관·미술관Museo·유적에서 사진·비디오 촬영

멕시코의 박물관, 미술관, 유적은 촬영이 가능하다. 하지만 추가 요금을 미리 지불해야 하는 곳이 많은데, 보통 사진과 비디오 촬영 요금이 다르며, 비디오 요금이 더 비싸다. 사진은 무료인 곳도 있다. 그리고 전시물의 손상을 방지하기 위해 플래시와 조명의 사용은 금지되어 있다. 몰래 사진을 찍다가 적발되면 곤란한 일이 생기니 미리 지불하길 권고한다. 단, 다른 사람이 감상 중인데 전시물 앞을 막고 인증샷을 찍거나 관람실 내에서 떠들며 유튜브용 비디오를 찍는 것은 삼가자. 안타깝게도 멕시코에서 그런 한국인 관광객을 종종 볼 수 있다. 스페인어로 박물관, 미술관을 모두 무세오(Museo)라고 한다.

멕시코 벽화 운동의 3대 거장 & 프리다 칼로

우리나라 학교에서는 중남미의 역사와 문화에 대해 거의 가르치지 않기 때문에 멕시코 미술은 아주 생소하다. 대부분 '프리다'라는 영화를 통해 '디에고 리베라'와 '프리다 칼로'라는 이름을 아는 정도다. 하지만 표현의 방법을 중요시하는 서양권의 회화와 전혀 다르게 멕시코 회화는 강렬한 색채와 메시지를 느낄 수 있어서 멕시코 미술을 처음 접하는 사람들도 깊은 인상을 받게 된다. 유명한 작품 대부분이 거대한 벽화인데, 가장 유명한 세 명의 거장은 '디에고 리베라', '다비드 알파로 시게이로스', '호세 클레멘테 오로스코'다. 멕시코 혁명 이후, 사람들이 쉽게 접할 수 있는 벽화를 통해 대중들에게 혁명과 사회 변혁의 메시지를 널리 전달하고자 한 것이 '멕시코 벽화 운동'이다.

디에고 리베라 Diego Rivera 1886~1957

과나후아토 출신으로 22살에 유럽으로 건너가 10년 넘게 유럽에서 미술 활동을 하며 당시 유럽을 휩쓸던 공산주의 혁명과 사회적 변혁에 많은 영향을 받았다. 1921년 멕시코로 돌아온 후 작품 활동을 하였고, 대통령 관저와 교육부 건물에도 그의 벽화가 있다. 프리다 칼로는 그의 세 번째 아내로 21살의 나이 차로 결혼했는데, 디에고 리베라가 바람을 많이 피워서 이혼과 재결합을 반복했다. 그는 멕시코 역사와 혁명에 깊은 관심이 있었고, 독재에 저항하는 민중을 그림으로 표현하였다. 또한 멕시코의 오랜 전통문화와 가치들을 표현하려고 애썼다.

호세 클레멘테 오로스코 Jose Clemente Orozco 1883~1949

할리스코(Jalisco) 주에서 태어난 오로스코는 멕시코 혁명을 거치면서 빈민과 민중의 삶에 큰 관심을 가지기 시작했고, 1920년대부터 디에고 리베라와 함께 벽화 운동을 주도하였다. 디에고 리베라와 달리 염세주의적 경향이 뚜렷한 오로스코는 혼란한 세상 속에서 몰락해가는 사회를 주제로 많은 그림을 그렸다. 멕시코 특유의 색채와 이미지를 아주 잘 표현했다는 평가를 받는다.

다비드 알파로 시게이로스 David Alfaro Siqueiros 1896~1974

멕시코 혁명 때 혁명군으로 참전하기도 한 시게이로스는 초창기에는 그림보다는 정치 활동을 열심히 했다. 하지만 과격한 정치 활동으로 감옥에 갇혔다가 추방을 당했고, 남미, 미국, 쿠바 등을 돌아다니면서 시각을 넓히고 새로운 회화 기법을 연구하였다. 멕시코로 돌아온 그는 선배 화가들인 리베라, 오로스코의 뒤를 이어 반파시즘, 반자본주의 메시지를 전달하는 벽화들을 그렸다. 1960년 교사들의 파업에 참가했다가 60세가 넘은 나이에 감옥에 다시 가기도 했으며, 죽을 때까지 정치와 창작 활동을 함께 했다. 멕시코 혁명, 두 차례의 세계대전 등 세계가 요동치는 시기에 세상을 변화시키기 위해 정치와 예술에서 열정을 불태웠던 인물이다.

프리다 칼로 Frida Kahlo 1907~1954

사실 프리다 칼로는 앞에서 언급한 세 명의 거장 수준은 아니다. 하지만 디에고 리베라와의 결혼생활과 영화 '프리다'를 통해 유명해져서 그녀를 테마로 한 기념품과 영화, 애니메이션이 계속 나오고 있다. 학창 시절부터 공산주의 활동을 했고, 러시아 공산주의 지도자로 스탈린과의 권력 투쟁에서 패해 망명온 레프 트로츠키와 인연을 가지기도 했다. 초현실주의 작품을 주로 그렸고, 중미의 신화와 문명, 전통에 깊은 관심이 있었다. 회화 내에서 멕시코 전통의 이미지를 표현하고자 노력했다.

디에고 리베라 벽화 미술관
Museo Mural Diego Rivera

디에고 리베라의 가장 유명한 벽화 중 하나인 '일요일 오후 알라메다 공원의 꿈(Sueño de una tarde dominical en la alameda central)'이 있는 미술관이다. 사실 이곳에는 이 작품 하나만 있다. 길이가 15m에 달하는 벽화에는 코르테스(Cortes), 베니토 후아레스(Benito Juarez) 등 멕시코 역사상 중요 인물들뿐만 아니라 리베라 자신의 어린 시절 얼굴과 프리다 칼로도 그려져 있다. 스페인어로 무랄(Mural)은 벽화라는 뜻이다.

주소 Balderas y Colon 위치 지하철 2/3호선 이달고(Hidalgo) 역에서 도보 5분 시간 화~금 10:00~18:00, 월요일 휴관 요금 45페소, 사진 촬영 5페소, 일요일 무료

국립 미술관
Museo Nacional de Arte

20세기 초에 건설된 르네상스풍의 건물이 아주 멋있고 내부도 고풍스럽다. 16세기부터 현대까지 만들어진 아주 많은 멕시코의 조각과 회화가 전시되어 있다. 낮 12시와 오후 2시에 영어로 진행되는 무료 가이드 투어가 있다. 바로 옆에 있는 베야스 아르테스가 워낙 인상적이라 상대적으로 주목을 못 받고 있다.

주소 Tacuba 8 위치 지하철 2/8호선 베야스 아르테스(Bellas Artes) 역에서 도보 3~4분 시간 화~일 10:00~18:00, 월요일 휴관 요금 85페소, 사진 5페소, 비디오 30페소 홈페이지 www.munal.mx

알라메다 공원
Alameda Central

디에고 리베라 벽화 박물관과 베야스 아르테스 사이에 있는 유서 깊은 도심 공원이다. 푸른 나무와 꽃, 잔디 사이로 잘 정돈된 길이 뻗어 있고, 분수와 벤치에서 앉아 쉬기 좋다. 공원 서쪽에 있는 포장마차 촌에서는 큼직한 따꼬를 판다. 공원 남쪽 중앙에는 최초의 원주민 출신 대통령인 '베니토 후아레스(Benito Juarez)'를 기념하는 커다란 조형물이 있다.

위치 지하철 2/3호선 이달고(Hidalgo) 역에서 도보 5분

시우다델라 수공예품 시장
Mercado de Artesanias la Ciudadela

알라메다 공원에서 몇 블록 남쪽에 있는 수공예품 시장이다. 수준 높은 수공예품이 아니라 공산품처럼 양산되는 기념품들이 있지만 멕시코에 처음 온 사람이라면 좋은 구경거리다.

위치 지하철 3호선 후아레스(Juarez) 역에서 도보 5분 시간 매일 10:00~18:30

산후안 시장
Mercado de San Juan

센트로에서 가까운 재래시장으로 야채와 과일, 먹거리를 살 수 있는데, 관광지 인근에 있다보니 일반 로컬 시장보다는 다소 비싸다. 시장 안에는 벌레가 들어간 데킬라를 파는 곳이 많다. 사람이 많은 곳이니 소지품 관리에 주의해야 한다. 시우다델라 수공예품 시장과 가깝기 때문에 함께 둘러보면 된다.

위치 지하철 3호선 후아레스(Juarez) 역에서 도보 5분 시간 매일 07:00~18:00

혁명 기념탑
Monumento de la Revolucion

알라메다 공원 서쪽의 '공화국 광장(Plaza de la Republica)'에 있는, 의자 다리처럼 보이는 네 개의 기둥 위에 커다란 돔이 올려진 특이한 형태의 구조물이다. 1938년에 만들어졌으며 엘리베이터로 위쪽으로 올라가면 전망대가 있다. '프란시스코 마데로(Francisco Madero)', '판초 비야(Pancho Villa)' 등 멕시코 혁명의 주요 인물들의 무덤이 있다. 내부에는 '국립 혁명 박물관(Museo Nacional de la Revolucion)'이 있는데, 멕시코 근현대사에 관심이 있지 않다면 별 볼거리는 없다. 밤에는 광장에 있는 분수와 기념탑에 멋진 조명이 비춘다.

위치 지하철 2호선 레볼루시온(Revolucion) 역에서 도보 5분 시간 월~목 12:00~20:00, 금·토 12:00~22:00, 일 10:00~20:00 요금 150페소(전망대·엘리베이터 등 포함) 홈페이지 www.mrm.mx

가리발디 광장
Plaza Garibaldi

멕시코 하면 떠오르는 이미지 중 하나는 커다란 모자인 솜브레로(Sombrero)를 쓰고 기타를 치며 노래를 부르는 전통 밴드 마리아치(Mariachi)다. 멕시코시티에서 마리아치 공연을 보고 싶다면 가장 좋은 곳은 가리발디 광장이다. 많은 마리아치들이 광장이나 인근 식당을 돌아다니며 노래를 부르고 팁을 받는다. 굳이 본인이 팁을 내지 않더라도 주변에서 펼쳐지는 공연을 즐길 수 있다. 만약 본인 앞에 와서 노래를 부른다면 몇십 페소의 팁은 주도록 하자. 야자수가 늘어선 광장의 거리에는 유명한 마리아치들의 동상이 늘어서 있다. 광장 한쪽에는 '데킬라와 메스칼 박물관(Museo del Tequila y el Mezcal)'이 있는데, 별 볼거리는 없다.

위치 지하철 8호선 가리발디(Garibaldi) 역에서 도보 5분

삼 문화 광장
Plaza de las Tres Culturas

도심에서 아스텍 유적을 볼 수 있는 곳으로 아스텍 유적, 식민 시대의 성당, 현재의 멕시코 문화를 모두 볼 수 있다는 의미에서 '세 개 문화(Tres Culturas, 트레스 쿨투라스)'의 광장이라고 불린다. 광장 한쪽에 있는 '산티아고 성당(Templo de Santiago)'은 아스텍 건물들의 석재를 이용해 1609년에 만들어졌으며, 다른 성당들에 비해 규모는 작지만 소박한 아름다움이 있다. 광장에 있는 유적은 틀라텔롤코(Tlatelolco)인데, 아스텍 피라미드의 기단과 계단 등이 있다. 근처에 공원이 여러 개 있고 중심가에서 가깝기 때문에 시간 여유가 있을 때 다녀올 만한 곳이다.

위치 지하철 3호선 틀라텔롤코(Tlatelolco) 역에서 도보 5분

바스콘셀로스 도서관
Biblioteca Vasconcelos

멕시코의 건축가 '알베르토 칼라크(Alberto Kalach)'가 설계한 이 독특한 도서관은 2006년에 개관하였다. 천장과 벽을 유리로 만들고, 서가는 복잡한 철제 구조물로 만들어 마치 영화 인터스텔라에 나왔던 가상공간을 떠올리게 한다. 건물 중앙에 있는 커다란 고래 뼈 모양의 조형물은 '가브리엘 오로스코(Gabriel Orozco)'가 만든 것이다. 5천 명을 동시 수용할 수 있으며 연간 200만 명 가까운 사람들이 이용하고 있다. 건설 당시에 멕시코의 현실상 많은 예산을 들여서 이런 건물을 만드는 것보다 더 많은 일반 도서관을 지어서 보급하는 것이 낫다는 반대도 있었지만 현재는 멕시코를, 아니 전 세계를 대표하는 현대 건축물 중 하나로 자리 잡고 있다. 도서관 내부에서 카메라 이용은 금지되어 있고 핸드폰으로만 사진을 찍을 수 있다.

위치 지하철 부에나비스타(Buenavista) 역에서 도보 2분. 알라메다 공원에서 도보 약 20분 시간 08:30~19:30 요금 무료

Zona Rosa & Bosque de Chapultepec
소나 로사 & 차풀테펙 공원

센트로 지역에서 넓은 '레포르마 대로(Paseo de la Reforma)'를 따라 남서쪽으로 내려가면 소나 로사 지역에 도착한다. 소나 로사 자체는 큰 볼거리가 없지만 쇼핑, 고급 식당과 근사한 카페를 즐길 수 있다. 센트로보다 치안이 좋으며 한식당과 한인 슈퍼가 있다. 무엇보다 국립 인류학 박물관, 현대 미술관 등 중요한 볼거리가 밀집된 차풀테펙 공원과 가깝기 때문에 멕시코시티를 방문한 여행자라면 한 번쯤은 들르게 되는 지역이다.

차풀테펙 공원
Bosque de Chapultepec

소나 로사 인근에 있는 면적 4k㎡의 커다란 공원으로 여의도보다 넓다. 아스텍 시기에는 통치자들의 여름 별장으로 사용되었고, 작은 아스텍 유적이 공원 내에 있다. 공원 안에는 '차풀테벡 호수(Lago de Chapultepec)', 국립 공원묘지인 '엘 판테온 데 돌로레스(El Panteon de Dolores)', 동물원과 식물원, 각종 기념물과 함께 놀이공원(La Feria de Chapultepec Mágico)이 있다. 무엇보다 '국립 인류학 박물관'과 '현대 미술관', '차풀테펙 성', '자연사 박물관(Museo de Historia Natural)' 등 많은 박물관과 미술관이 밀집해 있기 때문에 여행자라면 절대 놓쳐서는 안 되는 곳이다. 국립 인류학 박물관 맞은편에는 스타벅스가 있는데, 내부에 나무들이 있고 벽은 유리로 되어 있어서 아주 예쁘다.

위치 지하철 7호선 아우디토리오(Auditorio) 역 또는 1호선 차풀테펙(Chapultepec) 역 하차

소나 로사 & 차풀테펙
국립 인류학 박물관
Museo Nacional de Antropologia
케브라초
Quebracho
시티즌 루프탑 키친
Cityzen Rooftop Kitchen
비원
민속촌
송림
아리랑
호텔 이비스 스타일스
Hotel Ibis Styles
스타벅스(차풀테펙 공원)
Starbucks
차풀테펙 동물원
Zoológico de Chapultepec
현대 미술관
Museo de Arte Moderno
소년 영웅 기념비
Monumento a los Niños Heroes
차풀테펙 호수
Lago de Chapultepec
차풀테펙 식물원
Jardín Botánico del Bosque de Chapultepec
차풀테펙 성(국립 역사 박물관)
Castillo de Chapultepec
(Museo Nacional de Historia)
차풀테펙 공원
Bosque de Chapultepec
호스텔 홈
Hostel Home
LA CONDESA
Av. Sonora
Parque México
Papalote Museo del Niño
Casa Estudio Luis Barragán
HIPÓDROMO
소리아나
(대형마트)
Soriana
Universidad La Salle
1km

국립 인류학 박물관
Museo Nacional de Antropologia

'무세오 나시오날 데 안트로폴로히아(Museo Nacional de Antropologia)'는 수천 년에 걸쳐 멕시코에 존재했던 다양한 문명의 유물을 모아 놓은 세계 최고의 박물관 중 하나다. 베야스 아르테스와 함께 멕시코시티에서 절대 빼놓을 수 없는 핵심 중의 핵심이다. 박물관은 12개의 전시관이 있는데, 처음에는 작은 유물 위주지만 몇 개의 전시관을 지나면 곧 큰 석조 유물을 만날 수 있다. 큰 유물은 보통 유리 보호벽이 없어서 직접 볼 수 있는 것이 장점이다. 테오티우아칸(Teotiuacan), 마야(Maya), 톨테카(Tolteca), 아스텍(Aztec), 올멕(Olmec) 등 멕시코의 대표적인 문명과 지역별로 전시관이 있다. 전시관과 연결된 야외 정원에는 내부에 놓기 힘든 거대한 유물이 있다. 문명별로 유물의 스타일이 다르기 때문에 오랜 시간 동안 관람해도 계속 흥미가 생긴다. 무엇보다 다른 나라에서 가져온 전시물이 대부분인 대영 박물관이나 루브르 박물관에 비해, 모두 멕시코에서 나온 유물들이라는 것이 놀랍다. 관람에 최소 3~4시간이 걸리기 때문에 여유 있게 시간을 잡고 방문하는 것이 좋다. 일요일은 멕시코인과 멕시코 비자·영주권 보유자는 무료이기 때문에 엄청난 인파가 몰린다.

박물관 인근 공터에서는 '볼라도레스(Boladores)'라는 공연이 30분마다 열린다. 수십 미터의 장대 위에서 네 사람이 다리에 줄을 묶고 돌면서 내려오는 아찔한 공연이다. 12개 전시실을 모두 소개할 수는 없기 때문에 대표적인 전시실과 문명에 대해 간략하게 다음 페이지에서 소개하겠다.

위치 지하철 7호선 아우디토리오(Auditorio) 역에서 도보 5분, 지하철 1호선 차풀테펙(Chapultepec) 역에서 도보 10분 **시간** 화~일 09:00~18:00, 월요일 휴관 **요금** 95페소, 비디오 50페소(사진은 무료) **홈페이지** mna.inah.gob.mx

국립 인류학 박물관의 주요 전시관

테오티우아칸 Teotihuacan

테오티우아칸 문명은 멕시코시티 북동쪽으로 50km쯤 떨어진 곳에 거대한 유적이 남아 있는데, 기원전 1세기에서 기원후 7~8세기까지 존재했던 것으로 추정된다. 테오티우아칸이라는 이름은 몇백 년 뒤 그들의 거대한 유적을 발견한 아스텍인들이 붙인 이름으로, '신들의 도시'라는 뜻이다. 유적에서 발견된 조각과 건물에 붙어 있던 조형물 등을 박물관으로 가져왔는데, 특히 신전 벽을 장식했던 조형물이 인상적이다. 다른 전시관에 비해 유물이 많지는 않지만 크기가 상당히 크다.

마야 Maya

테오티우아칸과 아스텍이 멕시코 중부 고원에서 발달한 문명이라면, 마야는 멕시코 남부와 유카탄, 과테말라, 벨리스, 온두라스 등 저지대 밀림에서 발달한 문명이다. 역사가 상당히 길어서 기원전 2천 년 무렵부터 스페인인들이 도착한 후인 17세기까지 존재하였던 것으로 추정된다. 즉, 4천 년 가까이 존재했던 문명이다. 밀림은 생산성이 낮기 때문에 큰 제국이 아니라 고대 그리스처럼 도시국가 형태로 존재했으며, 각 도시는 수백 년씩 존재하다가 사라지고 다시 새로운 도시가 생기는 일이 반복되었다. 워낙 오랜 기간 동안 존재했기 때문에 뛰어난 천문학과 역법(曆法)을 발달시켰던 것으로 유명하다. 마야인들이 썼던 달력은 1년에 1초 정도밖에 오차가 생기지 않아, 현재 사용되는 그레고리력보다 오차가 적었다고 한다. 특이한 형태의 마야 문자를 사용하였는데 현재는 해독이 거의 완료되었고, 그 덕분에 마야문명에 대해 많은 것을 알게 되었다. 멕시코의 팔렌케(Palenque), 치첸이사(Chichen Itza), 욱스말(Uxmal), 마야판(Mayapan)과 과테말라의 티칼(Tikal), 온두라스의 코판(Copan) 유적이 대표적이다. 마야관의 유물들은 상당히 정교하고, 다른 문명들과 다른 특이한 조형물이 많은데, 특히 7세기경 팔렌케의 전성기를 이끌었던 파칼(Pakal) 왕의 무덤이 유명하다.

걸프 해변의 문명들

Culturas de la Costa del Golfo

멕시코시티 동쪽 해변, 즉 카리브해에 접한 걸프만 지역에 있던 여러 문명의 유물을 모아 놓은 관이다. 이 지역의 문명은 마야, 아스텍, 테오티우아칸 등 중부의 문명에 비해 인지도가 낮은데, 올멕문명의 거대한 석제 두상이 유명하다. 올멕문명은 현재의 베라크루스(Veracruz)와 타바스코(Tabasco) 지역에서 기원전 1500~400년경까지 존재했는데, 마야문명과 함께 멕시코 최초의 문명 중 하나였다.

톨테카 Los Tolecas

톨텍문명은 테오티우아칸이 소멸된 후, 7세기부터 12세기경까지 멕시코 중부 고원 지역을 지배했던 세력이다. 다른 전시관에 비해서는 인상적인 유물이 많지 않은 편인데, 크고 길쭉한 석상들이 유명하다.

멕시카 Mexica

스페인 침입으로 멸망한 아스텍의 유물을 모아 놓은 전시관이다. 사실상 인류학 박물관의 핵심 전시관으로, 크고 정교한 유물이 가득하다. 인상적인 전시물이 많지만 그중 가장 유명한 것은 '태양의 돌(Piedra del Sol)'이다. 태양의 돌은 지름 3.6m, 무게 24톤에 이르는 거대한 조각으로, 스페인의 침입 직전에 제작된 것으로 추정되며, 스페인 정복 후 소칼로 광장에 묻혀 있던 것을 18세기 말에 발굴하였다. 흔히 '아스텍의 달력'이라고 부르는데, 실제로는 아스텍 문명에서 생각하던 우주관과 시간의 개념이 새겨져 있다. 아스텍 문명은 기록을 남기지 않았기 때문에 정확한 것은 알 수 없다. 아스텍은 외부에서 불리던 이름이고, 아스텍은 스스로를 멕시카라고 불렀다. 멕시코 국명이 여기서 나온 것이다.

현대 미술관
Museo de Arte Moderno

인류학 박물관 동쪽에 있는 미술관으로 디에고 리베라, 프리다 칼로, 호세 오로스코 등 멕시코 대표 화가들의 작품이 있는데, 양이 많지는 않다. 건물 내부의 디자인이 상당히 독특하고 외부 정원에 조형물이 많기 때문에 인류학 박물관을 구경한 후 잠깐 시간을 내서 들르기 좋다.

위치 지하철 1호선 차풀테펙(Chapultepec) 역에서 도보 10분 **시간** 화~일 10:15~17:30, 월요일 휴관 **요금** 70페소, 일요일 무료 **홈페이지** mam.inba.gob.mx

차풀테펙 성 & 국립 역사 박물관
Castillo de Chapultepec & Museo Nacional de Historia

18세기 말에 건설되어 요새로 사용되었던 곳으로, 차풀테펙 전투에서 6명의 소년 영웅들이 마지막까지 싸우다 사망한 곳이다. 그 후 나폴레옹 3세의 괴뢰국이었던 멕시코 제2제국의 막시밀리안(Maximilian) 황제가 궁전으로 사용하기 위해 증축하였고, 공화정이 복귀하면서 '국립 역사 박물관'이 되었다. 낮은 언덕 위에 있어서 오르막을 올라가야 하는데, 15분마다 다니는 기차 형태의 차량을 이용할 수도 있다(왕복 30페소). 내부에는 인상적인 벽화와 호화롭게 꾸며진 방들이 있고, 아름다운 정원도 매력적이다.

위치 지하철 1호선 차풀테펙(Chapultepec) 역에서 도보 15분 **시간** 화~일 09:00~17:00, 월요일 휴관 **요금** 95페소 **홈페이지** mnh.inah.gob.mx

소년 영웅 기념비
Monumento a los Niños Heroes

1847년 9월 13일, 미국-멕시코 전쟁 중에 차풀테펙 성에서 사망한 소년 영웅들을 기념하는 조형물이다. 멕시코시티를 방어하기 위해 벌어진 차풀테펙 전투에서 10대의 사관 생도들을 포함한 멕시코군은 차풀테펙 성을 방어 거점으로 삼아 미군에 맞섰다. 하지만 훈련이 부족한 신병이 많았기 때문에 노련한 미군에게는 역부족이었고, 멕시코군은 수천 명의 피해를 입고 후퇴하였다. 이때 6명의 사관 생도들이 차풀테펙 성에서 마지막까지 싸우다 전사하였다. 멕시코에서는 그들을 '로스 니뇨스 에로에스(Los Niños Heroes, 소년 영웅)'라고 부르는데, 멕시코 곳곳에서 이 명칭을 볼 수 있다. 13~19세 나이로, 당시 유럽을 비롯해 각국의 사관학교는 어릴 때부터 입학해 정규 교육과 군사 교육을 함께 받았다. 특히 '후안 에스쿠티아(Juan Escutia)'는 멕시코 국기를 뺏길 수 없다며 국기를 안고 성에서 뛰어내렸고, 그를 모티브로 한 그림을 멕시코 각지에서 볼 수 있다. 기념물의 6개 대리석 기둥은 당시 사망한 6명을 상징한다. '알타르 알 라 파트리아(Altar a la Patria, 조국의 제단)'라고도 부른다.

위치 지하철 1호선 차풀테펙(Chapultepec) 역에서 도보 6~7분

Other Areas

그 외 지역

신 과달루페 성당

과달루페 성당
Basilica de Guadalupe

신 과달루페 성당

구 과달루페 성당

멕시코시티에는 대성당보다 더 중요한 성당이 있는데 바로 과달루페 성당이다. 전설에 따르면, 가톨릭으로 개종한 '후안 디에고(Juan Diego)'라는 원주민이 1531년 '테페약 언덕(Cerro Tepeyac)'에서 갈색 피부의 성모 마리아를 만나 그 자리에 성당을 지으라는 이야기를 들었다고 한다. 그 증거로 한겨울에 장미를 받았는데 장미를 감싼 망토를 펼치자 장미가 흩어지며 은빛의 성모 마리아가 새겨졌다고 한다. 이 사건은 원주민들이 개종하는 데 큰 영향을 끼쳤고, '과달루페의 성모(Virgen de Guadalupe)'는 1737년에 멕시코의 수호자(Patron)로 선언되었다. 성모의 발현은 바티칸에 의해 인정되었고, 2002년 후안 디에고는 시복되었으며, 과달루페는 중남미 최고의 가톨릭 성지가 되었다. 그래서 과달루페 성당에 가면 진심을 다해 성모에게 기도하는 수많은 멕시코인을 볼 수 있다. 물론 이 이야기를 믿을지 말지의 여부는 본인의 믿음에 달려 있다.

언덕 아래에 있는 노란색 돔의 구 과달루페 성당은 1709년에 세워졌으며, 지반 침하로 인해 성당이 기울자 1976년 바로 옆에 새로운 성당이 완공되었다. 신 과달루페 성당은 커다란 원형 건물 위로 삼각뿔 형태의 지붕이 있으며, 1만 명 이상을 수용할 수 있다. 또, 성모가 발현된 망토가 내부에 전시되어 있다. 테페약 언덕에는 '언덕 예배당(Capilla de Cerrito)'이 있으며, 언덕 주변은 아름다운 정원으로 꾸며져 있는데, 후안 리베라가 성모를 만나는 장면을 묘사한 조각상 등이 있다. 축일인 12월 12일이 가까워지면 엄청난 인파가 성당을 방문한다.

위치 지하철 6호선 라 비야 바실리카(La Villa Basilica) 역에서 도보 3~4분 시간 매일 09:00~18:30 요금 무료 홈페이지 virgendeguadalupe.org.mx

프리다 칼로 미술관
Museo Frida Kahlo

멕시코의 대표 화가 디에고 리베라의 부인이자 초현실주의 화가로 유명한 프리다 칼로가 생전 살았던 집을 미술관으로 만든 곳이다. '카사 아술(Casa Azul, 푸른 집)'이라고도 불리는데 건물이 파란 색으로 칠해져 있기 때문이다. 내부에는 프리다 칼로의 작품과 생전에 사용하던 물품이 전시되어 있다. 전시물이 많지는 않지만 아기자기하고 색감이 예쁘다. 작은 크기에 비해 정말 많은 사람들이 몰리기 때문에 인터넷으로 미리 시간을 예약하고 방문하는 것이 좋다. 특히 주말에는 예약하지 않으면 아주 오래 기다려야 한다. 미술관에서 남쪽으로 세 블록 정도 내려가면 '코요아칸 시장(Mercado Coyoacan)'이 있는데, 기념품과 먹거리가 많기 때문에 함께 들르는 것을 추천한다.

주소 Londres 247 위치 지하철 3호선 코요아칸(Coyoacan) 역에서 도보 25~30분. 지하철 하차 후 택시 이용 추천 시간 화·목~일 10:00~18:00, 수 11:00~18:00, 월요일 휴관 요금 주중 250페소, 주말 270페소, 사진 촬영 30페소 홈페이지 museofridakahlo.org.mx

테오티우아칸 Teotihuacan

멕시코시티에서 북동쪽으로 50km쯤 가면 10만 명 이상의 인구가 거주했을 것으로 추정되는 거대한 테오티우아칸 문명의 유적이 남아 있다. 기원전 1세기부터 기원후 7~8세기까지 존재했던 것으로 추정되는데, 테오티우아칸이라는 이름은 '신들의 도시'라는 뜻이다. 정확한 역사를 알 수 없는 이유는 마야문명과 달리 기록이 없기 때문이다. 멕시코에서 가장 큰 고대 유적이자 아메리카 대륙에서 가장 큰 피라미드인 '태양의 피라미드(Piramides del Sol)'가 있다.

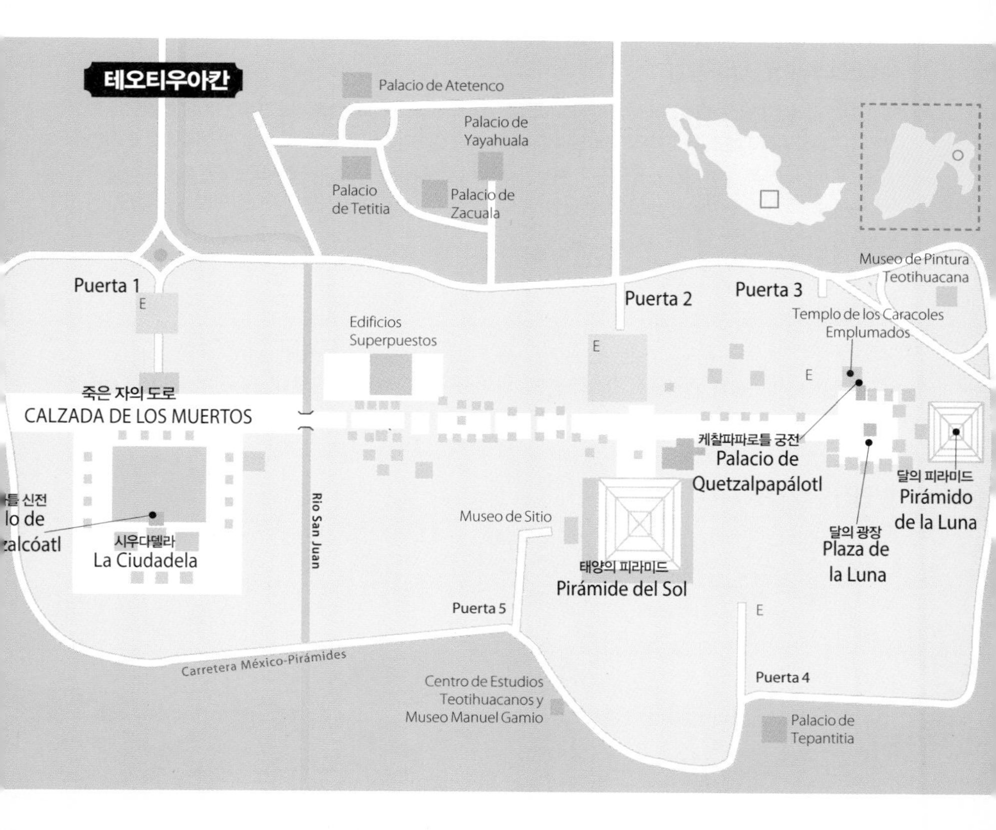

■ 테오티우아칸 찾아가기

멕시코시티 '테르미날 노르테(Terminal Central de Norte)'에서 테오티우아칸행 버스가 10~20분 간격으로 출발한다. '라스 피라미데스/테오티우아칸(Las Piramides/Teotihuacan)'이라고 적혀 있는 부스에서 표를 사면 되고(편도 50~55페소), 약 1시간이 소요된다. 멕시코시티로 돌아올 때는 유적지의 2번 또는 3번 출구로 나간 후 도로에서 북부 터미널행 버스를 타면 된다. 돌아가는 버스 역시 10~20분 간격으로 지나가며 오후 6시까지 운행한다.

■ 준비물

유적이 상당히 넓어서 전체를 돌아보는 데 보통 2~3시간이 걸린다. 유적 내에는 햇빛을 피할 수 있는 곳이 거의 없기 때문에 모자, 선블록, 선글라스, 간식과 충분한 양의 생수를 준비하는 것이 좋다. 샌들은 피라미드를 올라갈 때 위험할 수도 있으므로 반드시 운동화나 트레킹화를 신고 가자.

■ 입장권 및 운영 시간

입장료는 90페소이며, 사진 촬영은 무료, 비디오 촬영은 50페소다. 오전 8시부터 오후 5시까지 운영되는데, 오후에는 햇빛이 뜨겁고 단체 관광객이 많기 때문에 오전에 가는 것이 좋다. 유적에 대한 설명이 필요하다면 매표소 인근에서 약 900페소(약 50달러)에 영어 가이드를 고용할 수 있다.

유적 돌아보기

매표소에서 들어서자마자 남북으로 뻗은 거대한 길과 마주하게 된다. '죽은 자의 도로(Calzada de los Muertos. 칼사다 데 로스 무에르토스)'라고 불리는 길로, 매표소에서 달의 피라미드까지 2km 넘게 뻗어 있고, 폭은 최대 100m 가까이 된다. 이런 이름으로 불리게 된 것은 테오티우아칸 문명이 사라지고 수백 년 후 이곳을 발견한 아스텍인들이 이 거대한 유적을 거인이 지은 무덤인 것 같다고 생각했기 때문이다. 테오티우아칸은 아직 10% 정도만 발굴되었고 꾸준히 발굴과 연구가 진행되고 있다. 건물을 보면 벽에 별다른 장식이 없이 뼈대만 있는 것 같은데, 이곳에서 발굴된 외벽 장식과 조각들은 인류학 박물관에 전시되어 있다.

시우다델라 Ciudadela

유적 입구에서 죽은 자의 도로를 건너면 있는 구역이다. 폭과 길이는 약 400m이며, 중앙에는 신전과 피라미드가 있고 가장자리에 거주 구역이 있다. 주로 테오티우아칸의 통치자와 사제 계급이 거주했던 것으로 추정된다. 중앙에는 '케찰코아틀 신전(Templo de Quetzalcoatl)'이 있다.

태양의 피라미드 Piramide del Sol

죽은 자의 도로를 따라 20분쯤 걸어가면 도착하는 태양의 피라미드, '피라미데 델 솔(Piramide del Sol)'은 테오티우아칸에서 가장 유명한 건축물이다. 높이 65m, 폭 225m로 아메리카 대륙에서 가장 큰 피라미드이자 세계에서 세 번째로 높은 피라미드다. 실제로 가까이 가서 보면 피라미드보다는 작은 산이 아닌가 생각될 정도다. 무덤이었던 이집트의 피라미드와 달리 신에게 제물을 바치는 제단으로 사용했기 때문에 올라갈 수 있다. 248개의 가파른 계단을 올라가면 테오티우아칸 전체와 주변의 전경이 펼쳐진다. 계단의 경사가 심하기 때문에 올라갈 때 주의해야 한다.

달의 피라미드 Piramide de la Luna

죽은 자의 도로 끝에는 달의 피라미드, '피라미데 델 라 루나(Piramide de la Luna)'가 있다. 태양의 피라미드가 워낙 커서 상대적으로 작아 보이지만 높이가 43m다. 연구 결과 2세기 이전에 있었던 작은 피라미드 위에 다시 석재를 올려 만든 형태로, 3~5세기에 건축된 것으로 추정된다. 태양의 피라미드처럼 제단으로 사용되었는데, 특히 달과 물의 여신인 찰치우틀리쿠에(Chalchiutlicue)에게 제사를 지냈던 것으로 보인다. 태양의 피라미드와 달리 하단부만 올라갈 수 있는데, 2000년대 초반 관람객의 부주의로 사망 사고가 일어났기 때문이다. 피라미드에 올라가면 유적 전체가 한눈에 보인다. 피라미드 앞 광장은 '달의 광장(Plaza de la Luna)'이다.

케찰파파로틀 궁전 & 재규어 신전 Palacio de Quetzalpapálotl & Templo de los Jaguares

두 개의 피라미드가 압도적이다보니 작은 규모의 건물들은 여행자들에게 큰 관심을 받지 못한다. 케찰파파로틀 궁전은 달의 광장 남서쪽 모서리에 있는 건물인데, 통치자 또는 사제 계급이 살았던 곳으로 추정된다. 붉은 색으로 칠해진 건물 윗부분과 벽에 새겨진 부조가 있다. 건물 이름의 케찰(Quetzal)이라는 새를 그린 벽화에서 유래되었다. 바로 옆에는 재규어가 그려진 벽화가 발견된 '재규어 신전(Templo de los Jaguares)'이 있다.

추천 식당

멕시코시티는 900만 명 이상의 인구가 살기 때문에 정말 많은 식당이 있다. 하지만 멕시코시티 최고의 먹거리는 어디를 가나 만날 수 있는 싸고 맛있는 길거리 음식이다. 다양한 길거리 음식이 넘쳐나다보니 대부분의 여행자들은 식당에 가지 않고 길거리 음식으로 식사를 해결한다. 따라서 필자의 진정한 추천은 아래에 소개한 식당들이 아니라 풍성하고 저렴하게 즐길 수 있는 길거리 음식이다. 추천 식당은 여행자들이 많이 머무는 센트로와 소나 로사 지역 위주로 선정하였다.

발콘 델 소칼로 Balcon del Zocalo

'소칼로의 발코니'라는 이름에서 알 수 있듯이 소칼로 광장 바로 옆에 있는 고급 레스토랑이다. 발코니에 있는 테이블에서는 소칼로 전체를 내려다보며 식사를 즐길 수 있다. 다양한 퓨전 멕시코 음식을 파는데 상당히 비싸지만 맛, 플레이팅, 내부 장식은 훌륭하다. 식사가 부담스럽다면 커피를 즐겨보자.

주소 센트로. 5 de Mayo 61 **시간** 07:00~23:00

베가모 Vegamo

최근에 문을 연 채식 전문 카페로 다양한 음료와 함께 와플, 햄버거, 케이크 등 먹거리를 판다. 이런 카페는 흔하지만 이곳의 장점은 음식의 화려한 색감이다. 핑크빛 베이글, 초록색 와플, 검은색 햄버거, 꽃이 올라간 치즈케이크 등 화려한 색의 음식을 만날 수 있다.

주소 센트로. Revillagigedo 47 **시간** 10:00~21:00

페랄 Feral

알라메다 공원 건너편에 있는 아주 조그만 카페다. 커피가 훌륭한 곳을 만나기 쉽지 않은 멕시코에서 저렴한 가격에 훌륭한 커피를 맛볼 수 있다. 직접 로스팅한 원두도 비교적 저렴한 가격에 판매한다.

주소 센트로. Independendia 95 **시간** 11:00~17:00

고탄 Gotan

멕시코는 아르헨티나산 소고기를 최고로 치기 때문에 아르헨티나산 소고기가 훨씬 비싼 가격에 팔린다. 그래서 유명한 스테이크 전문점들은 대부분 아르헨티나산 소고기로 스테이크를 만든다. 가격은 비싸지만 센트로에서 제대로 된 스테이크를 먹고 싶다면 괜찮은 곳이다. 뇨끼, 엠빠나다 같은 스테이크 외 아르헨티나 음식도 판다.

주소 센트로. Revillagigedo 18 **시간** 13:00~22:00

폰다 산타 리타
Fonda Santa Rita

베아스 아르테스 맞은편, 차이나타운 인근에 있는 큰 식당으로 멕시코 음식이 아주 푸짐하게 나온다. 특히 큰 타원형 또르띠야 위에 고기와 치즈를 듬뿍 올린 와라체(Huarache)가 유명하다. 인근에 비슷한 스타일의 식당들이 여러 개 있다.

주소 센트로. Cuautemoc 10 시간 10:00~20:00

라 카사 데 또뇨
La Casa de Toño

소나 로사에 있는 식당으로 뽀솔레, 께사디야 등 멕시코 서민 음식을 즐길 수 있다. 길거리 음식보다는 비싸지만 양은 푸짐하다. 국물 요리인 뽀솔레가 유명하며, 센트로에도 동일한 식당이 있다.

주소 소나 로사. Londres 144 시간 08:00~23:00

세피로 Zefiro

몰레, 따꼬 등 멕시코 전통음식을 고급스럽게 변형하여 예쁜 플레이팅과 함께 제공하는 곳이다. 가격은 로컬 식당과 비교할 수 없는 수준이지만 맛은 훌륭하다. 영업 시간이 짧기 때문에 시간을 잘 맞춰야 한다.

주소 센트로. San Jeronimo 24 시간 화~토 13:00~17:00, 일·월 휴무

시티즌 루프탑 키친
Cityzen Rooftop Kitchen

이름만 봐도 알 수 있듯이 멕시코시티를 조망할 수 있는 고층 건물에 위치해 있다. 쭉 뻗은 '레포르마 대로'의 전경을 볼 수 있는데, 야경이 멋있기 때문에 밤에 방문해서 간단한 먹거리와 칵테일을 한 잔하는 것을 추천한다. 가격은 당연히 비싸다.

주소 소나 로사. Reforma 297 시간 월~금 13:00~24:00, 토·일 10:00~24:00

케브라초 Quebracho

소나 로사에 있는 스테이크 전문점이다. 역시 아르헨티나산 고기로 빠리야(Parrilla) 같은 아르헨티나식 메뉴를 판다. 600~900g의 커다란 스테이크도 있다.

주소 소나 로사. Rio Lerma 175 시간 월~수 12:30~23:00, 목·금 12:30~24:00, 토·일 12:30~22:00

멕시코시티의 한식당

멕시코시티에는 1만 명 이상의 교민들이 살고 있다. 따라서 한식당이 많이 있는데, 주로 소나 로사(Zona Rosa)에 모여 있다. 가격은 단품 음식이 200~250페소 수준이며, 양과 맛은 부에노스 아이레스 한인촌보다는 못 하지만 괜찮은 편이다. 멕시코는 돼지고기가 유명하기 때문에 돼지고기 관련 메뉴를 추천한다. 한식당들은 인근에 보통 몇 개씩 모여 있기 때문에 한 곳을 찾아가면 근처 식당들 중에서 선택할 수 있다.

민속촌(찌개, 순대볶음, 수육 등) Florencia 45
비원(갈비, 냉면 등) Florencia 20
하림각(짜장, 짬뽕, 탕수육 등) Fraga 54
아리랑(찌개, 덮밥, 돈가스, 냉면 등) Florencia 67
송림(짜장, 짬뽕, 탕수육 등) Liverpool 158

추천 숙소

센트로 지역은 소칼로 광장 등 볼거리가 많고 저렴한 먹거리와 재래시장을 즐기기에 좋다. 소나 로사 지역은 치안이 센트로보다 좋고 한식당이 가깝지만 차풀테펙 공원을 제외한 대부분의 관광지에서 떨어져 있으며, 먹거리와 숙소가 센트로보다 비싼 편이다. 따라서 대부분의 여행자들은 센트로에서 숙박한다. 멕시코시티의 유명 호스텔들은 저렴하고 깨끗한 편인데, 호텔은 다른 중남미 국가들에 비해 다소 비싸다. 그 이유는 호텔의 부가가치세(IVA. 16%)가 외국인에게 면세가 안 되기 때문이다. 또, 조식이 불포함된 호텔이 많은 것도 특징인데, 아침부터 길거리에 저렴한 먹거리가 가득하기 때문에 조식 불포함으로 예약하는 것도 좋은 방법이다. 에어비앤비 숙소는 가격 대비 시설이 좋은 곳이 많아서 일행이 있다면 에어비앤비도 고려해볼 만하다.

스위트 데에페 호스텔

Suites DF Hostel

지하철 이달고(Hidalgo) 역 인근에 있는 호스텔로 오랫동안 한국인 여행자들이 많이 찾는 호스텔이다. 호스텔치고 내부가 넓고 주방, 식당 등 공용 공간과 침실이 구분되어 조용하다. 화려하지는 않지만 기본에 충실한 숙소다.

주소 센트로. Jesus Teran 38 가격 도미 250~300페소, 더블·트윈 700~900페소

호스탈 레히나

Hostal Regina

소칼로 광장 남쪽에 있는 호스텔로 멕시코의 감성이 물씬 묻어나는 벽화와 색깔을 이용한 인테리어가 멋있다. 방은 호스텔치고 넓은 편이고, 관리도 깔끔하게 잘 되고 있다. 하지만 바가 있어서 밤에 다소 시끄럽다.

주소 센트로. Regina 58 가격 도미 300~400페소

호스텔 홈

Hostel Home

소나 로사 남쪽에 있는 호스텔로 차풀테펙 공원에서 가깝다. 주변이 조용하고 호스텔도 깨끗한 편이지만 내부가 좀 좁다. 가격이 센트로보다 비싸다.

주소 소나 로사. Tabasco 303 가격 도미 350~450페소, 더블·트윈 800~900페소

호스탈 문도 호벤 카테드랄

Hostal Mundo Joven Catedral

멕시코의 호스텔 체인인 문도 호벤에서 운영하는 곳으로 카테드랄 바로 뒤에 있어서 위치는 최상이다. 넓은 개인 사물함이 있고 시설도 상당히 깔끔하다. 대신 가격이 비싸다. 옥상에 있는 바에서는 카테드랄과 소칼로 광장을 보면서 맥주를 마실 수 있다.

주소 센트로. RepublicadeGuatemala 4 가격 도미 400~500페소, 더블·트윈 800~1,200페소

셀리나 멕시코시티 다운타운

Selina Mexico City Downtown

남미의 저가 호텔 체인인 셀리나에서 운영하는 숙소로 시설이 좋고 공용 공간과 방이 넓다. 주변 지역이 재래시장 지역이라 저렴한 먹거리가 많은 대신 밤늦은 시간에는 조심해야 한다. 가격은 비싼 편이다.

주소 센트로. Jose Maria Izazaga 8 가격 도미 400~ 550페소, 더블·트윈 900~1,500페소

호텔 이비스 스타일스

호텔 이비스 스타일스
Hotel Ibis Styles

저가 호텔 체인인 이비스에서 운영하는 호텔로 일반 이비스 호텔과는 인테리어가 다르다. 멕시코 스타일의 화려한 원색을 사용하여 벽과 바닥, 방은 물론 식당의 접시와 의자까지 멕시코적인 감성으로 만들었다. 인테리어 하나만 보고도 방문할 만하다.

주소 소나로사. Liverpool 115 가격 더블·트윈 70~100달러

호텔 프린시팔
Hotel Principal

베야스 아르테스와 소칼로 광장 중간에 있는 호텔로 센트로 지역을 둘러보기 좋은 위치다. 모던한 스타일에 원목을 이용해서 포인트를 준 인테리어가 멋있고, 3성급 호텔 중 시설이 좋은 편이다. 다만 방이 조금 작다.

주소 센트로. Bolivar 29 가격 더블·트윈 60~80달러

호텔 바르셀로 레포르마
Hotel Barcelo Reforma

호텔 체인인 바르셀로에서 운영하는 5성급 호텔이다. 알라메다 공원과 이달고(Hidalgo) 역에서 가까우며, 시설은 대형 5성급 호텔이라 아주 좋다. 힐튼 등 인근의 다른 5성급 호텔에 비해 넓고 가격이 저렴하다.

주소 센트로. Reforma 1 가격 더블·트윈 140~250달러

호텔 카사블랑카
Hotel Casa Blanca

공화국 광장 근처에 있는 4성급 호텔로 흰색과 푸른색을 이용한 인테리어가 아주 깔끔하다. 주변에 맛있는 먹거리가 많고 소칼로 인근보다는 조용하다.

주소 센트로. Lafragua 7 가격 더블·트윈 80~120달러

호텔 바르셀로 레포르마

과달라하라

Guadalajara

멕시코 하면 무엇이 떠오를까? 커다란 모자인 솜브레로(Sombrero)를 쓰고 기타를 치며 거리에서 노래하는 마리아치(Mariachi) 밴드, 뜨거운 사막이 떠오르는 술 데킬라(Tequila)일 것이다. 할리스코(Jalisco) 주의 주도인 과달라하라는 멕시코 제2의 도시이자 마리아치와 데킬라가 탄생한 멕시코 문화의 원조다. 또한 따꼬(Taco)의 본고장으로, 그 어떤 지역보다 다양한 따꼬를 맛볼 수 있다. 역사적으로는 멕시코 독립 운동을 시작한 '미겔 이달고(Miguel Hidalgo)' 신부가 1810년 과달라하라를 점령한 후 이곳에 혁명정부를 만들었다. 비록 스페인군에게 패하고, 1811년 이달고 신부는 살해됐지만 그가 가졌던 독립에 대한 열망은 1821년 멕시코 독립으로 이어졌다. 그래서 과달라하라 중심가에는 이달고 신부와 관련된 조형물과 그림이 많이 있다. 또, 멕시코 회화의 거장 중 한 명인 '호세 오로스코(Jose Orozco)'가 이 지역 출신으로 그의 작품들이 곳곳에 있다. 거기다 틀레케파케(Tlaquepaque)는 멕시코 최고의 수공예품들을 볼 수 있는 곳으로도 유명하다. 멕시코 문화의 본고장, 과달라하라를 만나보자.

국제선/국내선 항공

'미겔 이달고 이 코스티야 국제공항(Aeropuerto Internacional de Miguel Hidaldo y Costilla)'은 시내에서 남쪽으로 약 20km 떨어져 있다. 한국에서 출발할 경우 미국을 경유하거나 멕시코시티를 경유하면 되고, 비행 시간은 보통 15~20시간(환승 시간 포함)이 걸린다. 만약 미국에서 머물다 멕시코시티로 이동한다면 2~5시간이 소요되는데, LA 및 인근 지역에서 가깝다. 과테말라, 코스타리카 등 일부 중미 국가로 가는 국제선도 운항한다. 국내선도 같은 공항에서 출발한다. 멕시코시티와 동일하게 아에로멕시코, 볼라리스, 비바아에로부스, 아에로마르가 있다. 멕시코시티, 칸쿤 등 대부분의 주요 도시들과 연결된다.

홈페이지

아에로멕시코 www.aeromexico.com
볼라리스 www.volaris.com
비바아에로부스 www.vivaaerobus.com
아에로마르 www.aeromar.mx

■ 공항에서 시내로 이동하기

버스

공항 청사에서 오른쪽으로 걸어나와서 5분 가량 걸으면 도착하는 페덱스(Fedex) 건물 앞에 버스 정류장이 있다. 약 15분 간격으로 운행하며 밤늦은 시간에는 택시를 이용하는 편이 낫다.

시간 05:00~22:00 소요시간 시내 중심가까지 약 50분 요금 7페소

공항택시

터미널 대합실에 여러 택시회사의 부스가 있으며, 목적지까지 가는 요금을 내고 티켓을 받은 후 택시를 타면 된다.

시간 24시간 운행 소요시간 시내 중심가까지 30~40분 요금 400~500페소

시외버스

새로 생긴 '누에바 버스터미널(Nueva Central de Autobuses Guadalajara)'이 시내 남동쪽에 있으며, 센트로에서 버스로 30분쯤 걸린다. 지하철이 더 빠른데, 3호선 '센트랄 데 아우토부세스(Central de Autobuses)' 역에서 내리면 된다. 과달라하라는 대도시이기 때문에 멕시코 대부분의 주요 도시는 물론 미국으로 가는 버스도 있다. 와하카, 산 크리스토발 등 장거리 노선은 보통 멕시코시티에서 환승해야 한다.
테킬라(Tequila) 마을로 가는 버스는 센트로 가까이에 위치한 구 터미널인 '비에하 버스터미널(Central Vieja de Autobuses)'에서 출발한다. 비에하 버스터미널은 버스 정류장 '니뇨스 에로에스(Niños Heroes)'에서 내려 7~8분 걸으면 된다.

예상 소요시간 및 요금

목적지	소요시간	요금
테킬라(마을)	1~1.5시간	100~120페소
멕시코시티	7~8시간	600~1,200페소
과나후아토	4~4.5시간	400~650페소
와하카	14~16시간	1,300~2,100페소
산 크리스토발	22~24시간	1,700~2,500페소
팔렌케	23~25시간	1,800~2,700페소

시내 교통

지하철

3개 노선이 있어서 멕시코시티에 비하면 작은 규모지만 틀라케파케, 버스터미널 등 여행자의 필수 코스에 갈 수 있기 때문에 편리하다. 완공된 지 얼마 안 되어 아주 깨끗하다. 단, 지하철에 있는 무인 판매기에서 교통카드를 사서(20페소) 충전해야만 이용이 가능하다.

요금 9.5페소(구간 구분 없이 동일 요금)

버스

'마크로버스(Macrobus)'는 일반버스보다 비싸지만 전용차로를 따라 운행하기 때문에 상당히 빠르다. 단, 노선이 많지 않다. '트롤레버스(Trolebus)'는 전력선을 따라 전기로 가는 버스로 역시 일반버스보다는 빠르지만 역시 노선이 한정적이다. 일반버스는 노선번호와 행선지가 정확하게 표기되어 있지 않기 때문에 현지 사정에 익숙하지 않다면 이용하기 쉽지 않다. 상세한 버스 노선에 대한 정보는 숙소 직원이나 중심가 곳곳에 있는 '투어리스트 오피스(Tourist Office)'에 문의하면 된다.

요금 일반버스 7페소, 트롤레버스·마크로버스 9.5페소

택시

택시 요금은 미터(m)기에 표시되며 시외로 갈 때는 흥정을 해야 한다. 틀라케파케나 버스터미널처럼 중심가에서 조금 먼 곳을 갈 때는 미터기 대신 기사와 미리 흥정하는 것도 괜찮은 방법이다. 차가 막혀도 요금이 더 나올 걱정이 없기 때문이다. 숙소 직원에게 대략적인 택시 가격을 물어보자. 우버도 널리 이용되고 있다.

과달라하라 전체
아트 하우스 호스텔
Art House Hostel
SAN JUAN
BOSCO
SAN JUAN
DE DIOS
소리아나
(대형마트)
Soriana
과달라하라 센트로
C. Ejido
월마트(대형마트)
Walmart
비에하 버스터미널
Central Vieja de Autobuses
Parque
Agua Azul
Av 5 de Febrero
Calz. Revolución
University Center
of Exact Sciences
and...
Av 8 de Julio
DE JULIO
월마트(대형마트)
Walmart
JARDINES
DE LA PAZ
미겔 이달고 이 코스티야
국제공항 20km
틀라케파케 센트로
누에바 버스터미널 5km
23
2km

BEATRIZ
HERNANDEZ

Centro Historico

센트로

과달라하라의 센트로는 대성당이 있는 아르마스 광장부터 오로스코의 천장화로 유명한 '카바냐스 전시관'까지 약 1km에 달하는 구역 전체가 도보 전용 거리로 아름답게 꾸며져 있다. 거대한 '데고야도 극장', 독특한 조형물인 '케찰코아틀 분수' 등 흥미로운 볼거리들뿐만 아니라 전통시장까지 있기 때문에 과달라하라 여행의 핵심 지역이다.

대성당과 아르마스 광장
Catedral de Guadalajara & Plaza de Armas

대성당(카테드랄)은 과달라하라의 랜드마크이자 독특한 금빛 외관과 아름다움으로 유명하다. 1561년 착공되어 1618년 완공되었다. 1818년 지진으로 종탑과 돔이 붕괴되었는데, 무너진 부분은 네오고딕 양식으로 1854년 복구되었다. 지하실에는 대주교들의 무덤이 있고, 성당 내부 서쪽에는 밀랍 처리된 순교자 '산타 이노센시아(Santa Inocencia)'의 유해가 유리 상자에 담겨 있다. 밤이 되면 조명이 비춰지는데, 바로 앞에 있는 '아르마스 광장(Plaza de Armas)'의 분수와 어우러진 야경이 아름답다. 도시의 메인 광장인 아르마스 광장에서는 주말에 무료 공연이 열리곤 한다.

위치 지하철 2/3호선 과달라하라 센트로(Guadalajara Centro) 역 시간 (대성당) 09:00~18:00 요금 무료

주정부 청사
Palacio de Gobierno

아르마스 광장 동쪽에 있는 '팔라시오 데 고비에르노(Palacio de Gobierno)'는 할리스코(Jalisco) 주정부의 청사로 쓰이고 있으며, 1774년에 건설된 건물이다. 이런 건물은 센트로 지역에 많이 있기 때문에 특별하지 않지만 이곳이 특별한 이유는 멕시코 벽화의 거장 '호세 오로스코'의 벽화 때문이다. 우리나라 여행자들이 '일어나라, 이달고'라고 부르는 이 벽화의 원래 제목은 '이달고(Hidalgo)'인데, 1층 벽에서 천장까지 그려진 거대한 벽화다. 한 손을 굳게 쥐고 다른 손에는 불타는 횃불을 들고 있는 이달고 신부 밑에는 독립을 위해 싸우고 죽어가는 멕시코 민중들이 그려져 있다. 독립을 향한 뜨거운 열망이 생생한 오로스코의 대표작 중 하나로 과달라하라에서 반드시 봐야 하는 작품이다. 2층에 있는 주의회 회의장 벽에도 이달고와 멕시코의 주요 인물들이 그려진 벽화가 있다.

위치 아르마스 광장 동쪽 시간 월~금 09:00~19:00, 토 10:00~18:00, 일 10:00~15:00 요금 무료

데고야도 극장
Teatro Degollado

대성당 동쪽에는 넓은 '리베라시온 광장(Plaza de la Liberacion)'이 있고, 광장의 동쪽 끝에는 데고야도 극장이 있다. 데고야도 극장은 1866년 완공된 신고전주의 양식의 건물이다. 로마시대 건축물을 연상시키는 고전적인 외관뿐만 아니라 조각과 그림으로 장식된 로비와 공연장도 아름답다. '할리스코 필하모닉 오케스트라(Oruquesta Filarmonica de Jalisco)'가 이곳에 있고, 밤에는 대성당처럼 조명이 아름답게 비춰진다. 극장 뒤쪽 벽에는 '과달라하라의 설립자(Los Fundadores de Guadalajara)'라는 높이 3m, 길이 21m의 청동부조가 있다. 1531년 과달라하라에 처음 정착한 스페인 출신 정착자들을 기념하는 조형물이다.

위치 리베라시온 광장 동쪽 시간 10:00~15:00, 16:00~19:00 홈페이지 cultura.jalisco.gob.mx

할리스코 역사인물 원형 기념비
Rotonda de los Jaliscienses Ilustres

'로톤다 데 로스 할리시엔세스 일루스트레스(Rotonda de los Jaliscienses Ilustres)'는 번역하기 조금 까다로운 이름인데, '할리스코의 유명 인물들(Los Jaliscienses Ilustes)'을 기념하기 위해 만든 '원형 기념비(Retonda)'다. 17개의 기둥이 있는 둥근 조형물이며, 주변에는 할리스코의 유명 인사 22명의 동상이 있다. 주변이 정원처럼 아름답게 조성되어 센트로를 구경하다 지쳤을 때 잠시 쉬기에 좋다. 밤에는 카테드랄과 어우러진 아름다운 야경을 볼 수 있다.

위치 대성당 북쪽 시간 24시간 개방

케찰코아틀 분수
La Fuente de la Inmolacion de Quetzalcoatl

정확한 명칭은 '케찰코아틀의 제물(Inmolacion) 분수'로 데고야도 극장 뒤쪽부터 '카바냐스 전시관(Museo Cabañas)'까지 이어지는 아름다운 '타파티아 광장(Plaza Tapatia)'에 있다. 조각가인 '빅토르 콘트라레스(Vitor Contrares)'가 아스텍의 '깃털 달린 뱀의 신' 케찰코아틀을 형상화하여 1982년에 만든 작품이다. 가장 큰 조형물은 높이 25m, 무게 23톤에 달하며, 과달라하라를 대표하는 조형물 중 하나다.

위치 데고야도 극장에서 동쪽으로 도보 3~4분 시간 24시간 개방

멕시코의 신, 케찰코아틀 Quetzalcoatl

TIP

멕시코를 여행하다 보면 케찰코아틀이라는 단어를 자주 마주치게 된다. 케찰코아틀은 멕시코 고대신화에서 중요한 신으로 케찰은 깃털, 코아틀은 뱀을 의미한다. 즉, '깃털 달린 뱀 신'이다. 올멕문명부터 테오티우아칸, 톨텍, 아스텍 등 수천 년에 걸쳐 케찰코아틀에 대한 이야기가 전해져왔다. 아스텍의 신화에 따르면, 케찰코아틀은 세상이 멸망한 후 죽은 인간의 뼈를 이용해 다시 인간을 창조하였고 옥수수, 불과 술 등 인간에게 아주 중요한 것들을 전해주었다. 케찰코아틀은 후기 마야문명에도 전해져 '쿠쿨칸(Kukulcan)'이라고 불리는 신이 되었다.

리베르타드 시장
Mercado Libertad

케찰코아틀 분수 바로 남쪽에 있는 로컬 시장이다. 멕시코의 다양한 야채, 과일을 구경하고 저렴하게 살 수 있으며, 전통의상과 가죽을 활용한 다양한 제품도 팔고 있다. 시장이니 먹거리를 빼놓을 수 없는데, 엄청나게 큰 또르따(Torta)가 유명하다.

위치 지하철 2호선 산후안 데 디오스(San Juan de Dios) 역 하차 시간 08:00~20:00

마리아치 광장
Plaza de los Mariachis

과달라하라는 마리아치의 발상지이기 때문에 근사하고 멋진 광장이 있을 것이라 기대했다면 실망할 것이다. 광장이 아니라 거리라고 불러야 할 것 같은 조그만 곳이 왜 유명한지 낮에는 알기 힘들다. 마리아치 광장의 진정한 매력은 해가 넘어가는 저녁이 되어야 알 수 있다. 거리는 음식과 술을 마시는 사람으로 가득해지고, 마리아치들은 테이블을 돌아다니며 노래를 부른다. 만약 본인 앞에서 노래를 부른다면 몇십 페소를 팁으로 주는 것이 일반적이다.

위치 지하철 2호선 산후안 데 디오스(San Juan de Dios) 역에서 도보 1분

카바냐스 전시관
Museo Cabañas

과달라하라의 역사지구(Centro Historico)의 동쪽 끝에 위치한 카바냐스 전시관은 1997년 유네스코 세계문화유산으로 지정된 곳이다. 전체 면적이 약 26,000㎡ 이르는 곳으로 19세기 초에 신고전주의 양식으로 건설되었다. 처음에는 장애인, 고아 등 불우한 사람들의 쉼터로 사용되었기 때문에 설립자인 '후안 루이스 데 카바냐스(Juan Ruiz de Cabañas)' 주교의 이름을 따서 '오스피시오 카바냐스(Hospicio Cabañas)'라고 불렸다. 1980년부터 문화센터로 사용되면서 '카바냐스 문화센터(Instituto Cultural de Cabañas)'로 불렸고, 현재는 '카바냐스 전시관(Museo Cabañas)'이다. 스페인어 '무세오(Museo)'는 박물관·미술관·전시관을 모두 뜻하는 단어인데, 이곳은 여러 용도로 사용하기 때문에 전시관으로 변역하였다. 여기가 유명한 이유는 역사적 의미보다는 건물 내부와 천장에 그려진 오로스코의 벽화 때문이다. 오로스코의 대표작 중 하나인 '불의 인간(El Hombre del Fuego)'이 천장 돔에 그려져 있고, 천장과 벽면 전체를 따라 오로스코의 벽화가 그려져 있다. 전시실에는 다양한 작가들의 작품이 전시되고 있으며 문화행사도 자주 열린다.

위치 지하철 2호선 산후안 데 디오스(San Juan de Dios) 역에서 도보 5분 **시간** 화~일 10:00~17:00, 월요일 휴관 **요금** 80페소, 화요일 무료 **홈페이지** museocabanas.jalisco.gob.mx

Tlaquepaque
틀라케파케

세상 어디를 가나 관광객을 위한 수많은 기념품과 수공예품이 있다. 하지만 정말 독창적인 수공예품은 별로 없고 대량 생산된 싸구려 제품이 많다. 센트로 남쪽에 있는 틀라케파케는 멕시코 최고의 수공예품을 만날 수 있는 곳으로, 관광지의 수공예품에 대한 편견을 불식시키는 곳이다. 어느 가게를 들어가든지 독창적이고, 당장 사서 집에 가져가고 싶은 수공예품들이 가득하다. 품목도 다양해서 옷부터 장신구, 인형, 가구, 도자기 등 많은 것들이 멕시코적인 감성과 디자인, 색상으로 재탄생하여 선택을 기다리고 있다. 거리의 벤치 하나도, 식당 종업원의 옷조차도 독창성이 느껴지는 이곳은, 오로스코의 벽화들과 함께 과달라하라 여행에서 빼놓지 말아야 할 핵심 구경거리다.

이달고 광장
Jardin Hidalgo

틀라케파케의 메인 광장으로 중앙에 작은 정자가 있고, '성모 마리아 성당(Santuario de Nuestro Señora de la Soledad)'과 '산 페드로 성당(Parroquia de San Pedro Apostol)'이 광장 옆에 있다. 광장 동쪽에 있는 '베니토 후아레스 시장(Mercado Benito Juarez)'에 가면 저렴한 먹거리와 함께 저렴한 양산형 기념품을 만날 수 있다.

위치 지하철 3호선 틀라케파케 센트로(Tlaquepaque) 역에서 도보 15분

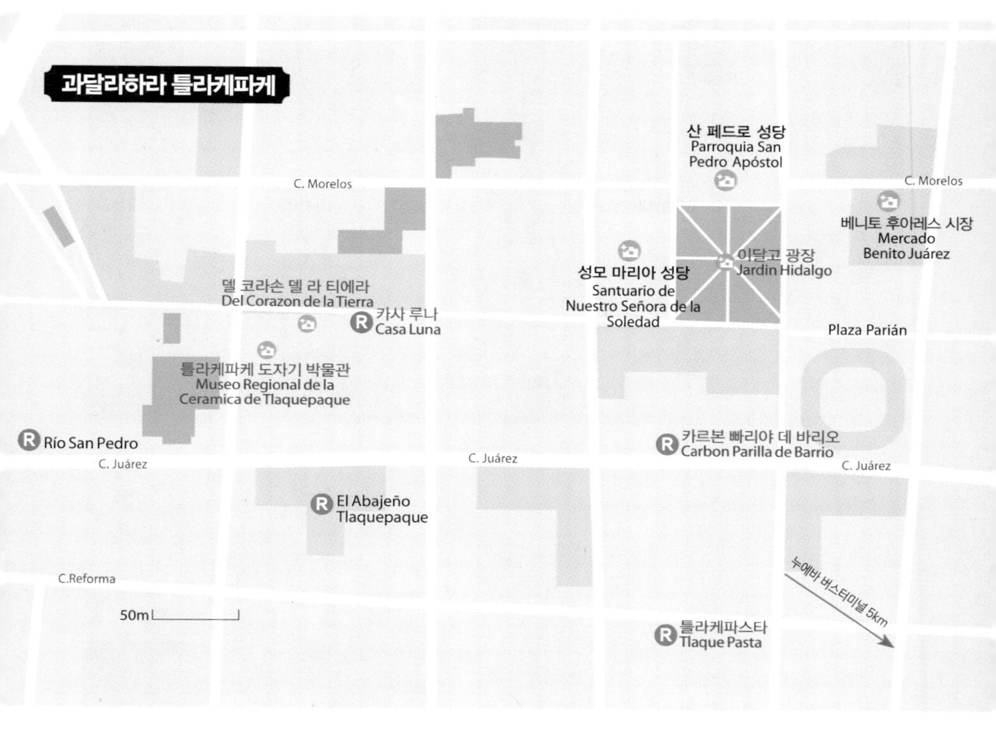

틀라케파케 도자기 박물관
Museo Regional de la Ceramica de Tlaquepaque

틀라케파케와 멕시코 다른 지역에서 만들어진 도자기 수공예품들을 전시하는 조그만 전시관이다. 전시물은 18세기 도자기부터 있으며 우리가 아는 일반적인 형태부터 건물, 동물, 사람 등 다양한 형태의 도자기를 볼 수 있다. 입장료가 무료니 반드시 구경해보자.

주소 Independencia 237 **시간** 월~토 11:00~17:00, 일 11:00~ 14:00

델 코라손 델 라 티에라
Del Corazon de la Tierra

틀라케파케에 있는 수많은 수공예품 가게와 갤러리 중 딱 한 곳만 고르라면 필자의 추천은 이곳이다. 아기자기한 소품과 가구, 전통의상 같은 수공예품들이 있는데, 하나하나 너무나 앙증맞고 멕시코의 색상과 감성을 느낄 수 있다. 특히 전통 천을 이용한 장식품과 가구는 당장이라도 한국으로 가져가고 싶다는 욕구를 불러일으킨다. 물건을 사지 않더라도 구경할 가치가 충분한 곳이다. 단, 이 지역이 모두 그렇지만 상당히 비싸다.

주소 Independencia 227 시간 일~금 10:00~19:00, 토 10:00~17:00

TIP

멕시코의 전통 공예품, 빠뻴 삐까도Papel Picado

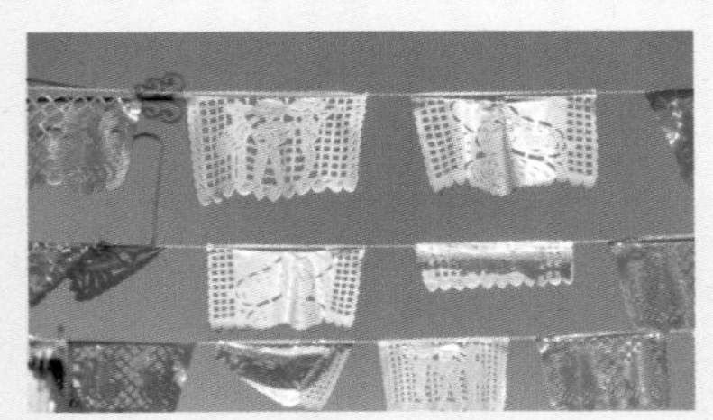

2017년 전 세계적인 인기를 끌었던 픽사의 애니메이션 '코코(Coco)'는 멕시코 문화를 흥미롭게 보여준다. 애니메이션이 시작되면서 주인공 미겔(Miguel)의 가족사를 네모난 종이를 잘라 만든 이미지를 활용해 보여주는데, 이 종이를 잘라 만든 멕시코 전통 공예품이 '빠뻴 삐까도'다. 삐까도(Picado)라는 말은 잘게 잘랐다는 뜻으로, 종이(Papel)를 잘라서 원하는 이미지를 만든 것이다. 결혼식, 부활절, 세례식, 크리스마스 등 다양한 행사에 사용되는데, 우리나라에서 만국기를 거는 것처럼 수십 개의 빠뻴 삐까도를 줄에 걸어서 사용한다. 틀라케파케의 거리에는 항상 빠뻴 삐까도가 걸려 있고, 멕시코 외 다른 나라의 관광지에서도 종종 볼 수 있다. 종이는 내구성이 약하기 때문에 최근에는 비닐을 많이 이용한다.

데킬라 Tour

과달라하라에서 제일 유명한 투어는 데킬라 투어다. 과달라하라에서 차로 1시간쯤 걸리는 조그만 데킬라 마을에는 세계적으로 유명한 데킬라 브랜드 '호세 쿠에르보(Jose Cuervo)'의 공장이 있다. 투어는 일일 코스로 진행되며, 먼저 데킬라의 원료인 아가베(Agave) 농장에서 코아(Coa)라는 삽처럼 생긴 기구를 이용해 아게베를 수확하는 장면을 본다. 그 뒤 데킬라 제조 공장을 견학하고 데킬라를 종류별로 시음할 수 있다. 마지막으로 데킬라 마을을 방문해 마을 구경과 공연 관람 같은 프로그램을 진행한다. 포함 사항에 따라 500~1,000페소로 요금은 다양한데, 점심 등 포함사항이 많을수록 비싸지며, 무엇이 포함되어 있는지 꼼꼼히 따져보는 것이 좋다. 300~400페소의 저렴한 투어는 수준 이하의 차량, 재미없는 프로그램 등 저렴한 이유가 있으니 가지 않는 것이 좋다.

데킬라 마을까지 버스를 타고 간 후 마을에서 직접 투어를 신청할 수도 있는데, 과달라하라에서 신청하는 것보다 저렴하며 2~3시간이 소요된다. 데킬라 마을은 상당히 예쁘기 때문에 시간 여유가 있다면 마을에서 하루 정도 머무는 것도 괜찮다.

추천 식당

과달라하라 역시 멕시코시티처럼 거리에 먹거리가 많지만 종류는 멕시코시티보다 적다. 오히려 따꼬를 전문으로 파는 식당에 가면 다른 지역에서는 보기 힘든 돼지의 귀, 내장, 머릿고기 등 온갖 종류의 따꼬를 맛볼 수 있다. 전체적으로 가격은 멕시코시티보다 저렴하다. 추천 식당은 센트로와 틀라케파케 지역인데, 아쉬운 점은 이 두 지역에 괜찮은 식당이 많지 않다는 것이다.

라 차타 La Chata

센트로에서 숙박하면서 숙소 직원에게 맛있는 멕시코 식당을 추천해달라고 하면 대부분 이곳을 추천할 것이다. 온갖 종류의 멕시코 음식과 '또르따 아오가다(Torta Ahogada)' 같은 할리스코의 전통음식을 먹을 수 있는데, 크게 비싸지 않은 가격에 맛과 양 모두 만족스러운 곳이다. 식사 시간에는 항상 줄이 길기 때문에 식사 시간을 조금 피해서 가는 것이 좋다.

주소 센트로. Ramon Corona 126 시간 07:00~24:00

라스 파롤레스 Las Faroles

센트로에서 유명한 따꼬 식당 중 하나다. 식당이 꽤 크고 각종 따꼬, 부리또 등 일반적인 메뉴뿐만 아니라 까르니따도 맛볼 수 있다. 비싸지 않고 양이 푸짐해서 항상 현지인들이 북적거리는 곳이다.

주소 센트로. Ramon Corona 250 시간 08:30~24:00

크로와상 알프레도 Croissants Alfredo

데고야도 극장 근처에 있는 크로와상 전문 빵집이다. 빵이 나오는 시간에 맞춰서 가면 갓 구워진 따끈따끈한 크로와상을 저렴하게 먹을 수 있는데, 특히 초콜릿이 가득 들어 있는 크로와상이 정말 맛있다. 저렴하면서 맛은 예술적이라 필자가 과달라하라에 갈 때마다 제일 먼저 찾아가는 곳이다. 단, 엄청난 양의 버터와 초콜릿의 결합이니 살찌는 것은 주의해야 한다. 틀라케파케에도 가게가 있다.

주소 센트로. Morelos 229 시간 월~토 07:00~21:30, 일 11:00~21:00

파모사스 또르따스 아오가다스

Famosas Tortas Ahogadas

또르따를 매콤한 국물에 넣은 전통음식인 '또르따 아오가다(Torta Ahogada)'를 파는 식당이다. 따꼬 등 다른 메뉴들도 있다. 사실 맛집 수준의 식당은 아니지만 센트로에 있기 때문에 구경하다가 먹기 좋다.

주소 센트로. Degollado 82 시간 10:00~19:00

틀라케파스타

Tlaque Pasta

이름에서 느껴지듯이 멕시코에서는 흔하지 않은 파스타, 피자 등 정통 이탈리안 요리를 파는 식당이다. 사실 멕시코는 멕시코 음식은 맛있지만 다른 나라 요리는 맛이 없는 것으로 유명한데, 이곳은 그나마 먹을 만하다. 매일 멕시코 음식을 먹는 것에 질렸다면, 큰 기대는 하지 말고 들러보자.

주소 틀라케파케. Reforma 139 시간 화~목 17:00~22:00, 금~일 14:00~22:00, 월요일 휴무

카르본 빠리야 데 바리오

Carbon Parilla de Barrio

숯(Carbon)이라는 단어가 들어가 있는 것에서 알 수 있듯이 숯불에 구운 스테이크를 주로 파는 식당이다. 고기의 질과 양 대비 가격이 별로 비싸지 않고 맛도 괜찮아서 인기가 좋다.

주소 틀라케파케. Juarez 145 시간 화~목·일 8:30~23:00, 금·토 08:30~01:00, 월요일 휴무

카사 루나 Casa Luna

틀라케파케 거리에서 유명한 식당으로 멕시코 전통요리와 함께 스테이크, 샐러드 같은 음식도 판다. 음식보다 더 눈길이 가는 것은 가게의 인테리어다. 웬만한 수공예품 가게는 명함을 내밀기 힘들 정도로 많은 수공예품들이 가게 안을 장식하고 있다. 유명 관광지에 있으니 가격은 당연히 비싸다.

주소 틀라케파케. Independencia 211 시간 12:00~ 01:00

추천 숙소

과달라하라에서 오래 머무는 여행자는 별로 없기 때문에 대부분의 여행자가 중심가를 보기 편한 센트로 인근에서 숙박한다. 숙박비는 멕시코시티에 비해 저렴하지만 전체적으로 시설이 멕시코시티에 비해 떨어지고, 저렴한 호스텔은 위생상 문제가 있는 곳이 꽤 있다. 따라서 너무 저렴한 숙소는 피하는 것이 좋다. 센트로에는 조식 불포함 조건으로 구하면 상당히 저렴하면서 시설이 좋은 호텔이 많기 때문에 일행이 있다면 호텔도 고려해보자.

호스텔 오스페다르테

Hostel Hospedarte

대성당에서 가까운 호스텔로 노란색으로 칠해진 외관이 눈에 확 띈다. 오래된 건물을 사용하는 곳이지만 내부가 넓은 편이고 시설도 무난하다. 잔디가 깔린 정원이 편안하게 쉬기 좋다.

주소 Maestranza 147 가격 도미 250~350페소, 더블·트윈 500~800페소

아트 하우스 호스텔

Art House Hostel

문을 연 지 얼마 안 된 호스텔로 내부 시설이 아주 깨끗하고 요즘 트렌드에 맞게 침대와 공용 공간이 넓은 편이다. 무엇보다 '아트 하우스'라는 이름에 걸맞게 멋진 벽화가 그려진 벽과 가구 등 인테리어가 인상적이다. .

주소 San Felipe 63 가격 도미 250~300페소

호텔 토템

Hotel Totem

3성급 호텔치고 내부가 넓고 시설이 좋다. 모던하고 깔끔한 인테리어가 돋보이고, 청결 상태도 훌륭하다. 무엇보다 조식 불포함 할인가로 호스텔의 2인실보다 싸게 나올 때도 있다.

주소 Prisciliano Sanchez 322 가격 더블·트윈 40~80달러(조식 불포함 시)

호텔 산프란시스코 플라사

Hotel San Francisco Plaza

전통 건물을 개조한 3성급 호텔로 정원처럼 꾸며놓은 로비가 인상적이다. 방은 3성급 호텔 중 넓은 편이다. 가구는 앤틱한 느낌을 주면서도 깔끔하다.

주소 Degollado 267 가격 더블·트윈 45~70달러(조식 불포함 시)

호텔 데 멘도사

Hotel de Mendoza

데고야도 극장 바로 옆에 있는 4성급 호텔로 규모가 크진 않지만 방이 넓고 가구와 내부 시설이 상당히 좋은 편이다. 위치가 워낙 좋아서 센트로를 둘러보기 정말 편하다. 가격이 4성급 호텔이라고는 믿기지 않을 만큼 저렴할 때도 있다.

주소 Venustiana Carranza 16 가격 더블·트윈 60~90달러(조식 불포함 시)

호텔 모랄레스

Hotel Morales

한때 과달라하라 중심가에서 가장 유명한 5성급 호텔이었던 곳이다. 지금은 4성급이지만 아직도 내부 시설은 훌륭하다. 전통 건물을 사용하기 때문에 현대식 건물처럼 편리하지는 않지만 내부 공용 공간이 넓고 방이 아주 크다.

주소 Corona 243 가격 더블·트윈 70~110달러(조식 불포함 시)

호텔 레알 마에스트란사

Hotel Real Maestranza

아르마스 광장에서 가까운 4성급 호텔로 문을 연 지 얼마 되지 않아서 시설이 아주 깨끗하다. 로비 한쪽에는 갤러리가 있어서 아름다운 그림들이 전시되어 있고, 방이 넓고 감탄이 나올 정도로 깨끗하다. 가격 대비 퀄리티는 과달라하라에서 최고 수준이다.

주소 Francisco I. Madero 161 가격 더블·트윈 60~80달러(조식 불포함 시)

과나후아토

Guanajuato

멕시코시티와 과달라하라 중간에 위치한 과나후아토는 1559년에 처음으로 건설되었고, 센트로 지역은 유네스코 세계문화유산으로 지정되었다. 해발 2,050m의 분지에 자리 잡은 도시는 좁은 골목길이 미로처럼 얽혀 있어 멀리서 보면 달동네처럼 보인다. 하지만 멕시코 감성의 다양한 원색으로 칠해진 건물들과 깔끔하게 정비된 거리, 곳곳에서 마주치는 조형물들은 과나후아토를 멕시코에서 가장 아름다운 도시로 만들어준다. 또, 어디를 가나 음악이 넘쳐흐르는 이곳에서 밴드와 함께 골목길을 누비며 노래를 부르고 환호성을 지르다보면 이 작고 예쁜 도시와 사랑에 빠지게 될 것이다. 도시와 사랑에 빠지는 경험을 과나후아토에서 해보자.

국제선/국내선 항공

'과나후아토 국제공항(Aeropuerto Internacional de Guanajuato)'은 사실 과나후아토가 아니라 차로 1시간 넘게 걸리는 레온(Leon) 근처에 있다. 국내선 항공편도 다른 도시들에 비해 상당히 적고 비싸다. 따라서 칸쿤처럼 아주 먼 곳에서 오지 않는 이상 버스로 이동하는 것을 권한다. 댈러스, 휴스턴, 시카고 등 미국 도시로 연결되는 국제선이 있고, 국내선은 멕시코시티, 칸쿤, 몬테레이 같은 곳과 연결된다. 아에로멕시코, 볼라리스, 비바아에로부스가 국내선을 운항한다.

홈페이지

아에로멕시코 www.aeromexico.com
볼라리스 www.volaris.com
비바아에로부스 www.vivaaerobus.com

■ 공항에서 시내로 이동하기

버스

과나후아토까지 바로 가는 버스는 없고, 실라오(Silao)까지 버스를 타고 간 후(약 50페소, 20~25분 소요) 실라오에서 택시(약 250페소, 20~25분 소요)나 과나후아토행 버스(약 60페소, 30~40분 소요)를 타야 한다. 현지 사정에 익숙하지 않다면 상당히 번거롭고 불편하다.

공항택시

터미널 대합실에 있는 택시회사의 부스에서 목적지까지 가는 요금을 내고 티켓을 받은 후 택시를 타면 된다.

시간 24시간 운행 소요시간 40~50분 요금 1,000~1,200페소

시외버스

'센트랄 버스터미널(Central de Autobuses de Guanajuato)'이 중심가에서 남서쪽으로 5km 정도 떨어진 위치에 있다. 멕시코 대부분의 주요 도시들로 가는 버스가 있는데 와하카, 산 크리스토발 등 장거리 노선은 보통 멕시코시티에서 환승한다. 터미널에서 센트로 지역은 시내버스(8페소, 15~20분 소요)나 택시(약 70페소, 10~15분 소요)로 이동할 수 있다. 센트랄(Central) 또는 메르카도(Mercado)라고 적힌 버스를 타면 된다.

예상 소요시간 및 요금

목적지	소요시간	요금
과달라하라	4~4.5시간	400~650페소
멕시코시티	4.5~5.5시간	500~800페소
와하카	12~13시간	1,100~1,700페소
산 크리스토발	17~19시간	1,400~2,100페소
팔렌케	20~21시간	1,600~2,400페소

과나후아토

소리아나 (대형마트) Soriana

미라 박물관 1.5km

라 타블레 데 앙드레 La Table de Andree

에스타시온 젤라토 Estación Gelato

레포르마 광장 Jardin de la Reforma

이달고 시장 Mercado Hidalgo

산 페르난도 광장 Plaza de San Fernando

디에고 리베라 생가 Museo y Casa de Diego Rivera

엘 메손 데 로스 포에타스 El Meson de los Poetas

카페 콘키스타도르 Café Conquistador

과나후아토 대학 Universidad de Guanajuato

호텔 델 라파스 Hotel de La Paz

라파스 광장 Plaza de La Paz

라 타스카 데 라파스 La Tasca de La Paz

과나후아토 성모 성당 Basilica de Nuestra Señora de Guanajuato

Los Huacales

Alameda

카사 루피타 호스텔 Casa Lupita Hostel

라비앙 로즈 La Vie en Rose

카사 데 피타 Casa de Pita

Cantarranas

우니온 광장 Jardin de la Union

카사 발라데스 Casa Valadez

산 디에고 성당 Templo de San Diego

후아레스 극장 Teatro Juárez

Venado

키스 골목 Callejon del Beso

Saavedra

Zapote

Salto del Mono

라 벨라 La Vela

센트랄 버스터미널 5km

Panorámica

삐삘라 석상 Monumento Al Pipila

발콘 델 시엘로 Balcon del Cielo

돈키호테 박물관 Museo Iconografico del Quijote

Santo Café

호스탈 카사 데 단테

100m

우니온 광장
Jardin de la Union

도시 중앙에 있는 삼각형의 작은 광장으로, 이름처럼 광장보다는 정원(Jardin. 하르딘)에 가깝다. 특히 나무를 벽처럼 가지런하게 깎아놓은 것이 눈길을 끈다. 중앙에 있는 정자에서는 공연이 열릴 때도 있다. 주변에 식당이 많으며, 마리아치가 테이블을 돌아다니며 공연을 한다.

위치 후아레스 극장 앞

후아레스 극장
Teatro Juárez

1873~1903년까지 31년 동안 만들어진 신고전주의 양식의 공연장으로 과나후아토를 대표하는 건축물이다. 정면에는 6개의 기둥 위에 6개의 커다란 조각상이 서 있으며, 내부는 금색과 붉은색을 이용해 화려하게 꾸며져 있다. 가이드 투어를 이용해서 극장 내를 둘러볼 수 있다. 극장 앞 계단은 앉아서 쉬기 좋아서 늘 여행자가 가득하다.

주소 De Sopena 10 시간 화~일 10:00~18:00, 월요일 휴무 입장료 40페소(가이드 투어)

과나후아토 성모 성당
Basilica de Nuestra Señora de Guanajuato

성모 성당, '바실리카 데 누에스트라 세뇨라(Basilica de Nuestra Señora)'는 1671~1696년까지 바로크와 신고전주의 양식으로 건축된 성당이다. 주황색과 노란색을 사용한 외관이 눈에 잘 띄기 때문에 길을 찾을 때 이정표로 사용하기 좋다. 과나후아토의 수호자(Patron)인 성모 마리아에게 봉헌된 성당으로, 과나후아토가 스페인에 보낸 막대한 은에 감사하는 의미로 스페인의 펠리페 2세(Felipe II)가 보낸 성모 조각상이 있다. 오후가 되면 성당 앞 라파스 광장(Plaza de La Paz)에는 많은 먹거리를 파는데 가격은 시장보다 비싸지만 상당히 푸짐하다.

주소 Ponciano Aguilar 7 위치 우니온 광장 북쪽으로 도보 2분 시간 07:00~20:00

산디에고 성당
Templo de San Diego

후아레스 극장 바로 옆에 있는 산디에고 성당은 1663년에 건축된 과나후아토 최초의 성당이다. 과나후아토 성모 성당에 비하면 작은 규모이지만 성당 앞쪽 전체를 덮고 있는 화려한 조각과 분홍빛 벽이 인상적이다. 언덕 위에서 보면 성당은 십자가 모양이며, 내부에는 18~19세기에 그려진 그림들이 있다.

위치 후아레스 극장 옆 시간 08:00~19:00

삐삘라 석상
Monumento Al Pipila

후아레스 극장 뒤에 있는 언덕 위에는 횃불을 들고 있는 커다란 석상이 있다. 석상의 주인공은 과나후아토의 광부였던 삐삘라(El Pipila)다. 본명은 '후안 호세 마르티네스(Juan Jose Martinez)'로, 그는 1810년 이달고 신부가 이끈 멕시코 독립군이 과나후아토의 스페인군 성채를 공격할 때 총탄을 막기 위해 등에 석판을 지고 성문으로 기어가 불을 질러 승리를 가져왔다. 그의 업적을 기념하기 위해 1939년에 석상이 세워졌다. 석상도 멋있지만 여행자들이 이곳을 찾는 이유는 언덕 위에서 내려다보는 과나후아토의 전경이 아름답기 때문이다. 특히 해질녘이 되어 조명이 켜진 과나후아토의 야경은 환상적이다. 낮의 풍경과 야경이 완전히 다르기 때문에 둘 다 놓치지 말자. 케이블카인 푸니쿨라(Funicular)를 이용해서 올라갈 수 있고, 언덕의 골목길을 따라 20분 정도 걸어서 올라갈 수도 있다. 단, 야간에는 안전상 푸니쿨라를 이용하는 것이 좋다.

위치 후아레스 극장 뒤편 언덕 위 시간 (푸니쿨라) 월~금 08:00~21:50, 토 09:00~21:50, 일 10:00~20:50 요금 (푸니쿨라) 편도 35페소

미라 박물관
Museo de las Momias

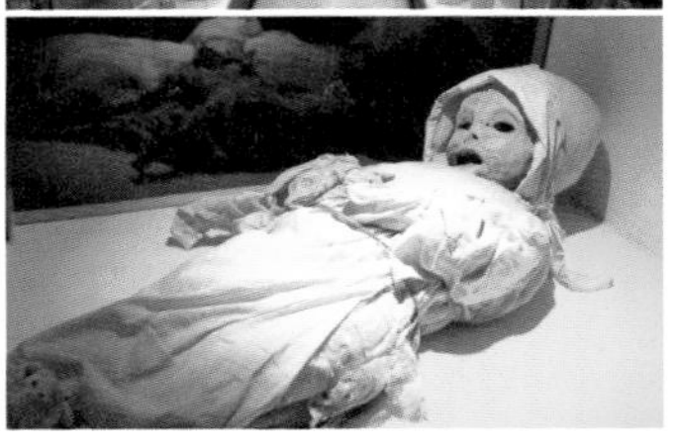

미라(Momia, 모미아)라고 하면 고대 이집트의 붕대를 감고 있는 미라를 떠올리지만 시신 매장 시의 지리적·환경적 조건에 따라 미라는 많은 곳에서 만들어질 수 있다. 이 박물관에 있는 미라들은 1865년 무덤이 부족해지자 '산타파울라 묘지(Cementerio de Santa Paula)'에서 버려진 묘지들을 발굴하는 과정에서 나온 것들이다. 현재 100구 이상의 미라가 있다. 시내 구경을 하면서 걸어서 가거나 '모미아(Momia)'라는 표지판의 버스를 타면 된다(8페소).

주소 Explanada del Panteon 위치 우니온 광장에서 서쪽으로 도보 20~25분, 버스로 7~8분 거리 시간 월~목 09:00~18:00, 금~일 09:00~18:30 요금 97페소, 사진 촬영 34페소 홈페이지 momiasdeguanajuato.gob.mx

디에고 리베라 생가
Museo y Casa de Diego Rivera

멕시코 회화의 거장 '디에고 리베라(Diego Rivera)'가 태어난 생가를 박물관으로 만들었다. 디에고 리베라는 이곳에서 1886년에 태어났고, 6살 때 멕시코시티로 이주하였다. 리베라가 사용했던 물건들과 간단한 스케치를 비롯한 작품이 있으며, 다른 작가의 전시회가 열릴 때도 있다. 입장료가 저렴하지만 큰 볼거리가 있는 곳은 아니다.

주소 Positos 47 위치 우니온 광장에서 북서쪽으로 도보 5분 시간 화~토 10:00~19:00, 일 10:00~15:00, 월요일 휴관 요금 30페소

키스 골목
Callejon del Beso

아주 간격이 좁은 골목길인데 비극적 로맨스로 유명하다. 부자집 외동딸인 카르멘(Carmen)은 광부인 돈 카를로스(Don Carlos)와 사랑에 빠졌고, 이에 화가 난 카르멘의 아버지는 그녀를 스페인 귀족에게 시집 보내려고 했다. 하지만 두 사람은 카르멘의 집 창문과 아주 가까운 옆집 창문을 통해 키스를 하고 사랑을 속삭였다. 이에 카르멘의 아버지는 옆집을 비싼 가격에 사버렸지만 그래도 두 사람의 사랑은 계속됐고, 화가 난 아버지는 카르멘을 살해했다. 이에 절망한 돈 카를로스는 투신자살을 했다. 그 후, 두 사람이 사랑을 속삭였던 이 골목에서 키스를 하지 않는 커플은 불행을 겪게 된다는 전설이 전해진다. 이 좋은 핑계(?) 덕분에 골목에는 키스를 하는 커플이 늘 있다. 겉보기에는 평범한 좁은 골목이라 나홀로 여행자는 별 의미가 없을 것이다.

위치 베나도(Venado) 거리와 파트로시니오(Patricinio) 거리 사이

돈키호테 박물관
Museo Iconografico del Quijote

돈키호테의 작가 '미겔 데 세르반데스(Miguel de Cervantes)'는 멕시코에 온 적이 없기 때문에 과나후아토와 그의 대표작 돈키호테(Don Quijote)는 관련이 없다. 이 재미있는 박물관은 돈키호테와 관련된 물품을 열정적으로 수집한 '에울라리오 로드리게스(Eulalio Rodriguez)' 덕분에 1987년 만들어졌다. 규모가 제법 크고, 16개의 전시실에 돈키호테, 산초(Sancho) 등 소설의 등장 인물과 관련된 그림, 판화, 조각은 물론 시계, 우표 등 다양한 물품들이 전시되어 있다. 과나후아토 곳곳에서 돈키호테 관련 조형물을 볼 수 있고, 매년 10월에는 '세르반티노 국제 축제(El Festival Internacional Cervantino)'가 열린다.

주소 Cantarrannas 1 **위치** 우니온 광장에서 남동쪽으로 도보 5분 **시간** 화~토 10:00~19:00, 일·공휴일 12:00~17:00, 월요일 휴무 **요금** 30페소, 화요일 무료 **홈페이지** museoiconografico.guanajuato.gob.mx

이달고 시장
Mercado Hidalgo

과나후아토는 워낙 유명한 관광지라 중심가 식당은 상당히 비싼 편이다. 저렴하고 맛있는 음식을 즐기고 싶다면 이달고 시장만큼 좋은 곳이 없다. 커다란 시장 안에는 까르니따, 또르따 등 저렴하고 맛있는 먹거리를 파는 식당들이 많다. 시장 주변에도 저렴한 로컬 식당이 많기 때문에 배가 출출해진 여행자라면 이곳을 방문해보자.

주소 Benito Juarez Mercado **위치** 우니온 광장에서 북서쪽으로 도보 약 10분 **시간** 09:00~18:00

레포르마 광장
Jardin de la Reforma

이달고 시장에서 가까운 광장이다. 건축가 '호세 노리에가(Jose Noriega)'가 설계한 광장으로 중앙에는 분수대가 있고, 주변에는 나무와 벤치가 많아서 잠깐 앉아서 쉬기 좋다. 다른 광장과 달리 들어가는 입구에 개선문과 같은 형태의 구조물이 있다.

위치 우니온 광장에서 북서쪽으로 도보 7~8분

산 페르난도 광장
Plaza de San Fernando

레포르마 광장에서 얼마 떨어져 있지 않은 조그만 광장으로 과나후아토에서 가장 아름다운 광장이라고 부를 수 있을 정도로 예쁘다. 광장에는 나무가 무성하고 주변에 카페와 식당들이 있어서 커피 한 잔 하면서 과나후아토의 분위기를 즐기기 좋다.

위치 우니온 광장에서 북서쪽으로 도보 6~7분

과나후아토 대학
Universidad de Guanajuato

성모 성당 한 블록 뒤에는 과나후아토 대학의 본관(Edificio Central)이 있다. 대학이 왜 볼거리인가 하겠지만 대학 내부가 볼거리가 아니라 건물과 건물 앞 계단이 볼거리다. 과나후아토의 다른 건물들과는 스타일이 완전히 다르고, 계단 위에 올라가면 삐삘라 석상과 함께 과나후아토 중심가가 내려다보인다.

주소 Retana 5 위치 성모 성당에서 북쪽으로 도보 2분

까예 호네아다스 Tour

과나후아토 중심가에 가면 전통 악단 복장을 한 사람들이 큰 소리로 외치며 팸플릿을 나눠 주거나 지나가는 여행자에게 말을 거는 모습을 볼 수 있다. 과나후에토에서 가장 유명한 명물 중 하나인 '까예 호네아다스(Calle Joneadas)'를 홍보하고 신청을 받는 것이다. 1962년 과나후아토의 대학생들이 시작한 이 전통은 이제는 이곳을 대표하는 이벤트가 되었다. 밤이 되면 후아레스 극장 앞 계단에 투어 신청자와 전통 복장을 한 밴드가 모인다. 그리고 사람들은 밴드와 함께 노래하고 소리치며 1시간 동안 과나후아토의 좁은 골목을 누빈다. 중간중간 과나후아토의 전설(키스 골목 등)을 설명하거나 농담을 하기도 한다. 그들이 말하는 스페인어를 못 알아들으면 어떤가. 사람들과 함께 아름다운 골목을 돌아다니고, 음악을 즐기고, 환호성을 지르면서, 과나후아토의 밤을 즐기는 것만으로도 잊을 수 없는 경험이 될 것이다. 얼마 되지 않는 돈으로 즐길 수 있는, 과나후아토 여행에서 절대로 놓치면 안 되는 여행 아이템이다. 과나후아토에 간다면 무조건 해보자.

시간 월~목 21:15분 출발, 금~일 19:45분, 21:15분 출발 **가격** 120~185페소(시즌에 따라 가격이 변동됨) **홈페이지** callejoneadas.mx

추천 식당

과나후아토는 유명 관광지기 때문에 중심가 식당이 상당히 비싸다. 특히 우니온 광장 주변과 삐삘라 석상으로 올라가는 전망 좋은 언덕에는 비싼 식당이 많다. 저렴한 음식을 즐기고 싶다면 오후에 성모 성당 앞 라 파스 광장에서 열리는 포장마차 촌이나 이달고 시장 및 시장 인근 식당을 이용하면 된다.

카페 콘키스타도르
Café Conquistador

디에고 리베라 생가 옆에 있는 아주 조그마한 카페로 직접 볶은 원두로 만든 꽤 맛있는 커피를 맛볼 수 있다. 가격은 우니온 광장 옆 스타벅스에 비해 상당히 저렴하다. 아주 작은 테이블이 겨우 3개 있는 카페의 벽에는 세계 각국의 지폐와 동전, 여행자들이 적은 메시지가 빼곡하게 붙어 있다. 과나후아토를 돌아다니다보면 아름다운 골목길 중간중간에 여기처럼 작고 저렴한 카페들이 많이 있다.

주소 Positos 35 시간 수~월 08:00~22:00, 화요일 휴무

에스타시온 젤라토 Estación Gelato

레포르마 광장 근처에 있는 아이스크림 전문점이다. 맛이 괜찮고 가격도 크게 비싸지는 않다. 운이 좋다면 2층 테라스에 앉아 예쁜 과나후아토의 골목길을 바라보며 먹을 수도 있다. 프라페 종류와 핫초코도 판매한다.

주소 Cantaritos 29 시간 12:00~21:00

카사 발라데스 Casa Valadez

우니온 광장 바로 옆에 있는 식당으로 위치가 좋지만 비싸다. 우니온 광장의 시원한 나무 그늘 아래에서 마리아치의 음악을 들으며 식사를 해보고 싶다면 선택해보자. 비싼 식사가 부담스럽다면 케이크나 음료를 즐기는 것도 괜찮다.

주소 Jardin Union 3 시간 09:00~23:00

라 벨라 La Vela

후에레스 극장 근처에 있는 해산물 따꼬, 세비체 전문점이다. 가격이 중심가에 있는 것치고는 비싸지 않다. 해산물 따꼬와 세비체를 파는 식당은 많지 않기 때문에 멕시코식 해산물 요리를 맛보고 싶다면 이곳을 방문해보자.

주소 Constancia 6 시간 11:00~19:00

라 타블레 데 앙드레
La Table de Andree

프랑스 요리와 함께 퓨전 멕시코 음식을 내놓는다. 맛, 플레이팅 모두 훌륭하지만 가격은 상당히 비싼 편이다. 근사한 곳에서 기분을 내고 싶다면 좋은 곳인데, 점심에는 영업을 하지 않는다.

주소 Positos 66 시간 화~목 14:30~21:30, 금~토 14:30~22:00, 일 14:00~18:00, 월요일 휴무

라비앙 로즈
La Vie en Rose

멕시코에서 보기 힘든 프랑스어 이름의 카페 겸 빵집이다. 아주 예쁘게 장식한 케이크, 파이와 함께 샌드위치 같은 간단한 먹거리도 판다. 내부가 상당히 예쁘다.

주소 Cantarranas 18 시간 10:00~22:00

라 타스카 데 라파스
La Tasca de La Paz

과나후아토 성모 성당 옆에 있는 식당이다. 중심가에 있어서 가격은 비싸고 음식 맛은 특별하지 않지만 야외 좌석에 앉으면 성모 성당과 주변의 거리가 시원하게 보인다. 음식보다는 위치가 훌륭한 식당이다.

주소 Plaza de La Paz 28 시간 08:30~23:30

라 타스카 데 라파스

추천 숙소

시가지 전체가 오래된 건물이라서 다른 도시보다 숙소가 좁고 시설이 안 좋은 편이다. 이러한 것은 페루 쿠스코, 과테말라 안티구아 같은 지역도 마찬가지인데, 구 시가지가 보존된 곳은 어쩔 수 없다. 유명 관광지인데 숙소들의 규모가 작다보니 숙박비가 다른 도시보다 비싸다. 즉, 전체적으로 숙소의 가성비가 떨어지고, 다른 도시보다 많은 숙박비 지출을 감수해야 한다. 다양한 축제가 열리는 10월은 숙박비가 몇 배로 뛰고 방을 구하기 힘들다. 이 시즌에 여행 계획이 있다면 아주 빨리 예약해야 한다.

호스탈 카사 데 단테
Hostal Casa de Dante

과나후아토의 여느 호스텔들과 다르게 방이 넓고 원색을 활용한 인테리어가 예쁘다. 단, 중심가에서 제법 멀고 언덕 위에 있기 때문에 계단을 한참 오르내려야 한다. 전망은 정말 좋다.

주소 Zaragoza 25 가격 도미 400~600페소, 더블·트윈 800~1,000페소

호텔 델 라파스
Hotel de la Paz

라파스 광장 옆 3성급 호텔로 방이 넓고 검은색과 흰색을 활용한 인테리어가 깔끔하다. 호텔 앞에는 라파스 광장, 뒤에는 과나후아토 대학의 건물이 있어서 전망이 예쁘다.

주소 estudiante 1 가격 더블·트윈 70~120달러

카사 데 피타 Casa de Pita

우니온 광장에서 가까운 게스트하우스로 방은 좁고 시설은 별것 없지만 앤틱 가구와 많은 수공예품을 이용한 인테리어가 예쁘다. 호텔이 아니라 작고 아담한 가정집에서 자는 것 같은 기분을 느낄 수 있다. 보라색으로 칠해진 호텔 외벽도 상당히 예쁘다.

주소 Cabecita 26 가격 더블·트윈 800~1,500페소

카사 데 피타

발콘 델 시엘로 Balcon del Cielo

삐삘라 석상 옆에 있는 3성급 호텔로 '하늘의 발코니'라는 호텔 이름에서 알 수 있듯이 전망이 멋있다. 내부 시설은 기본적이지만 새로 지은 건물이라 깔끔하다. 물론 언덕 꼭대기에 있기 때문에 중심가로 갈 때는 푸니쿨라를 타거나 비탈길을 걸어야 한다.

주소 Carretera Pipila 가격 더블·트윈 70~110달러

카사 루피타 호스텔 Casa Lupita Hostel

방은 다른 호스텔들처럼 좁고 기본적인 시설만 있지만 문을 연 지 얼마 안 된 곳이라 깔끔하다. 우니온 광장 바로 뒤쪽에 있어서 위치가 상당히 좋다. 큰 단점이 없는 무난한 호스텔이다.

주소 Ave Maria 1 가격 도미 250~350페소, 더블·트윈 800~1,200페소

엘 메손 데 로스 포에타스 El Meson de los Poetas

디에고 리베라 생가 인근에 있는 4성급 호텔로 골동품으로 장식한 로비가 상당히 고풍스럽다. 거기에 호텔 지붕으로 큰 나무가 뚫고 나간 점이 아주 독특하다. 오래된 건물이라 일부 불편한 점이 있지만 이 지역 호텔들은 다 비슷한 조건이다. 상당히 깔끔하게 관리되어 있고 미로처럼 얽힌 건물 내부 구조가 특이하고 예쁘다.

주소 Positos 35 가격 더블·트윈 80~120달러

산 크리스토발

San Cristobal

멕시코 제일 남쪽, 과테말라와 국경을 마주하고 있는 지역은 멕시코에서 가장 가난한 치아파스(Chiapas) 주다. 아스텍 멸망 직후인 1528년부터 만들어지기 시작한 '산 크리스토발 데 라스 카사스(San Cristobal de las Casas)'는 치아파스 주를 대표하는 여행지로 많은 여행자들이 방문한다. 식민지 시절의 건물과 자갈이 깔린 길이 그대로 남아 있는 시가지 자체가 큰 구경거리다. 거기다 멕시코 특유의 파스텔 톤으로 칠해진 건물들과 새파란 하늘은 너무나 잘 어울린다. 멕시코시티, 과달라하라 같은 대도시의 성당처럼 크고 화려하지는 않지만 치아파스 특유의 작고 아담한 성당들은 여행자의 눈길을 사로잡는다. 여행자에게 무엇보다 반가운 것은 정말 저렴한 물가다. 숙소와 먹거리 모두 멕시코 최고 수준으로 저렴하다. 거기에 시골의 순박함과 넉넉한 인심을 가진 주민들은 여행자의 마음을 푸근하게 해준다. 크고 화려한 볼거리는 없지만 머물면 머물수록 정겹고, 거리 하나하나가 볼수록 아름다워지는 것이 산 크리스토발의 매력이다.

국제선/국내선 항공

산 크리스토발은 인구 20만 정도의 작은 도시라서 공항이 없다. 가까운 공항은 45km 정도 떨어진 '툭스틀라 구티에레스 국제공항(Aeropuerto de Internacional Tuxtla Gutierrez)'이다. 국제선은 과테말라시티로 연결되며, 국내선은 멕시코시티, 칸쿤, 과달라하라, 몬테레이 같은 곳과 연결된다. 아에로멕시코, 볼라리스, 비바아에로부스가 국내선을 운항한다.

홈페이지

아에로멕시코 www.aeromexico.com
볼라리스 www.volaris.com
비바아에로부스 www.vivaaerobus.com

■ 툭스틀라 구티에레스 공항에서 산 크리스토발로 이동하기

버스

공항 내부에 있는 버스표를 파는 부스에서 표를 사서 탑승하면 된다.

시간 08:00~21:00 소요시간 1시간 10분~1시간 30분 요금 242페소

공항택시

공항 대합실에 있는 택시 부스에서 요금을 내고 티켓을 받은 후 택시를 타면 된다.

시간 24시간 운행 소요시간 50분~1시간 요금 1,000~1,200페소

산 크리스토발에서 과테말라로 가는 법

TIP

산 크리스토발에서 차로 3~4시간 가면 과테말라 국경이 있다. 따라서 과테말라로 가는 많은 여행자들이 산 크리스토발에서 파나하첼(Panajachel)이나 안티구아(Antigua)로 넘어간다. 로컬버스를 타고 국경에 가서 다시 과테말라의 로컬버스를 타는 방법도 있지만 이것은 상당히 불편하고 비용도 별로 아껴지지 않는다. 그래서 대부분의 여행자가 여행사에서 운행하는 셔틀버스를 이용해 과테말라로 간다. 셔틀버스는 숙소나 여행사에서 예약할 수 있다. 만약 티칼 유적이 있는 과테말라 플로레스(Flores)로 가길 원한다면 팔렌케로 가서 과테말라행 셔틀버스를 이용해야 한다.

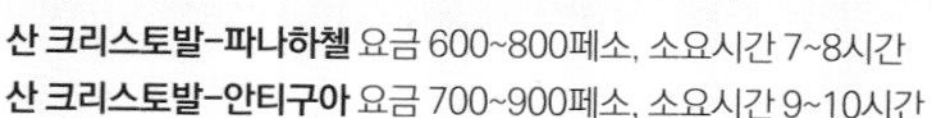

산 크리스토발-파나하첼 요금 600~800페소, 소요시간 7~8시간
산 크리스토발-안티구아 요금 700~900페소, 소요시간 9~10시간

시외버스

산 크리스토발에는 중앙 버스터미널이 없지만 장거리버스는 주로 아데오(ADO) 버스의 계열사인 OCC터미널(Terminal OCC)을 이용한다. 툭스틀라(Tuxtla) 등 가까운 도시로 운행하는 로컬버스들은 OCC터미널의 도로 건너편에서 출발한다. 중심가에서 남쪽으로 1km 정도 떨어져 있기 때문에 숙소 위치에 따라 걸어갈 수도 있다. 숙소가 조금 멀다면 택시를 타면 된다. 멕시코의 시골 도시들은 미터기 대신 타기 전에 가격을 정하고 타는데, 멀지 않는 한 도시 내에서는 동일 요금인 경우가 많다. 산 크리스토발의 시내 요금은 약 40페소다.

예상 소요시간 및 요금

목적지	소요시간	요금
멕시코시티	16~18시간	900~1,600페소
팔렌케	5~6시간	300~500페소
와하카	11~12시간	700~1,000페소
과나후아토	17~19시간	1,400~2,100페소
과달라하라	22~24시간	1,700~2,500페소
칸쿤	22~24시간	1,300~1,700페소

TIP

중미의 대중교통, 콜렉티보Colectivo

중미를 여행하다 보면 '콜렉티보'라는 단어를 상당히 많이 듣게 된다. 콜렉티보는 원래 '모으다'라는 뜻의 스페인어인데, 여러 사람이 타는 교통수단을 '콜렉티보'라고 부른다. 일반적으로 10~19인승 밴(Van)이나 25~30인승의 미니버스를 콜렉티보라고 한다. 시내뿐만 아니라 몇 시간 거리에 있는 인근 도시까지도 운행하기 때문에 자주 이용하게 된다.

TIP

산 크리스토발-팔렌케 구간 멀미 주의!

지도를 보면 산 크리스토발에서 마야 유적지로 유명한 팔렌케(Palenque)는 직선 거리로 150km 정도밖에 안 된다. 하지만 버스를 타면 5~6시간이 걸린다는 정보를 보면 의아할 것이다. 그 이유는 산 크리스토발은 해발 2,200m의 고원에 있고, 팔렌케는 저지대 밀림 지역에 있기 때문이다. 그리고 가는 길이 완전히 꼬불꼬불한 산길이라 처음부터 끝까지 버스가 엄청나게 흔들린다. 멀미약을 먹고 버스를 타야 한다.

산 크리스토발 광역
수미데로 협곡
Cañon del Sumidero
툭스틀라 구티에레스
Tuxtla Gutiérrez
치아파 데 코르소
Chiapa de Corzo
Suchiapa
툭스틀라 구티에레스 국제공항
Aeropuerto de Internacional Tuxtla Gutierrez
Acala
산 크리스토발
산 크리스토발 데 라스 카사스
San Cristóbal de las Casas
Lamalté Eltik
Santa Rosita
Teopisca
Venustiano Carranza
Veinticuatro de Junio
Las Margaritas
코미탄
Comitán
치플론 폭포
Cascadas de Chiflon
La Trinitaria
몬테베요 호수
Lago Montebello
Gracias a Dios
Revolución Mexicana
La Concordia
La Angostura
20km
산 크리스토발
로스코 백패커스 호스텔
Rossco Backpackers Hostel
비에호 시장
Mercado Viejo
Arriaga
Venezuela
5 de Mayo
산토 도밍고 성당
Templo de Santo Domingo de Guzman
포사다 델 아부엘리토
Posada del Abuelito
호텔 포사다 프리마베라
Hotel Posada Primavera
엘 세크레토
El Secreto
파스텔레리아 올랄라
Pasteleria Oh la la
호텔 그랜드 마리아
Hotel Grand Maria
호텔 테페약
Hotel Tepeyac
과달루페 성당
Iglesia de Guadalupe
대성당
Catedral
파차마마
Pachamama
과달루페 언덕
Cerro de Guadalupe
호텔 포사다 엘 사구안
Hotel Posada El Zaguan
코탄틱
Kotantik
3월 31일 광장
Plaza 31 de Marzo
엘 따꼴레또
El Tacoleto
호텔 파라도르 마르가리타
Hotel Parador Margarita
Francisco León
초콜라테스 이 추로스
Chocolates y Churros
떼 끼에로 베르데
Te Quiero Verde
엘 깔데로
El Caldero
Av. la Almolonga
카르멘 아치
Arco del Carmen
Álvaro Obregón
Clemente Robles
산타 루시아 성당
Iglesia de Santa Lucia
로컬버스 터미널
OCC 터미널
Terminal OCC
500m

대성당
Catedral

도시 중앙광장인 '3월 31일 광장(Plaza 31 de Marzo)'에는 산 크리스토발의 대성당(카테드랄)이 있다. 1528년에 건축을 시작했고, 18세기 초에 크기를 늘리면서 성당의 대부분을 재건축했다. 대도시와 달리 크기도 형태도 상당히 소박하다. 붉은색과 노란색으로 칠한 외벽이 친근한 느낌을 주고 내부는 화려하지 않고 정갈하다. 내부에 있는 제단과 그림은 대부분 18세기에 만든 것이다. 2017년 지진으로 일부 구조물이 파손되었으며, 현재는 보수 중이라 보수가 끝날 때까지는 안에 들어갈 수 없다.

위치 3월 31일 광장 북쪽

3월 31일 광장

산토 도밍고 성당
Templo de Santo Domingo de Guzman

대성당에서 북쪽으로 4블록쯤 올라가면 대성당보다 큰 산토 도밍고 성당이 나온다. 소박한 대성당과 달리 전면에 새겨진 화려한 조각이 눈길을 끈다. 16세기에 도미니코 수도회에서 처음 건설했고, 화려한 전면 장식은 17세기에 만들어졌다. 내부도 금박을 사용하여 화려하게 장식되어 있다. 2017년 지진 때 일부 구조물이 파손되어 보수 중이다.

주소 20 de Noviembre 36 **위치** 대성당에서 북쪽으로 도보 5분 **시간** 08:00~19:00

카르멘 아치
Arco del Carmen

3월 31일 광장에서 남쪽으로 가면 강렬한 붉은색의, 아래에 구멍이 뚫려 사람이 지나다니는 특이한 건축물을 볼 수 있다. '아르코 델 카르멘'이라고 불리는 이 건축물은 원래 17세 말 '엔카나시온 수녀원(El Convento de Encarnacion)'에서 종탑으로 쓰기 위해 건설했다. 당시 종탑을 건설할 수 있는 곳이 메인 도로밖에 없었기 때문에 수녀회는 시의회에 몇 번을 요청해 1층에 사람이 다니는 통로를 만든다는 조건으로 건설하였다. 그때부터 이 독특한 건축물은 산 크리스토발로 들어오는 메인 게이트로 사용되었고, 산 크리스토발을 상징하는 건축물 중 하나가 되었다.

주소 Miguel Hidalgo **위치** 3월 31일 광장에서 남쪽으로 도보 5분

과달루페 언덕
Cerro de Guadalupe

시내 동쪽에 있는 낮은 언덕으로 산 크리스토발의 전경을 볼 수 있고, 중심가에서 가까워 많은 여행자가 찾는다. 계단을 따라 언덕을 올라가면 흰색의 '과달루페 성당(Iglesia de Guadalupe)'이 있다. 이곳은 1835년에 만들어진 작은 성당으로 내부에는 과달루페의 성모상이 있다.

위치 3월 31일 광장에서 동쪽으로 도보 15분 **시간** (과달루페 성당) 09:00~20:00분

산타 루시아 성당
Iglesia de Santa Lucia

산 크리스토발에 있는 많은 성당 중에 여행자의 눈길을 가장 끄는 곳일 것이다. 16세기 말에 처음 건축되었다가 홍수 등 재해로 여러 번 파괴되었고, 현재 성당은 1882년에 지어졌다. 이곳이 유명한 것은 역사적인 의미에서가 아니라 예쁘기 때문이다. 새하얀 회벽과 파란색 선이 조화를 이룬 성당은 산 크리스토발의 새파란 하늘과 어우러져 눈길을 사로잡는다. 산 크리스토발의 풍경에 가장 잘 어울리는 성당이다.

주소 Ramon Corona 2 **위치** 3월 31일 광장에서 남쪽으로 도보 6~7분

비에호 시장
Mercado Viejo

'시립 시장(Mercado Municipal)'이라고도 부르며, 산 크리스토발에서 가장 큰 시장이다. 이런 전통시장은 어느 도시에나 있지만 치아파스 주는 멕시코에서 가장 깡촌에 속하는 지역이라서 시골의 정취가 물씬 풍기는 시장을 즐길 수 있다. 과일과 야채는 물론 가축, 도자기, 약초, 허브, 기념품 등 안 파는 것이 없다. 특히 여행자들에게 반가운 것은 저렴한 먹거리다. 시골답게 싸고 푸짐한 먹거리를 맘껏 즐길 수 있다.

주소 Belisario Dominguez 87 **위치** 산토 도밍고 성당에서 북쪽으로 3~4분 **시간** 06:00~18:00

산 크리스토발 지역의 Tour

산 크리스토발의 투어는 주로 인근의 자연경관을 돌아보는 코스이며, 일일투어가 대부분이다. 투어비가 비싸지 않기 때문에 3일 이상 산 크리스토발에 머문다면 즐기기 좋다. 단, 여름 성수기에는 가격이 더 비싸진다. 대표적인 투어 2가지를 소개하는데, 소개하지 않은 투어 중 팔렌케(Palenque) 투어는 가지 말 것을 권한다. 팔렌케까지 왕복하는 데만 10시간이 걸리기 때문에 고생은 고생대로 하고, 유적을 제대로 구경할 시간도 없다.

TIP

대중 교통으로 치플론 폭포 다녀오기

투어로 가면 치플론 폭포에서 자유 시간이 2시간 정도뿐이라 폭포를 충분히 즐길 수 없다. 치플론 폭포에서 시간을 더 보내고 싶다면 콜렉티보를 이용해 다녀오면 된다. OCC 버스(약 100페소) 또는 로컬 버스터미널에서 콜렉티보(약 75페소)를 타고 코미탄(Comitan)까지 간 후(1.5~2시간 소요), 치플론(Chiflon)행 콜렉티보를 타면 된다(약 50페소, 1시간 소요). 치플론에서 폭포 입구까지 1km 이상 걸어야 하기 때문에 오토바이를 개조한 모토(Moto)를 타는 것이 낫다(1인당 15페소).

시간 (치플론 폭포) 07:30~17:00 입장료 (치플론 폭포) 50페소

수미데로 협곡과 치아파 데 코르소
Cañon del Sumidero y Chiapa de Corzo

'카뇬 데 수미데로' 즉, 수미데로 협곡은 산 크리스토발에서 서쪽으로 50km쯤 떨어진 계곡이다. 개인적으로 찾아갈 수도 있지만 투어비가 비싸지 않기 때문에 보통 투어로 다녀온다. 산 크리스토발에서 차로 1시간쯤 달려 '수미데로 강(Rio El Sumidero)'에 도착한 후 배를 타고 협곡을 돌아본다. 악어, 원숭이 등 다양한 동물을 볼 수 있고, 협곡을 타고 내려오는 폭포도 볼 수 있다. 협곡 전체를 내려다볼 수 있는 전망대(Mirador)를 포함하거나 뺀 투어가 있는데, 반드시 전망대 포함 투어를 하자. 마지막으로 '치아파 데 코르소(Chiapa de Corzo)' 마을에 들른다.

시간 전망대 불포함 시 6시간, 포함 시 7시간 소요 **가격** 전망대 불포함 시 450~550페소, 전망대 포함 시 500~600페소

치플론 폭포와 몬테베요 호수
Lago Montebello y Cascadas de Chiflon

치플론 폭포는 산 크리스토발에서 남서쪽으로 차로 2시간쯤 걸리는 '산 비센테 강(Rio San Vicente)'의 폭포다. 약 1km 구간에 '엘 수스피로(El Suspiro. 높이 25m)', '알라 데 앙헬(Ala de Angel. 높이 30m)', '벨로 데 노비아(Velo de Novia. 높이 120m)', '아르코이리스(Arcoiris. 높이 53m)', '킨세아녜라(Quinceañera. 높이 60m)', 총 5개의 폭포가 있다. 치플론 폭포가 유명한 것은 신비로울 정도로 투명한 청록색의 물 때문이다. 폭포를 들른 후 '포호흐 호수(Lago Pojoj)', '몬테베요 호수(Lago Montebello)' 등 여러 개의 호수도 구경할 수 있다.

시간 약 12시간 소요. 08:00~20:00 **가격** 500~650페소

© Carlos Manuel

추천 식당

산 크리스토발은 멕시코에서 물가가 가장 싼 편이기 때문에 여행 비용이 부족한 여행자라도 큰 부담 없이 괜찮은 식당을 즐길 수 있다. 물론 가장 저렴한 것은 시장과 거리에서 먹는 것이지만 이런 저렴한 동네에서는 한 번쯤 괜찮은 식당의 음식도 즐겨보자.

엘 깔데로
El Caldero

깔도(Caldo, 스프)가 들어간 가게 이름에서 알 수 있듯이 뽀솔레(Pozzole) 같은 국물 요리가 전문이다. 하루 종일 여행한 후 저녁 식사에 뜨끈한 국물을 먹으면 피로가 싹 풀리는 느낌이 든다.

주소 Insurgentes 5 **시간** 08:30~22:00

엘 따꼴레또
El Tacoleto

식당 이름에 따꼬(Taco)가 있으니 따꼬 전문점이다. 물론 따꼬는 길거리나 시장에서 먹는 것이 제맛이지만 식당에서 파는 따꼬는 조금 더 고급스럽기 때문에 한 번쯤은 먹어볼 만하다. 식당 따꼬치고는 싼 편인데, 작은 접시만 한 크기의 메가(Mega) 사이즈 따꼬를 시도해보자.

주소 Belisario Dominguez 1 **시간** 13:00~21:30

떼 끼에로 베르데
Te Quiero Verde

'넌 녹색을 원해(Te quiero verde)'라는 이름에서 알 수 있듯이 채식주의 식당이다. 햄버거, 따꼬, 몰레, 샐러드 등 다양한 메뉴를 판다.

주소 Niños Heroes 5 **시간** 09:00~21:00

파차마마 Pachamama

파차마마는 남미 잉카 문명의 대지의 여신이다. 그런데 이런 이름과 전혀 어울리지 않게 피자, 파스타, 햄버거, 스테이크를 파는 가게다. 피자가 저렴하면서 양이 푸짐하다.

주소 Real de Guadalupe 63 **시간** 12:00~24:00

초콜라테스 이 추로스
Chocolates y Churros

설명이 필요 없을 정도로 가게 이름으로 무엇을 파는지 확실히 알 수 있다. 다양한 맛의 추로스도 맛있지만 핫초코 잔으로 전통 토기를 사용하는 것이 이채롭다.

주소 Benito Juarez 16 **시간** 화~토 07:30~12:00, 17:30~ 22:30, 일 19:00~22:30, 월요일 휴무

파스텔레리아 올랄라
Pasteleria Oh la la

산 크리스토발에서 유명한 빵집이자 카페다. 빵과 함께 다양한 종류의 케이크를 파는데 아주 예쁘다. 커피, 핫초코 등 음료도 괜찮은 편이다.

주소 Real de Guadalupe 20b **시간** 일~목 08:30~21:30, 금~토 08:30~22:30

엘 세크레토
El Secreto

산 크리스토발의 고급 식당 중 가장 유명한 곳이다. 멕시코 음식을 기본으로 한 퓨전 음식을 파는데 음식의 색감, 맛, 플레이팅 모두 예술적이다. 인근 식당과 비교하면 깜짝 놀랄 가격이지만 다른 도시의 비슷한 레벨의 식당과 비교하면 저렴하다. 식사가 너무 비싸서 부담스럽다면 케이크나 커피를 즐기는 방법도 있다.

주소 16 de Septiembre 24 **시간** 07:00~23:00

추천 숙소

산 크리스토발은 숙소가 저렴한 것으로 유명하다. 또, 시골이라 건물들이 큼직큼직해서 호스텔조차 넓은 곳이 많다. 특히, 건물 중간에 정원이 있는 형태의 숙소가 많아서 편안하고 여유있는 기분을 느낄 수 있다. 호텔도 다른 지역보다 훨씬 싸다. 따라서 돈을 아끼려고 너무 노력하지 말고, 평소에는 시도하지 못했던 좋은 숙소에서 머물러보기를 권한다.

포사다 델 아부엘리토

Posada del Abuelito

오랫동안 배낭여행자들에게 사랑을 받아온 호스텔이다. 넓지는 않지만 정원과 방이 아기자기하게 꾸며져 있고 정성스럽게 관리되어 있다. 이름 그대로 할아버지의 시골집에 놀러온 것 같은 분위기다.

주소 Tapachula 18 가격 도미 200~250페소, 더블·트윈 400~550페소

로스코 백패커스 호스텔

Rossco Backpackers Hostel

오래 전부터 유명한 호스텔이다. 상당히 넓어서 정원이나 공용 공간, 도미토리 방이 크다. 공간 여유가 많기 때문에 여유 시간에 편안하기 쉬기 딱 좋다. 하지만 구석구석 관리하지 못하는 부분이 있는 것은 아쉽다.

주소 Real de Mexicanos 16 가격 도미 200~250페소, 더블·트윈 400~700페소

호텔 테페약 **Hotel Tepeyac**

대성당 인근에 있는 3성급 호텔로 가구와 침구류가 상당히 좋다. 파란색과 핑크색을 이용해 칠해진 건물 내부가 밝은 분위기이고, 관리도 깔끔하게 잘 되고 있다. 단, 정원이 없다는 점은 아쉽다.

주소 Real de Guadalupe 40 가격 더블·트윈 40~50달러, 4~5인실 55~70달러

코탄틱 **Kotantik**

비교적 최근에 생긴 호스텔로 단층에 정원이 있는 다른 숙소들과 달리 정원이 없다. 주방 등 공용 공간이 넓고 상당히 깔끔하며 나무를 이용한 인테리어가 깨끗하다. 다른 호스텔에 비해 비싼 편이다.

주소 Diego de Mazariegos 61 가격 도미 250~350페소, 더블·트윈 700~800페소

호텔 포사다 프리마베라

Hotel Posada Primavera

호텔보다는 게스트하우스에 가까운 곳으로 건물 내부와 정원이 예쁘고 잘 정돈되어 있다. 시설은 기본적이지만 잘 관리되어 있고 위치도 아주 좋다.

주소 16 de Septiembre 26 가격 더블·트윈 600~800페소, 3~4인실 800~950페소

호텔 포사다 엘 사구안

Hotel Posada El Zaguan

3성급 게스트하우스로 일반 게스트하우스보다 시설이 훨씬 좋다. 흰색과 원목, 전통 천을 활용한 인테리어가 호텔급이고 방도 넓은 편이다. 가구와 침구도 훌륭하다.

주소 Guadalupe Victoria 65 가격 싱글 35~45달러, 더블·트윈 40~60달러

호텔 파라도르 마르가리타

Hotel Parador Margarita

4성급 호텔로 산 크리스토발 시내 호텔 중에서는 상당히 넓은 편이다. 잔디가 깔린 넓은 정원은 쉬기에 좋고, 내부 시설은 깔끔함 그 자체다. 인테리어는 원목과 돌을 주로 사용해 고급스럽다. 가격 대비 아주 훌륭한 호텔이다.

주소 Felipe Flores 39 가격 더블·트윈 50~70달러, 3~4인실 60~100달러

팔렌케

Palenque

중미 저지대 밀림에서 수천 년에 걸쳐 번성한 마야문명은 하나의 통일국가가 아니라 도시국가 형태로 존재했기 때문에 멕시코, 과테말라, 온두라스 등의 국가에 마야 유적이 남아 있다. 멕시코의 마야 유적 중 가장 유명한 것은 유카탄 반도의 치첸이사와 치아파스 주의 팔렌케다. 팔렌케에 도착하면 멕시코시티, 산 크리스토발 등 고원 지역과는 전혀 다른 무더운 날씨에 깜짝 놀랄 것이다. 조금만 걸어도 땀이 줄줄 흐르고 햇빛은 견디기 힘들 정도로 뜨겁다. 다행히 팔렌케 유적은 밀림 속에 있기 때문에 햇빛이 가려지는 곳이 많아서 유적을 구경하는 동안은 견딜 만하다. 팔렌케 시내는 별 볼거리가 없기 때문에 대부분의 여행자는 잠깐 머물면서 팔렌케 유적만 보고 다른 도시로 떠난다.

국내선 항공

'팔렌케 국제공항(Aeropuerto de Internacional Palenque)'은 팔렌케 시내 서쪽으로 5km 정도 떨어져 있다. 국제선은 과테말라시티로 운항했는데 현재는 중단됐으며, 국내선은 멕시코시티, 몬테레이와 연결되지만 항공편이 많지 않다. ARM 항공에서 국내선을 운항한다. 그 다음 가까운 공항은 비야에르모사(Villahermosa) 공항으로 1.5~2시간 거리에 있다. 비야에르모스 공항은 멕시코시티, 칸쿤, 과달라하라 등 여러 도시로 가는 국내선이 있다. 비야에르모사 공항에서 버스(350~400페소, 2시간 소요) 또는 택시(1,200~1,400페소, 1.5시간 소요)로 팔렌케 유적이나 팔렌케 시로 갈 수 있다. 비야에르모사행 국내선은 아에로멕시코, 볼라리스, 비바아에로부스, 아에로마르 등 여러 항공사가 운항한다.

홈페이지

ARM 항공 www.armaviacion.com
아에로멕시코 www.aeromexico.com
볼라리스 www.volaris.com
비바아에로부스 www.vivaaerobus.com
아에로마르 www.aeromar.mx

시외버스

팔렌케의 버스터미널(Central de Autobuses de Palenque)은 아데오(ADO)에서 운영하기 때문에 '아데오 버스 터미널'이라고도 부른다. 많은 숙소가 터미널 근처에 있기 때문에 도보로 갈 수 있는 곳이 많다. 숙소까지 택시를 탄다면 40~50페소가 나온다.

예상 소요시간 및 요금

목적지	소요시간	요금
멕시코시티	16~18시간	900~1,600페소
산 크리스토발	5~6시간	300~500페소
과달라하라	23~25시간	1,800~2,700페소
과나후아토	20~21시간	1,600~2,400페소
칸쿤	15~16시간	1,200~1,500페소
와하카	15~17시간	1,300~1,900페소

팔렌케에서 과테말라 플로레스Flores로 가기

팔렌케에서 동쪽으로 가면 또 다른 마야 유적인 티칼(Tikal)이 있는 과테말라 플로레스가 있다. 과테말라의 치안 등 여러 가지 문제 때문에 거의 모든 여행자가 여행사의 셔틀버스를 이용한다. 과거에는 멕시코-과테말라 국경인 '우수마신타 강(Rio Usumacinta)'에서 배를 타는 방법을 많이 이용했지만 현재는 육로로 연결되어 훨씬 편해졌다. 국경 통과 시간을 포함해 7~8시간 걸리며, 팔렌케의 숙소나 여행사에서 셔틀버스를 예약할 수 있다(700~800페소). 안티구아, 파나하첼 등 과테말라 서쪽 지역은 산 크리스토발에서 출발한다.

팔렌케 광역
팔렌케 국제공항
Aeropuerto de Internacional Palenque
비야에르모사 국제공항 1.5~2시간
Dos Hermanas
Azcapotzalco
199
팔렌케
Aluxes Ecopark
199
El Lago
La Lupita
킨 발람 카바냐스
Kin Balam Cabañas
엘 판찬
El Panchan
팔렌케 유적
솜브리야스 폭포
Cascadas Sombrillas
1Km
체드라우이 (대형마트)
Chedraui
팔렌케
Cuarta Pte. Nte.
3a. Pte. Nte.
5a. Avenida Nte. Pte.
Central Nte.
1a. Ote. Nte.
카사 하나압
Casa Janaab
라 빠리야
La Parrilla
카페 제이드
Café Jade
Parque Central
호텔 히발바
Hotel Xibalba
트로피 따꼬스
Tropi Tacos
호텔 마야 루에
Hotel Maya Rue
아데오 버스터미널
Central de Autobuses ADO
Tercera Pte. Sur
Hotel Shaddai
Panteón Municipal
5a. Avenida Sur Pte.
200m
2a. Avenida Sur
Tercera Avenida Sur
Novena Avenida Sur Pte.

팔렌케 유적
Zona Arqueologica Palenque

팔렌케는 기원전 3세기부터 만들어진 것으로 추정되며, 7세기 파칼(Pakal) 왕의 치세 때 전성기를 맞이하여 크게 융성하였다. 당시 티칼(Tikal)과 함께 마야문명에서 가장 강력한 도시국가였다. 하지만 8세기 초 경쟁 국가에게 도시가 함락되면서 크게 쇠퇴하였고, 9세기 이후에는 사람이 거의 살지 않는 곳이 되었다. 천 년 가까이 밀림 속에 감춰져 있던 유적은 1949년에 발견되었고, 발굴 작업이 현재도 계속 진행되고 있다.

■ 팔렌케 찾아가기

팔렌케 유적은 팔렌케 시내에서 서쪽으로 7km 떨어져 있다. 아데오(ADO) 터미널 앞에서 콜렉티보가 출발하는데, '루이나스(Ruinas)'라고 표시된 차량을 이용하면 된다(편도 20페소, 15~20분 소요). 엘 판찬(El Panchan) 마을에서는 마을 앞 도로를 지나가는 콜렉티보를 타면 된다(편도 20페소, 5~6분 소요). 돌아갈 때는 유적을 나와서 콜렉티보를 다시 이용하면 된다.

■ 준비물

유적 전체를 돌아보는 데 3~4시간이 걸린다. 워낙 덥고 습하기 때문에 모자, 선블록, 간식과 충분한 양의 생수를 준비하는 것이 좋다.

■ 입장권 및 운영 시간

유적지 입장료 90페소와 국립공원 입장료 105페소를 모두 내야 한다(총 195페소). 유적은 오전 8시 30분부터 오후 5시까지 운영하는데, 오후 4시 이후에는 입장할 수 없다.

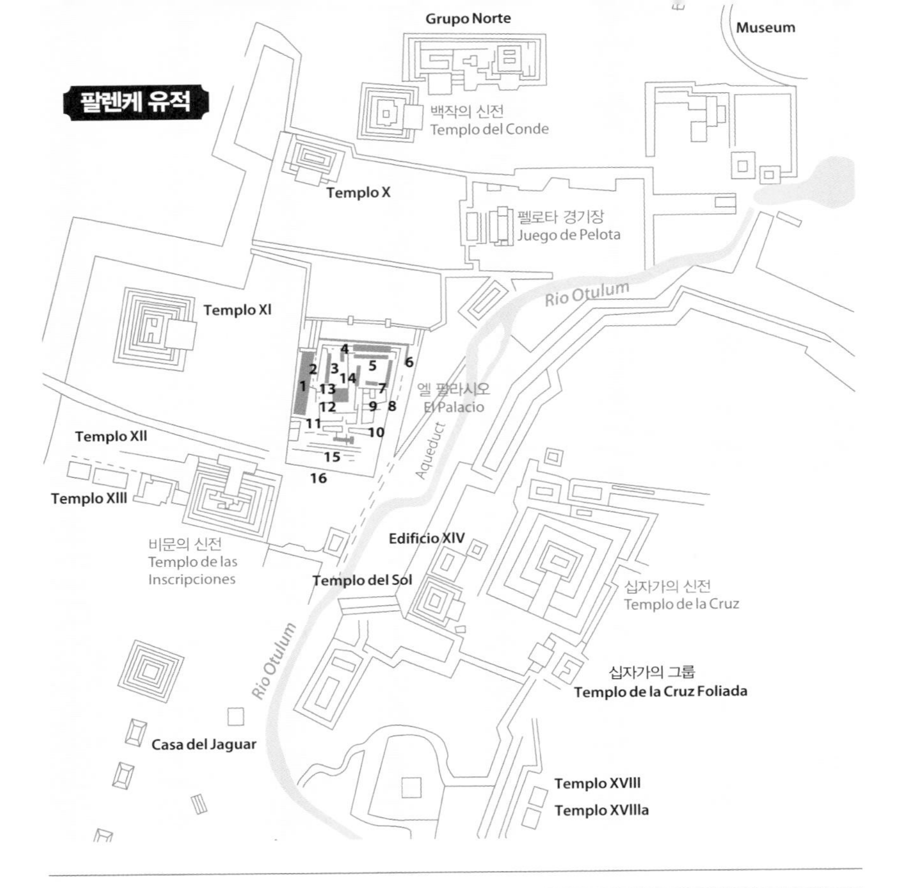

엘 팔라시오 El Palacio

유적에 들어가면 제일 먼저 메인 광장인 '플라사 프린시팔(La Plaza Principal)'을 보게 된다. 광장 옆에 있는 '엘 팔라시오'는 팔렌케의 통치자들이 살았던 곳이다. 5세기부터 수백 년에 걸쳐서 조금씩 건축되었으며, 중앙에 있는 탑은 천문대의 용도로 사용된 것으로 추정된다.

비문의 신전
Templo de las Inscripciones

'엘 팔라시오' 맞은편에 있는 피라미드는 비문의 신전, '템플로 데 라스 인스크립시오네스'다. 이런 이름이 붙여진 이유는 마야 문자로 쓰여진 비석들이 발견되었기 때문이다. 비석의 내용에 따르면, 신전은 파칼(Pakal, 재위 615~683년) 왕의 치세 말기인 675~683년쯤 완성되었다. 피라미드는 8층으로 되어 있는데 높이가 22.8m다. 비석과 함께 지하실에서 파칼 왕의 무덤이 발견되었다. 옥으로 만든 정교한 데스마스크가 함께 출토되었고, 무덤은 멕시코시티 인류학 박물관에 재현되어 있다. 이 무덤이 발굴되면서 아메리카 대륙의 피라미드는 제단으로만 사용되었다는 기존의 가설이 변경되었다.

십자가의 신전 **Templo de la Cruz**

메인 광장에서 안쪽으로 들어가면 여러 개의 피라미드가 모여 있다. 그중 가장 큰 피라미드는 '템플로 델 라 크루스', 십자가의 신전이다. 팔렌케에서 가장 큰 신전으로 파칼 왕의 아들인 '칸 발람(Kan B'alam's)'을 기리기 위해 만들어졌다. 이렇게 이름이 붙은 이유는 신전에서 발견된 부조 중앙에 십자가 형태가 있었기 때문이다. 물론 마야문명에 기독교 십자가가 있을 리는 없고, 신화 속 나무인 '아르볼 미티코(Arbol Mitico)'다. 나무 위에 케찰의 깃털과 꼬리, 뱀의 턱을 가진 신이 묘사되어 있으며, 현재 이 부조 역시 인류학 박물관에 있다. 십자가의 신전과 주변에 있는 작은 신전들을 합쳐서 '십자가 그룹(Grupo de las Cruces)'이라고 부른다.

백작의 신전 Templo del Conde

펠로타 경기장에서 올라가면 백작의 신전, '템플로 델 콘데(Templo del Conde)'가 있다. 이런 이름이 붙은 이유는 1830년대에 이 유적을 연구하던 '장 프레데릭 왈덱(Jean Frederic Waldeck)'이 여기서 살면서 스스로를 백작이라고 불렀기 때문이다. 640~650년경 건축된 것으로 추정된다. 신전 아래에서 다수의 시신이 있는 3개의 무덤이 발굴됐다. 신전과 옆에 있는 작은 건물들은 '북쪽 그룹(Grupo Norte)'이라고 한다. 북쪽 그룹 안쪽에도 유적들이 있는데 대부분 작고 흔적만 남아 있는 수준이다. 출구 근처 밀림에는 아름다운 '솜브리야스 폭포(Cascadas Sombrillas)'가 있다.

펠로타 경기장 Juego de Pelota

메인 광장에서 북쪽으로 올라가면 마야의 전통 경기였던 펠로타(Pelota)를 하던 경기장이 있다. 양쪽의 벽은 계단식으로 되어 있는데, 대부분의 마야 유적에 펠로타 경기장이 있고, 가장 잘 보존된 경기장은 치첸이사(Chichen Itza)의 경기장이다. 팔렌케는 흔적만 남아 있는 정도다.

TIP

펠로타 경기란?

펠로타 경기는 기원전 1500년경 올멕(Olmec) 문명에서 처음 시작한 것으로 추정된다. 그 후 마야문명으로 전파됐으며 마야어로는 '폭타폭(Pok Ta Pok)'이다. 경기장은 양쪽에 벽이 있는 형태인데, 치첸이사의 경기장은 길이 170m, 폭 70m다. 벽에는 돌로 된 원형 골대가 있으며, 그곳에 공을 넣으면 점수를 얻었던 것으로 추정된다. 이때 공을 엉덩이 옆 골반을 이용하여 튀긴다. 공은 생고무로 만들었는데 아주 단단하고 무게가 4kg이나 된다. 단순한 오락용이 아니라 종교와 정치적 경기로 강인한 전사를 대표로 선발하였다. 경기 결과를 통해 점과 예언을 해석하거나 전쟁 대신 펠로타 경기로 국가 간 영토 문제를 해결한 경우도 있었다고 한다. 공이 단단하고 무겁기 때문에 경기를 목격한 스페인인의 기록에 따르면, 심한 부상을 입거나 죽는 사람도 있었다고 한다. 지는 팀은 인신공양 제물로 바쳐졌다는 설도 있는데 뚜렷한 증거는 없다. 다만 큰 의미를 가진 경기였으니 그런 일이 있지 않았을까 추정하는 정도일 뿐이다.

추천 식당

팔렌케는 잠시만 머물고 떠나는 뜨내기 여행자를 상대하는 도시다. 그래서 물가가 저렴한 치아파스 주에 있는데도 음식 값이 비싸고 맛도 별로 없다. 먹거리에 별 기대는 안 하는 편이 좋다.

카페 제이드 Café Jade

아데오 버스터미널에서 가까운 식당으로 몰레, 따꼬 같은 멕시코 음식과 함께 햄버거, 샌드위치, 샐러드 같은 것을 파는 전형적인 관광객용 식당이다. 가격은 조금 비싸지만 오두막처럼 지어진 식당 분위기가 좋다.

주소 Hidalgo 1 시간 08:00~22:30

트로피 따꼬스 Tropi Tacos

식당에서 파는 따꼬치고 저렴한 편이고 께사디야, 또르따 같은 메뉴도 있다. 양이 제법 푸짐한 편이다. 다른 도시들의 맛집과는 비교할 수 없지만 팔렌케에서 이 정도면 싸고 가성비가 좋은 편이다.

주소 Central Poniente 49 시간 07:00~23:30

라 빠리야 La Parrilla

'빠리야(Parrilla)'는 아르헨티나의 숯불 모듬구이를 뜻하는데, 이름과 전혀 상관없이 세비체 같은 해산물 요리와 피자를 판다. 가격은 비싸지 않지만 맛은 크게 기대하지 말아야 한다.

주소 2ª Poniente Norte 시간 07:00~23:00

추천 숙소

팔렌케의 숙소들은 가격 대비 시설이 떨어지는 편이다. 그러나 돈을 아끼려고 에어컨이 없는 숙소를 이용하면 안 된다. 팔렌케처럼 엄청나게 덥고 습한 곳에서 에어컨이 없는 숙소는 빈대에게 최고의 환경이다. 하루에 돈 몇천 원 아끼려다가 빈대가 붙으면 남은 여행이 정말 괴롭다. 따라서 유카탄 반도나 팔렌케처럼 무덥고 습한 곳은 숙소 선택에 신중해야 한다. 숙소는 주로 아데오 버스터미널 인근에 몰려 있는데, 팔렌케보다 더 쾌적한 분위기를 원한다면 유적 가까운 숲 속에 있는 엘판찬 마을이 좋다. 숙박비는 더 비싸지만 자연 속에 있는 기분을 느낄 수 있다.

킨 발람 카바냐스 Kin Balam Cabañas

엘판찬에 있는 호스텔로 넓은 정원에는 수영장이 있고 주변은 밀림으로 둘러싸여 있다. 숲 중간에 작은 독채들이 흩어져 있는 형태라서 조용하고 한적하다.

주소 엘판찬. Ruinas Km 4.5 가격 도미 400~500페소, 더블·트윈 1,000~1,300페소

카사 하나압 Casa Janaab

아데오 버스터미널에서 가까운 호스텔로 넓은 정원이 있고 내부도 제법 넓은 편이다. 무엇보다 도미토리에도 에어컨이 있고 깨끗하게 관리되어 있다.

주소 팔렌케. 2ª Poniente Norte 5 가격 도미 400~ 500페소, 더블·트윈 1,000~1,200페소

호텔 히발바 Hotel Xibalba

3성급 호텔인데 규모가 작다. 시설은 괜찮은 편이고 가구와 침구류가 아주 깨끗하다. 무엇보다 호텔치고는 가격이 저렴하다.

주소 팔렌케. Merle Green 9 가격 더블·트윈 50~70달러

호텔 마야 루에 Hotel Maya Rue

3성급 호텔로 흰색과 검은색을 이용한 인테리어가 모던한 분위기다. 방과 화장실 시설이 좋고 아주 깔끔하다. 가격도 저렴한데 버스터미널에서 다소 먼 것이 단점이다.

주소 팔렌케. Alameda 36 가격 더블·트윈 40~60달러

칸쿤

Cancun

세계 최고의 휴양지 중 하나인 칸쿤은 항상 전 세계에서 온 관광객이 가득하다. 눈부시게 아름다운 해변만으로도 칸쿤에 올 이유는 충분하지만 사실 이 정도 해변은 몰디브, 타히티 같은 섬에서도 볼 수 있다. 칸쿤이 놀라운 점은 이렇게 아름다운 해변이 외딴 섬이 아니라 육지에 있다는 것이다. 육지에 있기 때문에 이동, 숙소, 쇼핑, 먹거리 등 많은 면에서 섬보다 훨씬 편리하고, 해변 외에도 볼거리가 많다. 신비로운 세노테(Cenote)에서 수영을 하고, 마야 유적인 치첸이사(Chichen Itza)를 다녀올 수 있다. 작고 아름다운 이슬라 델 무헤레스(Isla del Mujeres) 섬을 돌아보거나 화려한 코코봉고(Coco Bongo) 클럽에서 신나게 놀거나 라 이슬라(La Isla) 쇼핑몰에서 아름다운 석양을 바라보며 근사하게 저녁을 즐길 수 있다. 스쿠버다이빙, 서핑, 패러세일링, 스노클링 등 다양한 해양스포츠도 모두 즐길 수 있다. 이런 다양함 때문에 필자는 칸쿤이야말로 세계 최고의 해변 휴양지라고 생각한다. 멕시코시티와 더불어 시간을 많이 투자하더라도 절대 아깝지 않은 곳이다.

국제선/국내선 항공

'칸쿤 국제공항(Aeropuerto de Internacional Cancun)'은 호텔존 끝에 있으며, 칸쿤 센트로에서 20km 정도 떨어져 있다. 멕시코에서 멕시코시티 다음으로 국제선이 많이 운항되며, 전 세계의 많은 도시와 연결편이 있다. 특히 미국인들이 가장 선호하는 휴양지 중 하나이기 때문에 미국의 거의 모든 주요 도시에 칸쿤행 항공편이 있다. 단, 마이애미, 휴스턴 등 미국 남동부 지역은 2시간 정도면 도착하지만 LA 등 서부와 뉴욕 같은 북부에선 5시간 이상 걸린다.
과테말라, 코스타리카, 쿠바 등 중미는 물론 페루, 칠레, 아르헨티나 등 남미로 가는 직항편도 있다. 볼리리스 항공은 과테말라시티 직항이 있다. 쿠바 아나바 직항은 코로나 이후 비바아에로부스만 운행했는데, 24년 3월부터 운행을 중단했다.

국내선도 멕시코시티, 과달라하라 등 대도시부터 툭스틀라 구티에레스(산 크리스토발 인근), 비야에르모사(팔렌케 인근) 등 지방 도시까지 연결된다. 즉, 여행자가 찾는 웬만한 멕시코 도시는 모두 칸쿤행 항공편이 있다. 멕시코의 모든 항공사가 칸쿤으로 가는 국내선을 운항한다.

홈페이지
아에로멕시코 www.aeromexico.com
볼라리스 www.volaris.com
비바아에로부스 www.vivaaerobus.com
아에로마르 www.aeromar.mx

■ 칸쿤 공항에서 칸쿤 센트로/호텔존/플라야 델 카르멘/툴룸 이동하기

버스

아데오(ADO) 버스회사에서 칸쿤 센트로, 플라야 델 카르멘, 툴룸으로 가는 버스를 운행한다. 터미널 2·3·4 앞에서 탑승이 가능한데, 터미널별로 운행 시작·종료 시간이 조금씩 다르다. 칸쿤 호텔존으로 가는 버스는 없다.
센트로·플라야 델 카르멘행 버스는 20~30분마다 있고, 툴룸행 버스는 약 1시간 간격이다. 버스로 호텔존에 가고 싶다면 센트로까지 간 후 호텔존으로 가는 시내버스를 타야 해서 시간이 많이 걸린다.

칸쿤(센트로)
시간 08:00~24:00 소요시간 25~30분 요금 110페소

플라야 델 카르멘
시간 08:00~01:30 소요시간 50분~70분 요금 230페소

툴룸
시간 10:30~20:30 소요시간 약 2시간 요금 365페소

공항택시

공항 대합실에 있는 택시 부스에서 요금을 내고 티켓을 받은 후 택시를 타거나 공항 외부에 있는 기사들과 협상을 할 수도 있다. 새벽·야간 시간에는 더 비싸다.

칸쿤(센트로, 호텔존)
소요시간 20~25분 요금 40~60달러 (600~800페소)

플라야 델 카르멘
소요시간 40~50분 요금 60~80달러 (1,100~1,500페소)

툴룸
소요시간 약 1.5시간 요금 120~150달러 (2,100~2,500페소)

시외버스

센트로에 있는 '아데오 버스터미널'에서 장거리버스와 칸쿤 공항, 플라야 델 카르멘, 툴룸, 치첸이사 등 인근 지역으로 가는 버스가 출발한다. 또, 벨리즈시티(Belize City)로 가는 국제버스도 있다.

예상 소요시간 및 요금

목적지	소요시간	요금
멕시코시티	27~29시간	1,100~1,900페소
플라야 델 카르멘	1~1.5시간	80~130페소
툴룸	2~2.5시간	190~250페소
바야돌리드(Valladolid)	2.5~3시간	200~250페소
치첸이사	3~3.5시간	260~300페소
메리다(Merida)	4.5~5시간	300~700페소
체투말(Chetumal)	6~7시간	350~600페소
팔렌케	15~16시간	1,000~1,500페소
산 크리스토발	23~24시간	1,300~1,700페소
벨리즈시티(Belize City)	8~10시간	1,000~1,300페소

콜렉티보

플라야 델 카르멘행 콜렉티보는 아데오 터미널 바로 앞에서 출발하며, 센트로를 남북으로 종단하는 '툴룸 대로(Avenida Tulum)'에서도 탈 수 있다. 승합차 전면에 보통 '칸쿤 플라야(Cancun Playa)'라고 행선지가 적혀 있으며, 아데오 버스보다 저렴하지만 중간중간 서기 때문에 시간이 많이 걸린다. 툴룸까지 가고 싶다면 플라야 델 카르멘의 콜렉티보 터미널에 도착 후 바로 툴룸행 콜렉티보로 갈아탈 수 있다.

시간 04:00~24:00 소요시간 1.5시간 요금 45페소

칸쿤 일대의 날씨

칸쿤, 플라야 델 카르멘, 툴룸 등 인근 지역은 1년 내내 덥고 습하며 비가 자주 오는데 시즌마다 약간 차이가 있다. 전체적으로 비가 자주 오지만 대부분 오후와 저녁에 스콜성으로 잠시 내리며, 하루 종일 비가 오는 날은 드물다. 여름(6~8월)엔 햇빛이 정말 강해서 돌아다니기 쉽지 않은 대신 해양스포츠를 즐기기에는 좋다. 겨울(12~2월)은 크게 덥지 않고 아침저녁으로는 약간 쌀쌀하며, 바다는 수온이 낮아서 차갑다. 8월 말에서 11월은 카리브해의 허리케인 시즌이지만 2005년 윌마(Wilma) 이후 칸쿤을 직접 강타한 허리케인은 없다. 단, 쿠바 쪽으로 허리케인이 지나가면 칸쿤 쪽의 날씨도 나빠진다.

페리

울트라마르와 스칼렛 세일링이 이슬라 무헤레스(Isla Mujeres)행 페리를 운행한다. 이슬라 무헤레스까지는 25~30분 걸린다.

울트라마르 Ultramar

센트로 북쪽의 '푸에르토 후아레스(Puerto Juarez)', 호텔존의 '플라야 토르투가스(Playa Tortugas. 호텔존 6.5km)'와 '플라야 카라콜(Playa Caracol. 호텔존 9.5km, 코코봉고 인근)'에서 페리가 출발한다. 플라야 토르투가스를 출발한 페리는 플라야 카라콜을 잠시 들른 후 이슬라 무헤레스로 간다. 푸에르토 후아레스는 부두 부근에 버스와 택시가 잘 안 다녀서 숙소까지 돌아가기 쉽지 않다.

울트라마르 예상 소요시간 및 요금

구간	운행시간(소요시간)	요금(편도)
플라야 토르투가스/플라야 카라콜 → 이슬라 무헤레스	09:00~17:45(1~2시간)	286페소
이슬라 무헤레스 → 플라야 카라콜/플라야 토르투가스	09:30~19:00(1~2시간)	
푸에르토 후아레스 → 이슬라 무헤레스	05:30~23:00 (30분)	
이슬라 무헤레스 → 푸에르토 후아레스	06:00~24:00 (30분)	

※ 홈페이지 : 울트라 마르 www.ultramarferry.com

스칼렛 세일링 Xcalet Xailing

호텔존의 '플라야 린다(Playa Linda. 호텔존 4.5km)'에서 출발한다. 1시간 간격으로 출발하고 울트라마르보다 가격이 저렴하며 홈페이지에서 예매하면 10% 정도 할인된다. 울트라마르와 달리 바다를 직접 볼 수 있는 야외 좌석이 없는 것이 단점이다.

운행시간 09:00~19:00(칸쿤→이슬라 무헤레스)/10:00~20:00(이슬라 무헤레스→칸쿤) **요금** (편도) 270페소

※ 홈페이지 : 스칼렛 세일링 www.xailing.com

시내 교통

버스

칸쿤의 시내버스는 노선 번호와 행선지가 명확하게 표시되어 있어서 이용하기 편하다. 특히 호텔존(Zona Hotelera)은 도로가 하나뿐이기 때문에 방향만 맞춰서 타면 호텔존 내 어디나 갈 수 있다. 호텔존은 24시간 버스가 다니는데, 늦은 밤과 새벽에는 오래 기다려야 한다(요금 12페소).

택시

센트로

보통 미터기를 사용 안하고 목적지까지 가격 협상을 한 후 탄다. 센트로 내에서 멀지 않은 곳은 45~50페소다. 단, 센트로에서 호텔존까지 가면 200~400페소를 요구하기 때문에 호텔존으로 갈 때는 버스를 이용하자.

호텔존

짧은 거리를 가더라도 최소 200페소 이상 요구한다. 정말 급한 일이 아니라면 버스를 이용하는 편이 낫다.

칸쿤 광역
올복스 섬
Isla Holbox
Chiquilá
Yalsihón
Dzonot
Carretero
Solferino
295
이슬라 무헤
이슬라 무헤
Isla Muje
Panabá
Colonia
Yucatán
칸쿤
Cancún
176
Sucilá
Kantunilkin
센트로
호텔
33
5
칸쿤 국제공항
Aeropuerto de
Internacional Cancun
Espita
Popolnáh
Leona Vicario
295
180D
307
Puerto
Morelos
Dzitás
Ekbalam
X-Can
Temozón
180D
180
109
305D
푼타 에스메랄다 해
Playa Punta Esmera
치첸이사
치첸이사
Chichen Itza
바야돌리드
Valladolid
180
Chemax
플라야 델 카르멘
플라야 델 카르멘
Playa del
Carmen
Chichimila
스플로르
(테마파크)
스칼렛
(테마파크)
Tixcacalcupul
Coba
하르딘 델 에덴
(세노테)
Puerto
Aventuras
코수멜
Cozumel
295
도스 오호스
(세노테)
Akumal
20km
Francisco
Uh May
셀하
Xelhá
칸쿤 센트로
Av. Bonampak
미스터 팜파스
Mr. Pampas
노마드 호스텔
Nomads Hostel
3
체드라우이(대형마트)
Chedraui
4
라 플라이타
La Playita
벨지언 와플 부티크
Belgian Waffle
Boutique
코아페니토스
Coapenitos
칼레타 호스텔
Caleta Hostel
5
307
스위트 말레콘 칸쿤
Suites Malecon Cancun
플라사 라스 아메리카스
(쇼핑몰)
Plaza Las Americas
체드라우이(대형마트)
Chedraui
칸쿤 국제공항 20km
아데오 버스터미널
Terminal Autobuses
ADO
Parque de las
Palapas
그랜드 시티 호텔
Grand City Hotel
20
Av. Copán
11
Av. Labná
처치스 치킨
Church's Chicken
페스카디토스
Pescaditos
월마트(대형마트)
Walmart
Av. Xpuhil
Av. Co
17
Av. Chichen-Itza
소리아나(대형마트)
Soriana
21
체드라우이(대형마트)
Chedraui
코스트코(대형마트)
Costco Wholesale
Cancún
Parque Ecológico
Kabah
200m
La Costa

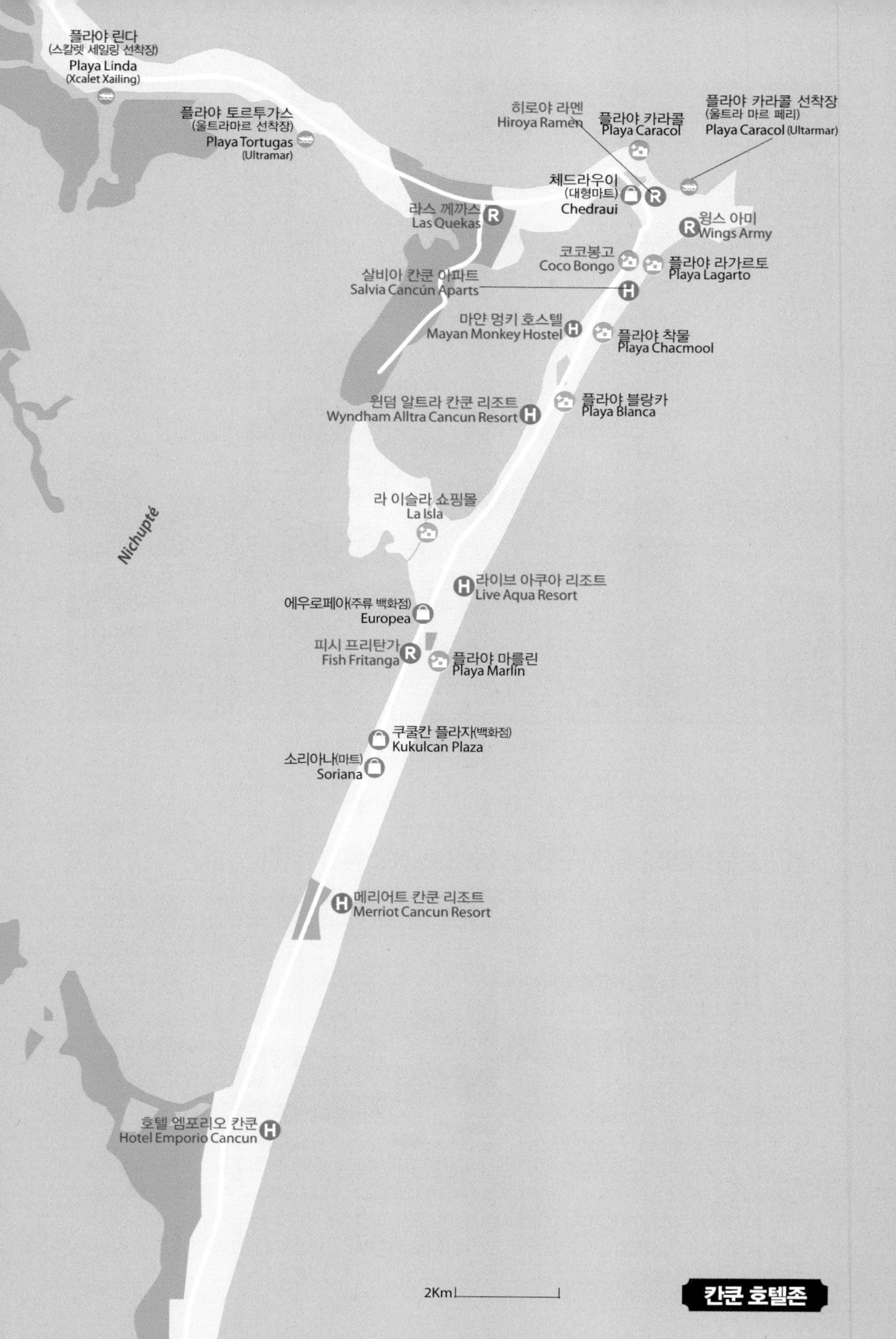

플라야 린다
(스칼렛 세일링 선착장)
Playa Linda
(Xcalet Xailing)
플라야 토르투가스
(울트라마르 선착장)
Playa Tortugas
(Ultramar)
히로야 라멘
Hiroya Ramen
플라야 카라콜
Playa Caracol
플라야 카라콜 선착장
(울트라 마르 페리)
Playa Caracol (Ultarmar)
체드라우이
(대형마트)
Chedraui
라스 께까스
Las Quekas
윙스 아미
Wings Army
코코봉고
Coco Bongo
플라야 라가르토
Playa Lagarto
살비아 칸쿤 아파트
Salvia Cancún Aparts
마얀 멍키 호스텔
Mayan Monkey Hostel
플라야 착물
Playa Chacmool
윈덤 알트라 칸쿤 리조트
Wyndham Alltra Cancun Resort
플라야 블랑카
Playa Blanca
라 이슬라 쇼핑몰
La Isla
Nichupté
라이브 아쿠아 리조트
Live Aqua Resort
에우로페아(주류 백화점)
Europea
피시 프리탄가
Fish Fritanga
플라야 마를린
Playa Marlin
쿠쿨칸 플라자(백화점)
Kukulcan Plaza
소리아나(마트)
Soriana
메리어트 칸쿤 리조트
Merriot Cancun Resort
호텔 엠포리오 칸쿤
Hotel Emporio Cancun
2Km
칸쿤 호텔존
El Rey

카리브해 최대의 적, 지구온난화로 인한 해조류의 습격!

2014년부터 칸쿤 일대에 큰 문제가 생겼다. 지구온난화와 해양의 부영양화로 엄청난 양의 해조류가 해변으로 밀려오기 시작한 것이다. 이전에도 해조류는 조금씩 있었지만 상황이 심각해진 것이다. 보통 4월부터 시작해 8월 초까지 해조류가 밀려오는데, 매일 엄청난 양의 해조류가 백사장에 쌓이고 해변 가까이 떠 있다. 칸쿤 호텔존과 플라야 델 카르멘은 많은 돈과 인력을 동원해 계속 치우기 때문에 그나마 상황이 낫지만 다른 지역은 해조류가 엄청나게 쌓여서 썩어간다. 우리나라의 적조 대처 때처럼 멕시코 정부에서 바다에 약을 뿌리고 해군을 동원해 그물까지 쳐봤지만 소용없었다. 멕시코뿐만 아니라 쿠바 등 카리브해 일대 국가들이 이 문제로 관광업에 큰 타격을 입고 있다. 이 해조류를 알가(Alga) 또는 사르가소(Sargazo)라고 하는데, 'Caribbean Sea Alga'를 검색해 보면 상황이 얼마나 심각한지 알게 된다. 특히 쿠바처럼 해조류 제거를 위한 인력과 자원이 멕시코에 비해 부족한 국가는 상황이 더 심각하다.

Zona Hotelera
호텔존

호텔존, '소나 오텔레라(Zona Hotelera)'는 굉장히 독특한 지형이다. 커다란 '니춥테 호수(Lago Nichupte)'의 삼면을 따라 폭이 몇십 미터의 땅이 둘러싸고 있는데, 총 길이가 23km에 달한다. 그리고 그 좁은 땅의 바깥쪽은 카리브해다. 따라서 한쪽에는 에메랄드빛 카리브해와 새하얀 백사장이, 반대쪽에는 석양이 지는 호수가 보인다. 100퍼센트 관광객만을 위한 지역이라 숙박비와 식사비가 상당히 비싸지만 호텔존의 해변을 보는 순간, 충분히 투자할 만한 가치가 있다는 것을 알게 될 것이다.

라 이슬라 쇼핑몰
La Isla

호숫가에 있는 야외 쇼핑몰로 호텔존 정중앙에 있다. 쇼핑몰 안에 수로와 다리가 있고 야자수와 예쁘게 꾸며진 가게들이 늘어서 있다. 고급식당, 백화점, 명품샵이 있으며, 호숫가 식당에서는 호수로 지는 석양을 바라보며 식사를 할 수 있다. 호텔존 안에 쇼핑몰이 여러 개 있지만 라 이슬라가 규모, 시설 등 모든 면에서 압도적이다. 약 500m 남쪽에 백화점인 쿠쿨칸 플라사(Kukulcan Plaza)가 있는데, 라 이슬라보다 규모는 훨씬 작지만 실내에서 쇼핑을 할 수 있는 것이 장점이다.

주소 Zona Hotelera km 12.5 위치 라 이슬라 정류장 하차 시간 11:00~22:00

칸쿤 호텔존과 센트로

칸쿤은 센트로와 호텔존이 완전히 다른 세상이다. 호텔존은 약 20km에 걸쳐 해변과 호숫가를 따라 호텔들이 늘어서 있는데 비해, 센트로는 해변이 없고 호텔존에서 일하는 사람들이 거주하는 곳이다. 즉, 칸쿤 센트로에 머문다면 해변을 보기 위해 버스를 타고 호텔존까지 가야만 하는데, 대부분의 해변은 해당 호텔 고객이 아니면 들어갈 수 없어서 공용 해변(Playa Publica. 플라야 푸블리카)을 가야 한다. 따라서 꼭 필요한 경우가 아니라면 칸쿤 센트로에 머물 이유가 없다. 물론 센트로에도 근사한 쇼핑몰, 예쁜 공원 같은 것이 있지만 칸쿤에 사는 사람에게나 의미가 있지 여행자들의 볼거리는 아니다. 따라서 모든 여행 포인트는 호텔존에 있는 장소다.

코코봉고
Coco Bongo

유명한 대형 클럽으로 단순히 춤만 추는 곳이 아니라 다양한 공연을 한다. 입장료를 내면 주류를 무제한으로 즐길 수 있는데, 술을 병 단위로 시키거나 내부를 돌아다니는 여직원들이 주는 술은 추가 비용을 내야 한다. 입장 대기 줄이 상당히 긴데, 예매를 하면 별도 줄이 있어서 더 빨리 입장이 가능하다. 코코봉고 인근에는 클럽 여러 개가 몰려 있어서 퇴근 시간에 차가 엄청나게 막힌다.

주소 Zona Hotelera km 9 **위치** 코코봉고 정류장 하차 **시간** 22:00~ 05:00 **요금** 90~100달러, VIP 약 150달러

TIP

월마트를 왜 가니? 호텔존은 '체드라우이'로!

호텔존에서 센트로의 월마트(Walmart)까지 쇼핑을 하러 가는 사람들이 있다. 특히 신혼여행을 온 부부들이 버스로 왕복 한 시간 거리의 월마트에 가서 기념품을 사왔다고 자랑하면 어이가 없었다. 왜냐하면 호텔존에도 대형 마트가 있기 때문이다. 코코봉고 옆에 있는 체드라우이(Chedraui)로, 규모도 제법 크다. 월마트가 더 싸지 않냐는 사람들도 있는데, 두 곳 모두 자주 이용해본 필자의 경험상 별 차이가 없다. 물론 생필품이 월마트가 더 쌀 때도 있지만 관광객과는 상관없는 품목이다. 오히려 체드라우이가 호텔존에 있다보니 기념품, 주류, 시가 등을 더 잘 갖추고 있고 푸드코트도 훌륭하다. 술을 더 싸게 사고 싶다면 라 이슬라 인근에 있는 주류 백화점 '에우로페아(Europea)'에 가면 된다. 칸쿤 호텔존에서 힘들게 월마트까지 다녀올 필요가 없다. '쿠쿨칸 플라사(Plaza Kukulcan)' 2층에도 소리아나(Soriana) 마트가 있는데 여기는 규모가 작다.

칸쿤 지역에서 가장 환율이 좋은 곳은?

칸쿤, 플라야 델 카르멘 등 칸쿤 주변 지역은 워낙 미국 관광객이 많기 때문에 마트, 편의점, 카페 등 많은 곳에서 달러로도 요금을 지불할 수 있다. 특히 월마트, 체드라우이 같은 대형 마트와 편의점 같은 곳은 환전소보다 좋은 환율을 적용해주는 곳도 있다. 따라서 칸쿤 일대를 여행할 때는 환전소에서 일단 소액만 환전한 후 환율을 더 잘 쳐주는 마트나 편의점이 있으면 달러를 내고 잔돈을 페소로 받는 편이 더 낫다. 보통, 가게 외부 또는 계산대에 달러를 몇 페소로 적용해준다는 안내문이 있다. 단, 몇 달러밖에 안 사고 100달러짜리를 내면 거스름돈도 달러로 줄 수 있으니 구매 금액에 따라 몇 달러짜리 지폐를 낼지 잘 조절해야 한다.

공용 해변
Playa Publica

호텔존의 해변 대부분은 호텔 숙박객이 아니면 들어갈 수 없어서 호숫가에 있는 저렴한 호텔이나 센트로에 숙박한다면 공용 해변(Playa Publica. 플라야 푸블리카)을 이용해야 한다. 여러 개의 공용 해변이 있는데 동쪽 해변에 있는 플라야 라가르토(Playa Lagarto. 호텔존 9km), 플라야 착물(Playa Chacmool. 9.5km. 이상 코코봉고 인근), 플라야 블랑카(Playa Blanca. 10.5km), 플라야 마를린(Playa Marlin. 13km. 쿠쿨칸 플라자 인근)이 가장 예쁘다. 북쪽 해변에 있는 플라야 토르투가스(Playa Tortugas. 6.5km), 플라야 카라콜(Playa Caracol. 8.5km)은 백사장이 작고 바다도 별로 안 예쁘다. 물론 해변은 전체가 연결되어 있기 때문에 공용 해변은 해변으로 들어갔다가 나오는 일종의 출입구라고 생각하면 된다.

호텔존에서 가장 바다가 예쁜 곳은?

호텔존 해변이라고 다 예쁜 것은 아니다. 위치에 따라서 아주 예쁜 곳도 있고 별로인 곳도 있다. 호텔존은 센트로에서 들어오는 북서쪽 입구를 0km로 두고 거리에 따라 구분한다. 0km에서 8km까지 있는 북쪽 해변은 백사장이 좁고 바다색도 안 예뻐서 호텔이 상대적으로 저렴하다. 대략 9km 지점부터 시작되는 동쪽 해변이 가장 아름답고 고급 호텔들이 몰려 있다. 그런데 한참 내려가면 또 해변이 안 예뻐지기 시작한다. 즉, 가장 바다가 예쁜 곳은 호텔존의 9km(코코봉고 인근)부터 19km 사이이며, 이 지역의 호텔이 가장 비싸다. 기왕 칸쿤에 온 것이니 제일 예쁜 해변에서 한 번 머물러보자.

칸쿤 지역의 Tour

칸쿤은 전 세계에서 엄청난 사람들이 몰려드는 세계적 관광지이기 때문에 관광객을 위한 투어의 종류가 아주 많다. 그 많은 투어를 다 소개할 수는 없고 유명한 투어 위주로 몇 개만 소개한다. 투어는 호텔이나 호텔존 어디나 있는 여행사나 투어 부스에서 예약할 수 있다.

정글 투어
Jungle Tour

칸쿤의 투어 중 저렴하면서 재미있게 즐길 수 있는 투어다. 니춥테 호수에서 스피드보트를 직접 운전해 칸쿤 앞바다로 나간 후 스노클링을 즐기고 돌아오는 투어다. 보트를 직접 운전하는 재미가 있고 아름다운 산호와 물고기를 보며 스노클링을 할 수 있다. 저렴한 것은 보트가 엉망일 때가 있으니 어떤 보트를 타게 되는지 사진으로 확인하는 것이 좋다.

시간 약 4시간 소요 **요금** 60~70달러

패러세일링 투어
Parasailing Tour

동남아에서 많이 하는 패러세일링과 같은 것이다. 두 사람이 탈 수 있기 때문에 커플들이 많이 한다. 흔한 투어지만 칸쿤 호텔존이 워낙 예뻐서 멋진 풍경을 볼 수 있다. 여행사나 숙소에서 예약할 수도 있고, 해변에 있는 패러세일링 부스에서 직접 예약할 수도 있다.

시간 15~20분 소요 **요금** 70~80달러

치첸이사 투어 Chichen Itza Tour

칸쿤에서 버스로 3시간쯤 걸리는 마야 유적지인 치첸이사를 다녀오는 투어인데, 치첸이사를 방문한 후 인근에 있는 '익킬 세노테(Cenote Ikkil)' 또는 바야돌리드(Valladolid) 마을을 구경한다. 일반적으로 차량, 점심식사, 가이드, 입장권 비용이 포함되어 있다. 일반 투어가 있고 차량과 식사가 좀 더 고급스러운 루호(Lujo), 즉 '럭셔리 투어'가 있는데, 가격 차이가 크지 않기 때문에 루호를 선택하는 것도 괜찮다. 바야돌리드보다는 익킬 세노테를 선택하는 것이 훨씬 만족도가 높을 것이다.

시간 약 12~13시간 소요 **요금** 일반 60~70달러, 루호 80~90달러

스플로르, 셀하, 스칼렛 투어
Xplor, Xel-ha, Xcaret Tour

모두 '엑스페리엔시아스 스칼렛(Experiencias Xcaret)'이란 회사에서 운영하는 테마파크다. 스플로르는 정글에서 버기 타기, 짚라인, 동굴에서 뗏목 타기 같은 프로그램이 있어서 가장 액티브한 곳이다. 셀하는 석호와 주변 정글을 돌아보는 것으로 돌고래, 바다거북, 매너티 등 각종 동물도 볼 수 있다. 스칼렛은 바다와 함께 펠로타 경기 등 전통문화 체험 프로그램이 있다. 입장료에는 식사와 음료, 간단한 주류가 포함되어 있다. 투어를 통하지 않고 직접 찾아갈 경우 더 저렴한데, 3곳 모두 플라야 델 카르멘과 툴룸 사이에 있다. 따라서 플라야 델 카르멘에서 숙박한다면 콜렉티보를 타고 갈 수 있다. 단, 칸쿤 호텔존에서는 렌트카를 빌리지 않는 한 직접 가기 쉽지 않아서 투어로 다녀오는 것이 편하다. 직접 찾아가는 경우에는 홈페이지에서 미리 입장권을 사면 할인이 된다.

시간 12~13시간 소요 **요금** 140~190달러(차량 포함) **홈페이지** www.xcaretexperiencias.com

한국인 가이드에게 투어 예약? 기념품 구매?

여행사를 통해서 칸쿤 여행상품을 예약하면 현지에 있는 한국인 가이드가 나와서 설명을 하고 투어와 기념품을 판다. 가이드를 통해 투어를 예약하면 본인이 발품 파는 것보다 비싸지만 우리 말로 설명해주고 변경, 취소가 쉽기 때문에 나름 장점이 있다. 물론 영어나 스페인어가 된다면 현지 여행사에서 더 싼 곳을 찾을 수 있다. 하지만 데킬라 같은 술이나 기념품은 다르다. 호텔존 마트에 가도 살 수 있는 물건을 정상가의 2~3배 가격에 판다. 상식적으로 여행사와 가이드 둘 다 수익이 남아야 하니 정상가보다 비싼 것은 당연하다. 세상 어디나 그렇지만 가이드에게서 물건을 구매하는 것은 바가지를 왕창 쓰는 일이다.

치첸이사 Chichen Itza

칸쿤에서 서쪽으로 200km 정도 떨어진 치첸이사는 테오티우아칸과 함께 멕시코에서 가장 유명한 유적지로 1년에 300만 명 정도의 여행객이 찾아온다. 7~9세기경부터 도시가 형성되었고, 마야문명의 후기 고전기인 10세기부터 본격적으로 발전하였다. 10세기 초반부터 전성기를 누렸으나 10세기 후반부터 톨텍(Toltec) 문명과 강력한 마야 도시국가인 마야판(Mayapan)의 침입으로 쇠퇴하기 시작했고, 13~14세기경 도시는 버려지게 되었다. 전체 면적은 25㎢ 정도이며 전성기에는 5~10만 명이 거주했던 것으로 추정된다. 마야 유적 중 가장 복원이 잘 된 곳으로 대부분의 주요 건물들이 아주 잘 복원되었다. 이곳은 항상 사람이 많은데, 특히 춘분과 추분, 여름과 연말·연초 성수기에는 정말 방문객이 많다.

■ 치첸이사 찾아가기

칸쿤, 플라야 델 카르멘, 툴룸, 메리다(Merida) 등 인근 모든 도시에서 아데오(ADO) 버스회사가 치첸이사행 버스를 운행한다. 칸쿤과 플라야 델 카르멘에서는 3~3.5시간이 걸리고, 툴룸에서는 2.5~3시간이 걸린다. 대부분의 관광객들은 투어를 이용해서 방문한다.

■준비물

치첸이사는 내륙이라 칸쿤 같은 해안 지역보다 훨씬 더운데, 밀림이 무성한 팔렌케, 티칼과 달리 햇빛을 피할 곳이 거의 없다. 따라서 모자, 선블록과 함께 충분한 생수와 간식을 준비하는 것이 좋다. 유적을 돌아보는 데 3~4시간이 걸리는데, 날씨가 덜 더운 겨울(12~2월)을 빼고는 무더운 날씨 때문에 고생할 것이다.

■입장권 및 운영 시간

입장료는 614페소이고 비디오 촬영은 50페소다. 오전 8시부터 오후 5시까지 운영되는데, 입장은 오후 4시까지 가능하다. 멕시코 국적자와 비자·영주권 소지자가 무료인 일요일에는 사람이 아주 많기 때문에 피하는 것이 좋다.

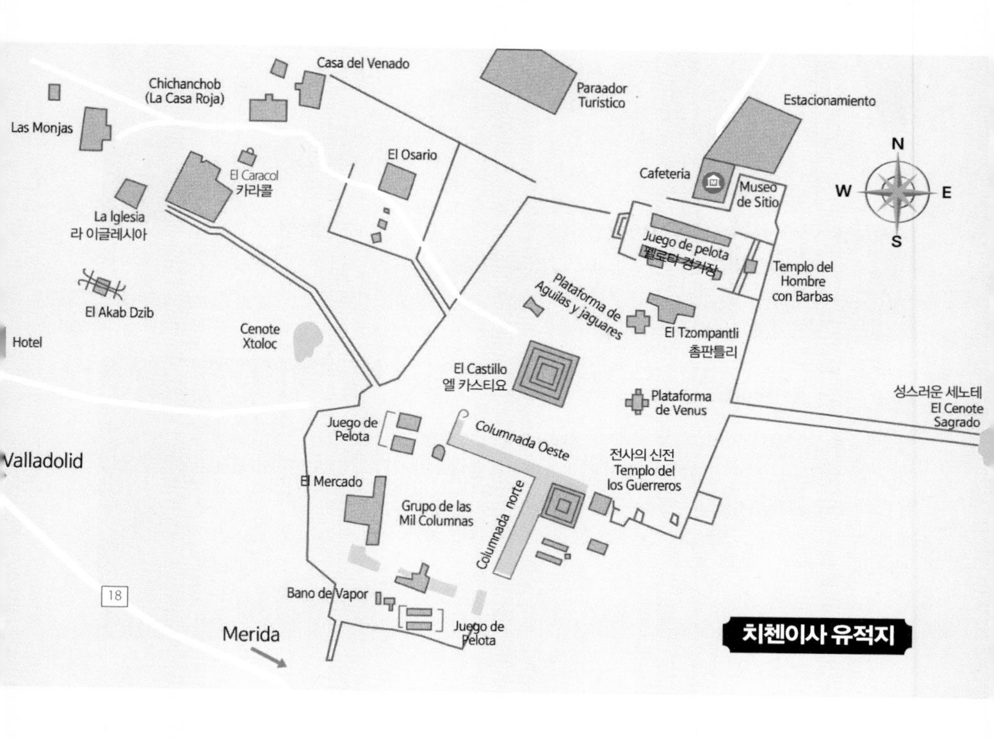

엘 카스티요
El Castillo

치첸이사에 들어서면 가장 먼저 마주치는 피라미드로 높이 30m, 넓이 55m이며, 치첸이사를 상징하는 건축물이다. '엘 카스티요'는 성(城)이라는 뜻으로 스페인인들이 붙인 이름이며, 원래는 '쿠쿨칸 신전(Templo Kukulkan)'이었다. 쿠쿨칸은 중부 고지대 문명의 '깃털 달린 뱀' 신, 케찰코아틀(Quetzalcoatl)이 마야문명으로 전해진 후 이름이 바뀐 것이다. 그래서 피라미드의 계단 끝에는 뱀의 머리 모양이 있다. 천문학과 수학이 고도로 발달한 마야문명의 건물답게 건물에는 천문학적 의미가 있다. 각 면의 계단은 91개로 4개 면을 합치면 364개이며, 제일 위 제단까지 더하면 365개로 365일을 의미한다. 특히 춘분과 추분에 북쪽 면의 계단을 따라 뱀처럼 그림자가 생기는 것으로 유명하며, 그 광경을 보기 위해 엄청난 관광객이 몰린다. 7~9세기경 건설된 피라미드 위에 10~11세기에 걸쳐 다시 돌을 쌓아 만들었다. 참고로 현지 가이드들이 멜 깁슨이 감독한 영화 '아포칼립토'에 나오는 도시가 치첸이사라고 자랑하는데, 영화의 피라미드는 과테말라의 티칼(Tikal)을 모델로 만들었다. 자세히 보면 피라미드의 형태가 완전히 다르다.

펠로타 경기장 Juego de Pelota

엘 카스티요 왼쪽에는 마야 유적 중 가장 잘 보존된 펠로타 경기장이 있다. 길이 170m, 폭 70m 크기로 2개의 긴 벽이 늘어서 있는데, 벽은 안쪽으로 3도 가량 기울어져 있어서 경기장의 소리가 잘 들리도록 설계되어 있다. 벽에는 공을 넣어서 득점을 한 것으로 추정되는 둥근 석재 링이 있다.

촘판틀리 Tzompantli

펠로타 경기장 옆에 있는 제단으로 옆면에는 해골과 전사들의 부조가 새겨져 있고 'T'자 모양이다. 평평한 제단 위에 인신공양한 제물의 머리를 매단 나무 기둥들을 세웠다. 용도를 알고 해골 부조를 보면 으스스한 느낌이 든다.

전사의 신전 Templo de los Guerreros

전사의 신전, '템플로 데 로스 게레로스'는 톨텍문명의 건축양식에 영향을 받았으며, 치첸이사에서 가장 인상적인 건축물이다. 신전의 길이는 약 40m인데, 앞과 옆에는 많은 원형과 사각형 기둥이 늘어서 있다. 일부 기둥에 톨텍문명의 전사 복장을 한 부조가 새겨져 있어서 '전사의 신전'이라고 부른다. 계단 위 신전 입구에는 비와 생명의 신인 '착물(Chac Mool)'의 조각상이 있는데, 조각 위에 인신공양한 제물의 심장을 올려놓은 것으로 추정된다. 기둥이 많아서 '천 개 기둥의 신전'이라고도 부르는데, 실제로는 200개 정도다.

엘 카라콜 El Caracol

카라콜은 스페인어로 달팽이라는 뜻인데 건물 안에 있는 나선형 계단 때문에 붙은 이름이다. 높이 23m로 원형으로 된 지붕이 인상적이며 천문 관측을 위해 사용했을 것으로 추정된다. 이를 위해 건물의 각 부분은 태양과 금성 등 천체의 움직임에 맞춰서 설계되었다. 건물에 있는 작은 창들도 특정 날짜에 정해진 별을 볼 수 있도록 만들어졌다고 한다.

성스러운 세노테 El Cenote Sagrado

치첸이사 깊숙한 곳에 자리 잡은 직경 60m의 세노테로, 제사를 지내고 제물을 바쳤던 곳이다. 이에 따라 세노테 내부에서 제사에 사용된 보석, 도자기 등 다양한 유물과 사람의 유골들이 발굴되었다.

TIP

세노테 Cenote

칸쿤이 있는 유카탄 반도는 덥고 습하며 거의 매일 스콜성 비가 내린다. 하지만 비행기에서 내려다보면 육지에 강이 보이지 않는데, 그 이유는 물이 지하로 흐르기 때문이다. 이 지역은 석회암 지대로 거의 매일 내리는 빗물에 석회암이 녹아서 지하에 복잡한 수로를 형성하고 있다. 그러다 지표면이 얇아지면서 싱크홀이 뚫리는데, 이것을 세노테라고 한다. 즉, 세노테는 고유명사가 아니라 보통명사다. 어떻게 땅이 뚫리는가에 따라 깊이와 넓이, 형태가 다르기 때문에 다양한 세노테들도 큰 볼거리다. 유카탄 반도에는 약 6천 개의 세노테가 있다고 알려져 있는데, 칸쿤 인근에는 플라야 델 카르멘과 툴룸 사이에 밀집되어 있다. 세노테 안에는 복잡한 수중 동굴이 있어서 스쿠버다이빙 포인트로 아주 유명하며, 플라야 델 카르멘에는 수십 개의 스쿠버다이빙 센터가 있다.

익킬 세노테 Cenote Ik kil

치첸이사에서 남서쪽으로 3km 정도 가면 가장 유명한 세노테 중 하나인 익킬 세노테(Cenote Ik kil)가 있다. 지상에는 지름 60m인 큰 구멍이 있고, 지면에서 18m 아래에는 시원한 물이 고여 있는데, 깊이가 약 50m나 된다. 마야인들은 이곳에서 비의 신인 차악(Chaac)에게 제사를 지냈으며, 바닥에서는 제사를 지냈던 유물들이 발견되었다. 세노테 바닥까지 내려가 구명조끼를 착용한 후 물에 들어갈 수 있으며, 치첸이사와 함께 투어로 많이 찾는 곳이다. 레드불(Redbull)에서 주최하는 클리프 다이빙(Cliff Diving) 경기가 이곳에서 열린다.

■ 익킬 세노테 찾아가기

바야돌리드(Valladolid)에서 익킬까지 가는 콜렉티보를 탈 수 있다(약 40분 소요. 약 40페소). 치첸이사에서도 콜렉티보나 오리엔테(Oriente) 버스로 갈 수 있다(약 10분 소요. 15~20페소). 투어로 올 경우 치첸이사 구경을 마친 후 이곳으로 이동해서 자유 시간을 준다.

■ 입장권 및 운영 시간 & 준비물

입장료는 180페소이며 오전 9시부터 오후 5시까지 운영한다. 로커(locker)와 구명조끼 사용료가 입장료에 포함되어 있다. 세노테에서 수영을 하고 싶다면 당연히 수영복을 챙겨야 하며, 수건은 유료이기 때문에 미리 준비해오는 것이 좋다. 내려가는 계단이 물에 젖어 상당히 미끄럽기 때문에 조심해야 한다. 투어로 갈 경우 로커와 구명조끼 비용을 추가로 내야 하는 경우가 많다.

추천 식당

호텔존에는 식사가 포함된 올인클루시브(All Inclusive) 호텔이 대부분이라 식당이 많지 않고 상당히 비싸다. 상대적으로 식당이 많은 센트로도 멕시코의 다른 지역에 비해 음식 값이 훨씬 비싸면서 맛은 별로인 곳이 많다. 따라서 칸쿤에서 음식을 먹고 이게 원래 멕시코의 맛이라고 생각하지 말자. 당신은 멕시코에서 음식 값이 가장 비싸고 맛없는 지역에 온 것이다. 호텔존 곳곳에는 스테이크와 랍스터 전문점이 있는데, 인당 50~100달러가 드는 데도 맛과 질이 모두 떨어진다. 필자의 경험으론 호텔존에서 가장 저렴하고 무난한 먹거리는 호텔존 체드라우이(마트)의 푸드코트였다.

센트로

처치스 치킨
Church's Chicken

아데오 터미널에서 가까운 프랜차이즈 치킨 전문점으로 KFC보다 양이 많고 맛이 우리나라 후라이드 치킨과 비슷하다. 닭이 워낙 커서 가슴살은 한 조각만 먹어도 배가 부를 정도다. 여러 명이 가서 세트 메뉴를 먹으면 값도 싸고 푸짐하다.

주소 Uxmal 23 시간 10:00~22:00

라 플라이타
La Playita

식당보다는 바에 가까운 곳으로 조금 비싸지만 음식이 맛있고 분위기가 좋아서 칸쿤에 사는 외국인들에게 인기가 좋다. 해산물과 칵테일 메뉴가 많은데 특히 미니 맥주병이 꽂혀 있는 맥주 칵테일이 인기 메뉴다.

주소 Bonampak 1 시간 09:00~01:00

미스터 팜파스
Mr. Pampas

테이블에 와서 무제한으로 고기를 썰어주는 브라질의 슈하스꾸(Churrasco)를 브라질에서 먹어보면 실망하는 사람들이 많다. 가격은 비싼데 고기가 짜고 질기기 때문이다. 슈하스꾸의 스페인어 발음은 '추라스꼬'인데 사실 브라질보다 멕시코가 훨씬 맛있다. 브라질과 달리 소, 돼지, 닭은 물론 새우, 문어 등 해산물이 나오고 샐러드 바에는 멕시코 음식도 있다. 게다가 별로 안 짜고 고기 질도 좋아서 칸쿤에는 많은 추라스꼬 전문점이 있는데, 그중 이곳이 적당한 가격에 맛이 가장 좋다. 정말 맛있는 슈하스꾸를 브라질이 아니라 멕시코에서 먹을 수 있다. 호텔존 쿠쿨칸 플라사 안에도 지점이 있다.

주소 Bonampak 200 시간 12:00~24:00

벨지언 와플 부티크
Belgian Waffle Boutique

센트로의 대형 쇼핑몰인 '플라사 라스 아메리카스(Plaza las Americas)' 1층에 있는 와플 전문점이다. 다양한 종류의 큼직한 와플을 파는데 딸기, 초콜릿, 아이스크림 와플은 물론 고기와 프리홀(Frijol, 으깬 콩)을 얹은 충격적인 멕시칸 와플까지 있다.

주소 Bonampak, Las Americas Malecon 시간 07:30~23:00

빼스까디또스
Pescaditos

식당 이름에 '빼스까도(Pescado, 생선)'이 들어가 있는 것처럼 세비체, 해산물 따꼬 등 멕시코식 해산물 요리 전문점이다. 음식이 푸짐하고 가격도 칸쿤에서는 저렴한 편이다.

주소 Yaxchilan 69 **시간** 10:30~22:30

코아페니토스
Coapenitos

칸쿤은 식당의 따꼬도 다른 도시의 식당보다 훨씬 비싼데, 이곳은 칸쿤에서 몇 안 되는 비교적 저렴한 따꼬 전문점이다. 물론 다른 도시보다는 비싸지만 칸쿤에서 이 정도면 착한 가격이다.

주소 Nader 25 **시간** 11:00~24:00

호텔존

라스 께까스
Las Quekas

저렴한 따꼬, 께사디야 전문 체인점인데, 우리나라 김밥천국과 비슷한 곳이라고 생각하면 된다. 음식 가격이 무시무시한 호텔존에서 거의 유일하게 아주 저렴한 식당이다. 하지만 맛은 기대하면 안 된다. 칸쿤 센트로와 플라야 델 카르멘, 툴룸에도 같은 식당이 있다.

주소 Quetzal 21, Zona Hotelera 8km **시간** 07:00~ 21:00

피쉬 프리탄가
Fish Fritanga

라 이슬라와 쿠쿨칸 플라사 사이에 있는 따꼬 전문점으로 비교적 저렴한 가격에 부리또, 께사디야, 따꼬 같은 메뉴를 먹을 수 있다. 다른 도시와 비교하면 비싸고 맛이 떨어지지만 호텔존에서 이 정도면 아주 훌륭한 편이다. 가게 이름에 어울리지 않게 해산물은 별로라 고기류 선택을 권한다.

주소 Zona Hotelera 12.6km **시간** 11:00~23:00

윙스 아미
Wings Army

코코봉고 인근에 있는 젊은 분위기의 맥주 전문점으로 치킨 윙(Alita, 알리따)과 함께 맥주를 마실 수 있다. 비싸지 않고 다양한 맛의 윙을 골라먹는 재미가 있으며 폭립(Costillas de Cerdo)도 맛있다. 센트로와 플라야 델 카르멘에도 지점이 있다.

주소 Zona Hotelera 9km **시간** 14:00~23:00

히로야 라멘 Hiroya Ramen

체드라우이 맞은편에 있는 조그만 라멘 전문점이다. 칸쿤의 일식당은 보통 비싸고 맛이 없는데, 이곳은 일본인들이 직접 요리를 해서 맛이 괜찮다. 가격은 싸지 않지만 칸쿤 호텔존은 식당이 모두 비싸다. 라멘과 치킨 가라아게가 괜찮은데, 어디까지나 칸쿤에서 괜찮은 것이지 일본이나 한국에서 먹던 것과 비교하면 안 된다.

주소 Zona Hotelera 8.5km **시간** 12:00~22:00

추천 숙소

센트로는 숙소 선택의 폭이 넓지 않다. 특히 시설이 좋은 호텔을 원하는 관광객은 호텔존에 가기 때문에 좋은 호텔이 별로 없다. 호스텔은 주로 아데오(ADO) 버스터미널 인근에 있다.
호텔존은 위치에 따라 가격 차이가 엄청나게 난다. 앞에서 언급했듯이 9km에서 17km 사이의 동쪽 해변이 가장 비싸다. 같은 지점이라도 바다 쪽에 있느냐 호수 쪽에 있느냐에 따라 가격이 2~3배 차이가 난다. 또, 바다 쪽에 있더라도 바다 전망 유무에 따라 가격차가 크다. 연말과 연초, 여름 휴가철(7~8월), 부활절 연휴 등 성수기에는 가격이 크게 오른다. 대부분의 올인클루시브 호텔은 식사는 물론 주류, 룸서비스까지 포함되어 있다.

센트로

노마드 호스텔

Nomads Hostel

최근 인기를 끄는 호스텔로 인테리어, 시설 모두 훌륭하고 방도 넓다. 옥상에는 작은 루프탑 수영장이 있다. 호스텔치고는 꽤 비싼데 2인실은 웬만한 호텔보다 비싸다. 바가 있다보니 밤에 좀 시끄럽다.

주소 Carlos Nader 2 가격 도미 350~500페소, 더블·트윈 1,500~2,000페소

칼레타 호스텔

Caleta Hostel

새로 문을 연 호스텔로 아데오 터미널 건너편에 있고 바로 옆에 대형 마트가 있어서 상당히 편리하다. 시설이 새것이라 상당히 깨끗하고 내부 공간과 방이 넓다. 옥상에는 루프탑 수영장과 정원이 있다. 시설이 좋은 대신 조금 비싸다.

주소 Tulum 35 가격 도미 450~550페소, 더블·트윈 1,400~2,000페소

그랜드 시티 호텔

Grand City Hotel

내부가 아파트와 비슷하게 거실이 있는 형태로 방이 넓은 것이 장점이다. 시설이 깨끗하게 잘 관리되어 있으며, 정원에는 작은 수영장이 있다. 칸쿤에서 이 정도면 가성비가 아주 좋은 호텔이다.

주소 Yaxchilan 154 가격 더블·트윈 60~90 달러

스위트 말레콘 칸쿤

Suites Malecon Cancun

센트로에서 가장 좋은 호텔로 커다란 쇼핑몰 위에 여러 채의 아파트가 있는 주상복합 형태다. 아파트 앞에 30m가 넘는 긴 수영장이 있고 방에서는 멀리 호텔존의 바다와 호수가 보인다. 아파트 아래에 대형 쇼핑몰, 대형 마트, 푸드코트가 있다. 가격이 비싼 것이 단점이지만 호텔존에 비하면 저렴하다. 주방이 있는 방과 없는 방이 있다.

주소 Bonampak 1 가격 더블·트윈 70~120 달러, 3~4인용 아파트 120~160달러

호텔존

마얀 멍키 호스텔
Mayan Monkey Hostel

호텔존 내에도 호스텔이 몇 개 있는데 대부분 지저분하고 시설이 엉망이다. 이 호스텔이 거의 유일하게 깨끗하고 시설도 괜찮은 편이다. 위치도 코코봉고에서 가까워 대형 마트, 식당가를 이용하기 좋다. 저렴한 숙소이니 당연히 바다 쪽이 아니라 호수 쪽에 있다.

주소 Zona Hotelera 9.5km **가격** 도미 400~800페소, 더블·트윈 900~1,200페소

살비아 칸쿤 아파트
Salvia Cancún Aparts

호텔존은 식당이 워낙 비싸기 때문에 이런 주방이 있는 아파트형 호텔이 좋은 대안이 된다. 식자재는 마트에서 저렴하게 살 수 있기 때문이다. 호텔에 비해 수영장 등 부대시설이 떨어지지만 대신 방이 넓다.

주소 Zona Hotelera 9km **가격** 더블·트윈 120~200달러

호텔 엠포리오 칸쿤
Hotel Emporio Cancun

호텔존에서 바다 쪽에 있는 호텔에 머물고 싶은데 가격이 부담스럽다면 비수기에는 이 호텔이 좋은 선택이 될 것이다. 시설이 아주 훌륭하지는 않지만 가격 대비 괜찮은 편이고, 바다 쪽에 있는 호텔 중에서는 저렴한 편이다. 이 지역 호텔들은 조식이 아주 비싸기 때문에(인당 20~25달러) 조식을 빼면 더 저렴해진다. 단, 성수기에는 2배 가까이 비싸진다.

주소 Zona Hotelera 17km **가격** 더블·트윈 130~180달러(비수기 기준)

윈덤 알트라 칸쿤 리조트
Wyndham Alltra Cancun Resort

호텔존의 올인클루시브 호텔은 신혼부부 등을 위한 고가 호텔과 가족용의 중저가 호텔로 나눠지는데, 가족용 호텔은 저렴한 대신 낡은 곳이 많다. 이 호텔은 가족용 호텔 중에서는 시설이 좋은 편이고 라 이슬라 쇼핑몰과 코코봉고 사이에 있어서 위치도 좋다.

주소 Zona Hotelera 11.5km **가격** 더블·트윈(올인클루시브) 250~350달러

메리어트 칸쿤 리조트
Merriot Cancun Resort

메리어트는 고급 호텔의 대명사이지만 올인클루시브가 아니라서 호텔 존에서는 상대적으로 저렴하다. 방이 넓고 메리어트답게 아주 깔끔하면서 부대시설도 좋다. 사실 칸쿤에 신혼여행 와서 올인클루시브에만 머무는 것은 현명하지 못한 선택이다. 비싼 돈을 냈으면 호텔에서 올인클루시브 혜택을 즐겨야 하는데, 투어를 한다고 호텔에 거의 안 있는 사람들이 많다. 그럴 때는 차라리 이곳처럼 시설이 좋고 올인클루시브가 아닌 호텔을 선택하는 편이 낫다. 이런 곳에서 2~3일 지내면서 투어를 하고, 마지막에 1~2일 정도 올인클루시브 호텔에서 푹 쉬는 것이 더 나은 선택일 것이다.

주소 Zona Hotelera 14.5km **가격** 더블·트윈 200~350달러

라이브 아쿠아 리조트
Live Aqua Resort

몇 년 전부터 많은 한국인 신혼부부가 칸쿤에 오고 있다. 칸쿤의 비수기인 봄, 가을이 한국의 결혼 성수기라 호텔존은 온통 한국의 신혼부부다. 그런데 여행사에서 많이 파는 르블랑(Le Blanc), 시크릿 더 바인(Secret the Vine) 같은 호텔은 숙박객의 절반 이상이 한국인일 때도 있어서 제주도인지 칸쿤인지 모를 정도다. 하드락(Hard Rock) 호텔은 방이 좁고 시끄러우며, 선팰리스(Sun Palace) 호텔은 호텔존 끝에 있어서 해변이 안 예쁘고 버스도 잘 안 온다. 필자가 추천하는 신혼부부용 고급 호텔은 이곳이다. 한국인이 적고, 방이 넓고, 부대시설이 좋으며, 라 이슬라 쇼핑몰 바로 앞에 있다. 가격이 아주 비싸지만 호텔존의 고급 호텔은 대부분 이 정도 가격대다.

주소 Zona Hotelera 12.5km **가격** 더블·트윈(올인클루시브) 650~1,000달러

이슬라 무헤레스

Isla Mujeres

칸쿤에서 바다를 건너 15km만 가면 '여자들의 섬'이라는 뜻의 이슬라 무헤레스가 있다. 겨우 7km 길이에 폭은 몇백 미터밖에 안 되는 이 섬에는 아기자기한 아름다움이 가득하다. 칸쿤에서 페리를 타고 섬으로 향하면 투명할 정도로 아름다운 바다색에 탄성을 지르게 된다. 대형 호텔들이 즐비한 칸쿤 호텔존과 달리 멕시코 특유의 원색으로 칠해진 작은 주택들이 늘어선 섬은 칸쿤과 완전히 다른 느낌이다. 골프 카트를 빌려 섬을 한 바퀴 돌면 섬 구석구석 숨어 있는 아름다운 해변과 성당, 절벽 위 조각 공원과 이구아나(Iguana)를 만날 수 있다. 세련되고 현대적인 호텔존과는 전혀 다른, 조그만 섬마을의 재미를 맘껏 느낄 수 있는 이슬라 무헤레스를 찾아가보자.

페리

울트라마르와 스칼렛 세일링에서 칸쿤으로 가는 페리를 운행한다. 페리 스케줄과 요금은 칸쿤편 (p153)을 참조하면 된다.

골프카트 대여

섬에는 노선 버스가 없기 때문에 일반적으로 골프 카트를 빌려서 섬을 돌아본다. 섬에 도착하면 부두 인근에 골프 카트를 빌려주는 곳이 많이 있으며, 시간 단위로 또는 하루 종일 빌릴 수도 있다. 요금은 1시간에 400~500페소, 하루에 1,500~2,000페소다(4인승 기준). 원칙상 국제운전면허증이 있어야 하는데, 일부 업체는 우리나라 운전면허증 또는 여권을 맡기면 빌려준다. 섬이 워낙 작기 때문에 2시간 정도면 몇 군데 구경하면서 한 바퀴 돌아볼 수 있는데, 좀 더 여유 있게 돌아보고 싶다면 하루를 대여하는 편이 좋다.

이슬라 무헤레스 전체

AEROPUERTO

과달루페 예배당
Capilla de Guadalupe

망고 카페
Mango Cafe

EL CAÑOTAL

LA GLORIA

노마드 호스텔 & 비치 클럽
Nomads Hostel & Beach Club

2km

푼타 수르
Punta Sur

이슬라 무헤레스 마을

Green Demon
Beach Club

Zazil-ha

North Garden

익스첼 비치 호텔
Ixchel Beach Hotel

라 꾸에바 델 라 체르나
La Cueva de la Cherna

스팅레이
Stingray

노르테 해변
Playa Norte

카프리치 피자
Capricci Pizza

Av. Guerrero

Zama Beach
and Lounge

Av Juárez

호텔 스불루아
Hotel Xbulu-Ha

포사다 파소 델 솔
Posada Paso del Sol

Súper Akí

폭 추크
Poc Chuc

Tiny Gecko Bar

Av. Juárez

200m

부두

노르테 해변
Playa Norte

페리에서 내리면 조그만 마을이 있는데, '플라야 노르테(Playa Norte)'는 마을 서쪽에 있는 해변이다. 크지 않은 해변이지만 백사장이 넓고 야자수 아래에서 쉴 수도 있고, 바다도 호텔존보다 잔잔한 편이다. 그리고 봄·여름철에는 칸쿤 인근과 달리 해변에 몰려오는 해초류가 별로 없는 것이 아주 큰 장점이다. 무엇보다 호텔존에서는 절대 볼 수 없는 바다로 지는 석양을 볼 수 있다.

위치 페리 선착장에서 서쪽(왼쪽)으로 도보 약 10분

과달루페 예배당
Capilla de Guadalupe

바다 바로 앞에 자리 잡은 이 작은 예배당은 이슬라 무헤레스의 바다와 잘 어울려서 한 폭의 그림 같다. 예배당 앞 경사로와 커다란 나무 십자가도 사진을 찍으면 너무 예쁘게 나온다. 작지만 이 섬에 왔다면 반드시 가 볼 가치가 있는 곳이다. 성당 안에 들어가서 소박하지만 작은 조개껍데기로 장식된 성화와 예수상이 있다. 아름다운 카리브해와 함께 바라보면 감탄이 저절로 나올 것이다.

주소 Payo Obispo 시간 08:00~17:00 위치 섬의 중앙 부근에서 동쪽 해변 쪽

푼타 수르
Punta Sur

섬의 남쪽 끝 절벽에 있는 공원으로 다양한 조형물과 등대, 아주 조그만 마야 유적이 있다. 규모에 비해 입장료가 다소 비싼 편이지만 이슬라 무헤레스에서 가장 아름다운 해변을 볼 수 있는 곳이다. 서쪽 절벽 아래의 해안선을 따라 만들어져 있는 산책로를 꼭 걸어보자.

위치 섬의 남쪽 끝. 선착장에서 골프카트로 20~25분 소요 시간 10:00~ 18:00 요금 100페소

고래상어 Tour

이슬라 무헤레스는 칸쿤만큼은 아니지만 상당히 다양한 투어가 있다. 요트를 타고 바다를 돌아볼 수도 있고, 낚시나 스쿠버다이빙을 즐길 수도 있다. 그중 가장 유명한 고래상어 투어를 소개한다.

고래상어 투어
Whale Shark Tour

세상에서 가장 큰 물고기인 고래상어와 함께 수영을 할 수 있는 투어다. 이슬라 무헤레스에서 보트를 타고 북서쪽으로 1~1.5시간 가면 '이슬라 올복스(Isla Holbox, 올복스 섬)'가 있다. 이 섬 인근에는 여름 시즌(5~9월)이 되면 고래상어 수백 마리가 몰려들어 장관을 이룬다. 그 보기 힘들다는 고래상어를, 그것도 먹이로 유인한 것이 아니라 자연 상태의 고래상어를 수십 마리씩 볼 수 있다. 고래상어가 보트 가까이 다가오면 가이드와 함께 3~4명씩 짝을 지어 고래상어 바로 옆에서 수영을 한다. 빨리 헤엄치는 녀석에게 걸리면 금방 끝날 수도 있고, 천천히 움직이는 녀석과 만나면 10분 이상 함께 수영할 수도 있다. 보통 3~4번 수영할 기회가 주어진다. 간단한 식사와 맥주, 음료가 제공되고, 배가 빠르게 달릴 때 많이 흔들리므로 멀미약을 먹고 가도록 하자.

시간 6~7시간 소요 가격 120~140달러

추천 식당

이슬라 무헤레스 역시 칸쿤 호텔존처럼 순도 100퍼센트 관광지이기 때문에 겉모양만 그럴듯하지 비싸고 맛은 별로인 관광객용 식당이 대부분이다. 칸쿤 호텔존보다는 조금 싸고 푸짐하지만 먹거리는 큰 기대를 안 하는 편이 좋다. 다만 잘 찾아보면 숨어 있는 로컬 식당이 있으니 관광객용 식당에 질렸다면 골목길을 뒤져보자.

폭 추크 Poc Chuc

이슬라 무헤레스에서 비교적 싼 식당으로 따꼬, 또르따, 몰레 같은 음식을 판다. 원래는 아주 저렴한 식당이었지만 이제는 가격이 많이 올랐다. 그래도 잘 꾸며놓은 관광객용 식당들보다는 조금 저렴한 편이다.

주소 Juarez y Abasolo 시간 금~수 09:00~21:00, 목요일 휴무

라 꾸에바 델 라 체르나 La Cueva de la Cherna

위에서 언급한 폭 추크보다는 더 저렴하고 로컬스러운 식당으로 현지인들도 많이 찾는 식당이다. 빨간 외벽이 예쁘고 음식도 이슬라 무헤레스에서는 상당히 저렴하고 푸짐한 편이다.

주소 Miguel Hidalgo 13 시간 08:00~22:30

망고 카페 Mango Cafe

섬 중앙에 있는 식당이라 골프카트로 섬을 돌아볼 때 갈 수 있는 식당이다. 선착장 옆 마을에 비하면 조금 싼 편이다. 물론 멕시코 다른 도시와 비교하면 깜짝 놀랄 정도로 비싸고, 멕시코 음식 본래의 맛은 아니다. 전형적인 관광객용 식당이다.

주소 Cesar Mendoza Santana y Perimetral Oriente 시간 07:00~15:00

카프리치 피자 Capricci Pizza

어차피 이 동네 멕시코 음식은 제대로 된 멕시코의 맛은 아니기 때문에 피자 같은 음식이 가성비가 좋은 편이다. 도우가 얇은 이탈리아식 피자를 판매하며, 이 동네 식당들과 비교하면 저렴하다.

주소 Miguel Hidalgo 64 시간 15:00~23:00

스팅레이 Stingray

전형적인 관광객용 식당으로 샌드위치, 팬케이크, 샐러드, 햄버거 같은 음식을 판다. 칸쿤 호텔존에 비하면 조금 저렴하지만 꽤 비싸다. 맛은 평범하지만 오두막처럼 지은 건물이 인상적이다.

주소 Adolfo Lopez Mateos 27 시간 10:00~24:00

 추천 숙소

오래 전에는 이슬라 무헤레스가 '배낭여행자들의 칸쿤'이라고 불렸지만 이제는 완전한 관광지다. 이 지역 호스텔은 '파티 호스텔'이 많은데, 숙소는 사람을 모으기 위한 것이고 술을 파는 게 목적인 곳이다. 그래서 정말 시끄럽고 밤새 술을 먹다가 샤워도 안 하고 자는 여행자들이 태반이라 아주 지저분하다. 여기에 에어컨까지 없다면 100퍼센트 빈대의 천국이다. 서양인 여행자들에게 유명한 '셀리나 폭나(Selina Poc-na)'가 대표적으로 지저분한 파티 호스텔이다. 호텔의 경우 마을 내부에는 단독주택 크기의 건물만 있어서, 말이 호텔이지 사실상 게스트하우스이며 시설에 비해 비싸다. 따라서 호텔에 머물 생각이라면 차라리 돈을 더 써서 해변 앞 큰 호텔에 머무는 편이 낫다. 칸쿤처럼 성수기와 비수기의 가격 차이가 심하다.

노마드 호스텔 & 비치 클럽

Nomads Hostel & Beach Club

선착장 옆 마을에 있는 호스텔은 전부 시끄럽고 지저분해서 추천할 곳이 없다. 이곳은 섬 남쪽에 있어서 이동과 식당 이용이 불편한 대신, 아주 깨끗하고 도미토리에도 에어컨이 있고 공간이 넓으며 호스텔 앞 해변도 예쁘다. 2인실은 호텔보다 비싸다.

주소 Garrafon km 4.5 가격 도미 400~550페소, 더블·트윈 2,500~3,500페소

포사다 파소 델 솔

Posada Paso del Sol

호스텔은 불편해서 싫고 호텔은 너무 비싸다면 이런 게스트하우스가 적당할 것이다. 숙소가 작지만 마을 안에 있는 호텔들도 마찬가지라 단점이 아니고 청결하고 깔끔하게 잘 유지되고 있다. 일반 호텔에 비하면 조금 저렴한 편이다.

주소 Hidalgo 8 가격 더블·트윈 60~100달러

호텔 스불루아

Hotel Xbulu-Ha

마을에 있는 호텔들 중 건물이 큰 편이라 공간이 넓고 시설은 게스트하우스보다 조금 좋다. 하지만 다른 호텔들처럼 시설에 비해 가격이 비싼 편이다.

주소 Gerrero 4 가격 더블·트윈 80~110달러

익스첼 비치 호텔

Ixchel Beach Hotel

마을 옆 노르테 해변에는 대형 고급 호텔이 7~8개 있는데 이곳이 가장 가격과 시설이 적당해서 가성비가 좋다. 수영장, 식당 등 부대시설이 좋고 방도 상당히 넓다. 비슷한 수준의 칸쿤 호텔존의 호텔보다는 저렴한 편이다.

주소 Gerrero 4 가격 더블·트윈 150~250달러

플라야 델 카르멘

Playa del Carmen

칸쿤 호텔존의 해변은 환상적으로 아름답지만 숙소와 먹거리가 상당히 비싸다. 칸쿤 센트로는 호텔존보다 저렴하지만 해변이 없다. 플라야 델 카르멘은 해변에 있는 도시로, 칸쿤에 비하면 저렴한 숙소와 먹거리가 많기 때문에 해변과 가까운 곳에서 머물고 싶지만 비용이 부족한 여행자에게 적당한 곳이다. 게다가 고급 백화점부터 카페, 바, 클럽 등 즐길 거리가 많고 적당한 가격대의 호스텔이 많기 때문에 대부분의 배낭여행자들은 이 도시에서 주로 머문다. 그리고 칸쿤과 툴룸 사이에 있기 때문에 투어나 액티비티를 하기에도 좋은 위치다. 다만 2010년 이후 도시가 급격히 팽창하면서 바다가 예전처럼 아주 깨끗하지는 않고 모래사장이 좁아졌다. 그리고 해변은 칸쿤이나 툴룸에 비하면 상당히 떨어지는 편이다. 이런 단점이 있지만 적은 비용으로 카리브해를 즐기고 싶다면 플라야 델 카르멘이 최고의 선택이다.

국제선/국내선 항공

플라야 델 카르멘은 '칸쿤 국제공항(Aeropuerto de Internacional Cancun)'에서 40km 정도 남쪽으로 가면 도착한다. 공항에서 플라야 델 카르멘까지는 아데오(ADO) 버스(230페소. 약 1시간 소요)나 공항택시(60~80달러. 40~50분 소요)를 이용하면 된다. (p151 칸쿤공항 정보 참조)

시외버스

'아데오 버스터미널(Terminal Autobuses ADO)'은 중심가에서 가까워서 시내에 있는 숙소라면 걸어서 갈 수 있다. 플라야 델 카르멘과 칸쿤은 1시간 거리이고, 칸쿤에 도착·출발하는 거의 모든 장거리버스가 플라야 델 카르멘에도 정차한다. 부두 근처에도 아데오 터미널이 하나 더 있다.

예상 소요시간 및 요금

목적지	소요시간	요금
칸쿤	1~1.5시간	60~100페소
툴룸	1~1.5시간	60~110페소
바야돌리드(Valladolid)	3~3.5시간	180~250페소
치첸이사	4~4.5시간	230~250페소
메리다(Merida)	4.5~5시간	350~650페소
체투말(Chetumal)	5~5.5시간	250~500페소
팔렌케	13~15시간	900~1,200페소
산 크리스토발	21~23시간	1,200~1,600페소
벨리즈시티(Belize City)	7~9시간	900~1,200페소

콜렉티보

2022년 말에 칸쿤과 툴룸으로 가는 콜렉티보 터미널이 칸쿤-플라야 델 카르멘-툴룸을 연결하는 메인 도로 근처로 옮겨서 중심가에서 10~15분 걸어가야 된다. 아데오 버스에 비해서 저렴하지만 중간에 타고 내리는 사람들이 있기 때문에 시간이 더 걸린다. 이동 중 원하는 곳을 기사에게 이야기하면 내려주며, 내릴 때 기사가 알려주는 요금을 내면 된다. 칸쿤과 툴룸으로 가는 콜렉티보는 전면에 '칸쿤(Cancun)' 또는 '툴룸(Tulum)'이라고 행선지가 적혀 있으며, 그냥 콜렉티보(Colectivo)라고만 써 있는 것은 플라야 델 카르멘 시내를 돌아다니는 것이다.

칸쿤행

시간 04:00~24:00 소요시간 1.5~2시간 요금 45페소

툴룸행

시간 04:00~24:00 소요시간 1~1.5시간 요금 50페소

페리

플라야 델 카르멘의 부두에서 코수멜(Cozumel)행 페리가 출발한다. 코수멜까지는 약 40분 걸린다.

시간 09:00~21:00(2시간 간격 출발) 요금 290페소(편도)
홈페이지 www.ultramarferry.com

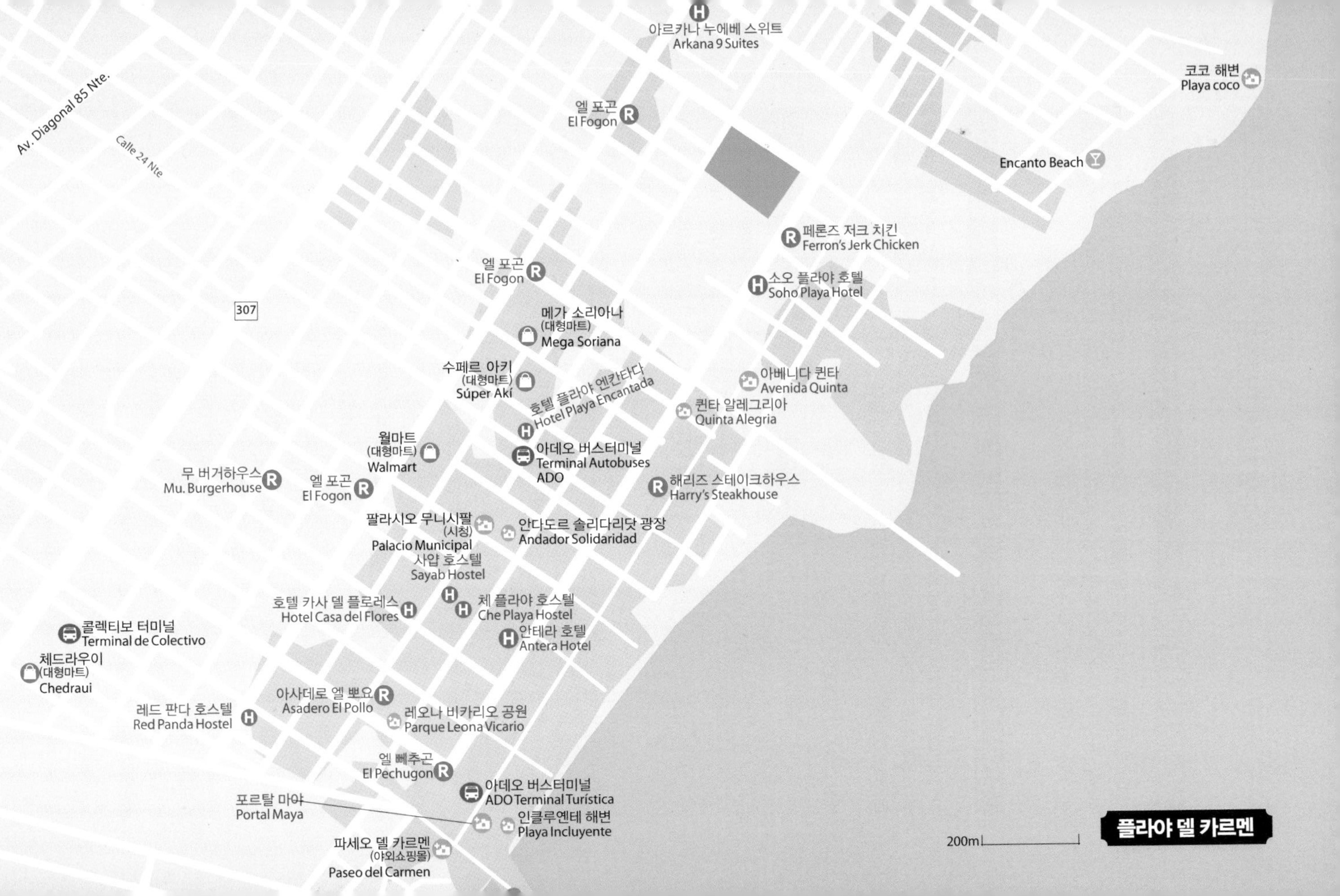

플라야 델 카르멘
200m
아르카나 누에베 스위트
Arkana 9 Suites
코코 해변
Playa coco
엘 포곤
El Fogon
Encanto Beach
Av. Diagonal 85 Nte.
Calle 24 Nte
페론즈 저크 치킨
Ferron's Jerk Chicken
엘 포곤
El Fogon
소오 플라야 호텔
Soho Playa Hotel
307
메가 소리아나
(대형마트)
Mega Soriana
수페르 아키
(대형마트)
Súper Akí
호텔 플라야 엔칸타다
Hotel Playa Encantada
아베니다 퀸타
Avenida Quinta
퀸타 알레그리아
Quinta Alegria
월마트
(대형마트)
Walmart
아데오 버스터미널
Terminal Autobuses
ADO
무 버거하우스
Mu. Burgerhouse
엘 포곤
El Fogon
해리즈 스테이크하우스
Harry's Steakhouse
팔라시오 무니시팔
(시청)
Palacio Municipal
안다도르 솔리다리닷 광장
Andador Solidaridad
사얍 호스텔
Sayab Hostel
호텔 카사 델 플로레스
Hotel Casa del Flores
체 플라야 호스텔
Che Playa Hostel
안테라 호텔
Antera Hotel
콜렉티보 터미널
Terminal de Colectivo
체드라우이
(대형마트)
Chedraui
아사데로 엘 뽀요
Asadero El Pollo
레오나 비카리오 공원
Parque Leona Vicario
레드 판다 호스텔
Red Panda Hostel
엘 뻬추곤
El Pechugon
아데오 버스터미널
ADO Terminal Turística
포르탈 마야
Portal Maya
인클루엔테 해변
Playa Incluyente
파세오 델 카르멘
(야외쇼핑몰)
Paseo del Carmen

아베니다 퀸타
Avenida Quinta

플라야 델 카르멘에서 가장 번화한 중심가로, 우리 말로는 '5번가'라는 뜻이다. 길 양쪽으로 식당, 기념품 가게, 쇼핑몰 등 많은 가게들이 화려하게 장식한 채 여행자를 기다리고 있다. 거리에는 항상 음악과 활기가 넘치고 늘 여행자로 가득하다. 밤이 되면 주변 거리에는 수공예품과 그림을 파는 길거리 시장이 열리기도 한다. 플라야 델 카르멘에 왔다면 제일 먼저 이 거리를 찾게 될 것이다. 단, 아베니다 퀸타에 있는 식당들은 모두 비싸고 맛이 떨어진다.

공용 해변
Playa Publica

칸쿤 호텔존과 달리 호텔들이 해변 출입을 막지 않기 때문에 해변 전체가 공용 해변이며, 어디서나 출입이 가능하다. 하지만 도시 중앙 부분의 해변은 모래사장이 작고 물이 깨끗하지 않아서 보통 남쪽 선착장 부근이나 북쪽 해변을 많이 이용한다. 위치에 따라 이름이 다른데, 남쪽 선착장 인근은 인클루엔테 해변(Playa Incluyente)이고, 북쪽에는 코코(Coco), 푼타 에스메랄다(Punta Esmeralda) 해변이다. 숙소 위치에 따라 다르지만 보통 인클루엔테 해변을 많이 이용한다.

플라야 델 카르멘 둘러보기

플라야 델 카르멘은 센트로와 호텔존으로 완전히 구분된 칸쿤과 달리 관광객용 거리와 현지인들의 거리가 함께 있다. 복잡한 중심가를 벗어나 한적한 거리로 오면 멕시코 특유의 원색으로 칠해진 건물들이 있고 나무가 무성해서 쉬기 좋은 거리도 있다. 시끌벅적한 번화가에만 머물지 말고 거리 곳곳을 산책해보자.

포르탈 마야
Portal Maya

멕시코의 예술가 '아르투로 타바레스 파디야(Arturo Tavares Padilla)'가 만든 커다란 청동 조형물로 높이와 너비가 각 16m이고 무게는 60톤에 달하며, 2012년에 부두 옆 공용 해변에 설치되었다. 바람에 떠밀려온 남자와 소용돌이에 떠밀려온 여자가 조형물 꼭대기에서 손을 맞잡는 형상인데, 과거 마야의 역사와 현대의 사람들이 함께 조화를 이뤄서 빛의 시대로 나아가는 것을 상징한다고 한다. 푸른 카리브해와 어우러진 모습이 아주 아름답기 때문에 설치되자마자 플라야 델 카르멘을 상징하는 조형물이 되었다.

레오나 비카리오 공원
Parque Leona Vicario

포르탈 마야에서 멀지 않은 조그만 공원으로 사실 별 볼거리는 없다. 하지만 이 근처부터 로컬 구역이 시작되기 때문에 저렴한 식당들이 많고, 특히 공원 앞에 있는 포장마차 촌에서는 아주 큼직한 부리또, 께사디야 같은 음식을 저렴하고 맛있게 즐길 수 있다. 관광객용이 아닌 진짜 멕시코 음식을 저렴하고 배부르게 먹고 싶다면 중심가에서 가까운 곳 중에 이곳만 한 곳이 없다.

주소 15 Norte 위치 포르탈 마야에서 북쪽으로 3블록. 부두에서 도보 3~4분 거리

파세오 델 카르멘
Paseo del Carmen

아베니다 퀸타 서쪽 끝에 있는 야외 쇼핑몰로 칸쿤 호텔 존의 라 이슬라 쇼핑몰과 비슷한 콘셉트로 만들었다. 라 이슬라에 비해 규모가 작지만 아기자기하게 꾸며놨고, 나무가 많아서 시원한 느낌을 받기 때문에 한 번쯤 들를 만하다. 특히 쇼핑몰 안에 있는 스타벅스는 야외의 큰 나무 아래 테이블들이 있어서 분위기가 좋다.

주소 Avenida Quinta 10 위치 부두에서 도보 2분 거리

퀸타 알레그리아
Quinta Alegria

아베니다 퀸타 쇼핑가의 중간쯤에 있는 쇼핑몰로 파세오 델 칼르멘과 달리 실내 쇼핑몰이다. 건물 중앙을 정원으로 꾸며놔서 상당히 예쁘고 건물 앞에 있는 'LOVE' 간판이 사진을 찍기에 좋다. 퀸타 아베니다 구경을 하다가 아이쇼핑도 하면서 쉬기 좋다.

주소 Avenida Quinta y Avenida Constituyentes 위치 아베니다 퀸타 쇼핑가 동쪽 끝 지점

하르딘 델 에덴(세노테)
Jardin del Eden

'에덴의 정원'이라는 멋진 이름을 가진 이 세노테는 플라야 델 카르멘에서 콜렉티보를 타고 쉽게 찾아갈 수 있는 곳이다. 일반적인 세노테보다 지상에 노출된 수면이 넓어서 수영을 하면서 놀기 좋다. 시원한 세노테의 물을 즐기면 이 지역의 뜨거운 더위도 잊게 되므로 플라야 델 카르멘에 온다면 놓치지 말아야 할 장소다. 수영복과 수건, 생수와 간식거리를 준비해서 가는 것이 좋다.

위치 툴룸행 콜렉티보를 타고 20~25분 소요(30페소) 시간 일~목 08:00~18:00, 금 08:00~17:00, 토요일 휴무 요금 200페소(구명조끼 불포함, 구명조끼 1시간 25페소, 일일 50페소)

도스 오호스(세노테)
Dos Ojos

'두 개의 눈'이라는 이름처럼 내부에 두 개의 세노테가 있다. 지상에 보이는 부분은 '하르딘 델 에덴'에 비해 작지만 지면 아래에 연결된 수중 동굴망은 유카탄 반도에서 손꼽히게 길다. 그래서 스쿠버다이버들에게 아주 인기 있는 다이빙 포인트다. 연못처럼 완전히 오픈된 하르딘 델 에덴에 비해 동굴 속에 물이 고여 있는 것 같은 분위기라서 좀 더 신비로운 느낌을 준다. 입장료는 세노테 중에 다소 비싼 편이다.

위치 툴룸행 콜렉티보를 타고 50분~1시간 소요(50페소) 시간 09:00~17:00 요금 400페소(구명조끼 포함)

플라야 델 카르멘 지역의 Tour

플라야 델 카르멘도 칸쿤처럼 다양한 투어를 할 수 있는데, 가격은 전체적으로 칸쿤보다 조금 저렴한 편이다. 특히 테마파크인 스플로르르(Xplor), 셀하(Xel-ha), 스칼렛(Xcaret)은 플라야 델 카르멘과 툴룸 사이에 있기 때문에 차량이 포함된 투어 대신 콜렉티보를 타고 직접 찾아가서 즐기고 올 수도 있다. 물론 차량이 포함된 투어로 다녀올 수도 있으며, 칸쿤 출발보다는 10~20달러 저렴하다. 치첸이사 투어는 칸쿤과 소요시간, 비용 모두 비슷하다.

투어가격 스플로르 150~160달러(차량 미포함 시 130~140달러), 셀하 130~140달러(차량 미포함 시 100~110달러), 스칼렛 170~180달러(차량 미포함 시 150~160달러)

스쿠버다이빙 Scuba Diving

플라야 델 카르멘은 스쿠버다이빙으로 아주 유명하다. 시내에는 수십 개의 다이빙 센터가 있어서 오픈워터(Open Water) 등 자격증을 따거나 펀 다이빙(Fun Diving)을 즐길 수 있다. 시야가 좋은 것으로 유명한 코수멜(Cozumel) 섬 다이빙도 좋지만 전 세계 다이버들이 무엇보다 하고 싶어 하는 것은 '세노테 다이빙(Cenote Diving)'이다. 세노테 다이빙 비용은 하루 2탱크에 160~180달러이며(차량, 입장료, 점심, 간식 포함), 하루 3탱크를 원할 경우 센터와 사전에 협상해야 한다. 3~5일 동안 다이빙할 경우 패키지 요금으로 할인된다. 입장료는 세노테마다 차이가 크기 때문에 입장료 불포함으로 협의하고 현장에서 직접 지불하는 것도 좋은 방법이다. 하루에 2개 세노테를 들를 때 소요되는 입장료는 일반적으로 15~25달러다. 단, 수중카메라를 쓸 경우 입장료보다 카메라 이용료가 훨씬 비싸다.

추천 식당

플라야 델 카르멘은 칸쿤이나 이슬라 무헤레스에 비해 다양한 가격대의 식당이 있어서 고급스러운 스테이크 전문점부터 저렴한 로컬 식당까지 만날 수 있다. 물론 멕시코 다른 도시들에 비하면 로컬 식당도 비싸지만 칸쿤 호텔존에 비하면 아주 저렴하다. 아베니다 퀸타와 해변 근처가 가장 비싸다.

아사데로 엘 뽀요 Asadero El Pollo

숯불에 구운 닭, '뽀요 아사도'를 파는 식당이다. 완전 로컬 식당이라 상당히 저렴하고 진짜 숯불에 구웠기 때문에 훈제 향이 있어서 맛있다. 간이 좀 짜긴 하지만 먹기 부담스러울 정도는 아니다. 이런 숯불구이 식당이 인근에 몇 군데 있는데, 보통 저녁에는 영업을 하지 않기 때문에 빨리 가야 한다.

주소 20 Norte 652 시간 10:00~18:00

엘 포곤 El Fogon

따꼬 전문점으로 이 동네에서는 꽤 저렴한 편이다. 과달라하라 같은 본고장 따꼬와 비교할 수는 없지만 맛도 괜찮다. 플라야 델 카르멘에만 같은 식당이 3개가 있다.

주소 30 Norte 354 시간 12:00~23:00

엘 뻬추곤 El Pechugon

전기구이 닭을 파는 저렴한 식당이다. 멕시코시티 같은 지역에는 이런 식당이 많은데, 이 지역에선 좀처럼 보기 힘든 스타일의 식당이다. 닭이 상당히 크기 때문에 4분의 1 마리만 시켜도 일인분으로 충분하다.

주소 Puerto Juarez 8 시간 10:00~22:00

무 버거하우스 Mu. Burgerhouse

수제버거 전문점으로 버거 안 내용물이 먹기 부담스러울 정도로 높게 쌓여 나온다. 멕시코 음식이 지겨워졌을 때 비싸지 않은 음식을 먹고 싶다면 가볼 만하다.

주소 40 Norte 11 시간 13:30~23:00

해리즈 스테이크하우스 Harry's Steakhouse

휴양지에 왔으니 고급 식당에서 근사하게 먹고 싶은 관광객이 많아서 플라야 델 카르멘에는 여러 개의 스테이크하우스가 있다. 그중 이곳이 가장 유명한 곳으로 식당이 정말 크다. 스테이크가 멕시코에서는 상당히 비싼 편이지만 미국보다는 싸다보니 항상 백인 관광객들로 넘친다.

주소 Corazon 8 시간 13:00~02:00

페론즈 저크 치킨 Ferron's Jerk Chicken

자메이카식 양념을 한 폭립과 닭구이, 닭튀김을 전문으로 파는 식당이다. 관광객용 식당에 비해 가격이 싼 편이고 푸짐하다. 다양한 조미료가 뿌려진 감자튀김도 맛있다. 특히 폭립의 부드러움이 일품이다. 가성비가 상당히 좋은 식당으로 툴룸 센트로에도 같은 식당이 있다.

주소 10 Norte 30 시간 화~일 13:00~22:00, 월요일 휴무

추천 숙소

플라야 델 카르멘의 호스텔에는 밤새 놀다가 바로 자는 지저분한 여행자들이 아주 많다. 그래서 저렴하고 에어컨이 없는 호스텔에 가면 빈대가 정말 많다. 필자는 그런 호스텔에 갔다가 밤새 잠을 못 자고 빈대를 계속 잡은 적이 있다. 따라서 호스텔은 무조건 에어컨이 있고 깨끗한 곳을 가야 한다. 하지만 깨끗한 곳을 찾더라도 이 지역 호스텔들은 대부분 밤늦게까지 바에서 술을 파는 파티 호스텔이라 상당히 시끄럽다. 또, 해변에서 가까운 2~3블록은 밤새 영업하는 클럽과 바가 많아서 정말 시끄럽다. 따라서 해변에서 어느 정도 떨어진 숙소를 잡는 것이 좋다. 깨끗하고 조용한 호스텔은 눈 씻고 봐도 없는데 비해, 저렴하고 시설이 좋은 호텔은 아주 많다. 따라서 일행이 있다면 호스텔 대신 저렴하고 깨끗한 호텔을 찾는 것도 좋은 방법이다.

레드 판다 호스텔

Red Panda Hostel

흰색과 원목을 이용한 인테리어가 깔끔하고 호스텔 곳곳의 벽과 문에 그려진 그림이 인상적이다. 방이 넓은 편이고 도미토리에도 에어컨이 나온다. 하지만 정원의 수영장에서 노는 여행자들 때문에 시끄럽다.

주소 1 Sur 213 가격 도미 250~400페소, 더블·트윈 900~1,200페소

사얍 호스텔

Sayab Hostel

건물이 비교적 새 것이라 깨끗하고 호스텔 내부 공간도 다른 호스텔에 비해 넓은 편이다. 하지만 역시나 넓은 정원에 수영장이 있고 술을 팔기 때문에 밤까지 시끄럽다.

주소 6 Norte 159 가격 도미 250~450페소, 더블·트윈 800~1,500페소

호텔 카사 델 플로레스

Hotel Casa del Flores

작고 깨끗한 3성급 호텔로 다양한 파스텔톤 색상을 이용해 색칠한 벽이 예쁘다. 3성급 호텔치고는 방이 넓고 침대도 크다. 무엇보다 가격이 시설에 비해 저렴하다.

주소 20 Norte 150 가격 더블·트윈 45~70달러

아르카나 누에베 스위트

Arkana 9 Suites

아파트형 호텔로 주방이 있고 깨끗한 숙소를 원할 경우 이런 곳이 좋은 선택이 될 것이다. 플라야 델 카르멘에는 아파트형 호텔이 많기 때문에 비용을 조금 더 써서 호스텔 대신 선택할 수 있다. 중심가에서 조금 먼 것이 단점이다.

주소 42 Norte 131 가격 더블·트윈 45~70달러

체 플라야 호스텔 Che Playa Hostel

흰 천과 검은색 철제 봉을 이용한 인테리어가 호스텔치고는 모던한 느낌을 주고, 내부도 깨끗하게 관리되고 있다. 가격은 저렴한 편인데, 옥상에 바가 있어서 밤에 시끄럽다.

주소 Avenida 15 & Avenida 20 가격 도미 300~500페소, 더블·트윈 1,000~1,400페소

호텔 플라야 엔칸타다
Hotel Playa Encantada

3성급 호텔치고는 상당히 크고 방도 넓다. 현대식 건물이라 깨끗하고 주방이 있는 아파트형 방도 있다. 월마트와 아데오 터미널이 바로 옆이라 위치가 좋으며, 조식 불포함 조건으로 저렴하게 나올 때가 많다.

주소 20 Norte y 12 Bis 가격 더블·트윈 45~80달러

호텔 플라야 엔칸타다

소오 플라야 호텔

소오 플라야 호텔 Soho Playa Hotel

아주 깔끔한 소규모 4성급 호텔로 인테리어가 모던하고 방이 넓고 침대도 상당히 크다. 방마다 해먹이나 의자가 있는 베란다가 있어서 쉬기 좋고 환기도 잘 된다. 하지만 조식이 상당히 부실하기 때문에 차라리 불포함으로 예약하는 것이 낫다.

주소 10 Norte 가격 더블·트윈 70~100달러

안테라 호텔 Antera Hotel

아베니타 퀸타에서 한 블록 위쪽에 있는 4성급 호텔로 방이 아주 넓고 시설이 정말 깔끔하다. 아파트 식으로 만들어서 주방이 있는 방도 있다. 옥상에 작은 루프탑 풀이 3개 있고, 호텔 내부에는 나무가 무성해서 시원한 느낌을 준다.

주소 10 Norte y 6 Norte 가격 더블·트윈 80~150달러

툴룸

Tulum

플라야 델 카르멘에서 남쪽으로 70km 정도 내려가면 작은 도시인 툴룸이 있다. 툴룸의 해변은 멕시코 카리브해 최고의 해변으로 아주 유명하다. 말 그대로 순백의 백사장은 햇빛 아래 눈부시게 빛나고 야자수가 늘어선 해변에는 투명한 에메랄드빛 바다가 펼쳐져 있다. 호텔들이 가득한 칸쿤의 해변과 달리 개발이 제한된 툴룸은 자연 그대로의 모습에 가깝다. 해안가 절벽 위에 조그만 마야 유적이 있는데, 유적 자체는 큰 볼거리가 없지만 아름다운 카리브해와 어우러진 풍경은 그야말로 절경이다. 툴룸의 해변을 봐야만 진정으로 카리브해를 봤다고 말할 수 있을 정도다. 툴룸 해변에는 작은 몇 개의 숙소가 있는데, 가격이 비싸고 여러 가지로 불편하지만 하루쯤 머물 가치가 충분하다. 밤이 되어 인적이 끊어지고 불빛이 사라지면 달빛 아래 새하얗게 빛나는 툴룸의 해변과 바다를 만날 수 있기 때문이다. 하지만 해변에서 멀리 떨어진 툴룸 센트로는 아무런 볼거리가 없고, 칸쿤보다 훨씬 남쪽에 있다보니 더 덥다. 따라서 돈을 많이 써서 툴룸 해변에서 숙박하지 않는 한 여행자가 굳이 툴룸 센트로에 머물 이유는 없기 때문에 대부분 플라야 델 카르멘에 머물면서 당일치기로 툴룸을 다녀온다.

시외버스

'아데오 버스터미널(Terminal Autobuses ADO)'은 센트로에 있으며, 센트로의 숙소라면 걸어서 갈 수 있다. 아데오 버스는 툴룸 유적에 가까운 곳에도 멈춘다. 칸쿤에 도착·출발하는 많은 장거리버스가 툴룸에도 정차한다.

예상 소요시간 및 요금

목적지	소요시간	요금
플라야 델 카르멘	1~1.5시간	70~100페소
칸쿤	2~2.5시간	190~250페소
바야돌리드(Valladolid)	1.5~2시간	130~150페소
치첸이사	2.5~3시간	200~250페소
메리다(Merida)	4.5~5시간	300~600페소
체투말(Chetumal)	4~4.5시간	200~450페소
팔렌케	12~13시간	750~1,100페소
산 크리스토발	20~22시간	1,200~1,600페소
벨리즈시티(Belize City)	6~8시간	800~1,100페소

콜렉티보

메인 도로에 플라야 델 카르멘으로 가는 콜렉티보가 자주 다니며 툴룸 유적 인근에서도 탈 수 있다. 콜렉티보 전면에 '플라야(Playa)'라고 행선지가 적혀 있다. 칸쿤까지 가려면 플라야 델 카르멘에서 갈아타야 한다.

플라야 델 카르멘행

시간 04:00~24:00 소요시간 1~1.5시간 요금 50페소

툴룸 여행 포인트

툴룸의 센트로는 해변에서 5km 이상 떨어져 있으며 아무런 볼거리가 없다. 거기다 칸쿤, 플라야 델 카르멘보다 훨씬 덥고 숙소 사정도 열악하다. 물론 그러다 보니 숙박비와 먹거리가 플라야 델 카르멘이나 칸쿤보다는 저렴하지만 그 얼마 안 되는 돈을 아끼겠다고 툴룸 센트로에 머무는 것을 바보 같은 선택이다. 그래서 대부분의 여행자가 플라야 델 카르멘에 머물면서 툴룸 해변과 유적을 구경하러 온다.

툴룸 유적
아데오 버스터미널
(툴룸 유적)
Terminal Autobuses
ADO
툴룸 유적
Zona Arqueologica
de Tulum
Parque Nacional
Tulum
툴룸 해변
Playa Publica de Tulum
엘 파라이소 툴룸
El Paraiso Tulum
파라이소 해변
Playa Paraíso
플라야 에스페란사 호텔
Playa Esperanza Hotel
호텔 폭 나
Hotel Poc Na
500m
Colombia 2280km
Sian ka'an 20k
KITE SCHOOL
Corona
툴룸 시내
Bubul-Ek
Kiis
Tun-Kul
수페르 아키
(대형마트)
Súper Akí
Calle Pdar Pte.
Calle 4 Ote.
Av. Satelite
체 호스텔 툴룸
Che Hostel Tulum
307
C. 2 Pte.
Calle Osirs Nte.
라스 이하스 델 라 토스타다
Las Hijas de la Tostada
15
룸 호스텔
Lum Hostel
호텔 엘 카피탄
Hotel el Capitan
체드라우이
(대형마트)
Chedraui
뽀요 브론코
Pollo Bronco
아데오 버스터미널
(센트로)
Terminal Autobuses
ADO
Calle Gama Ote.
씨들링
Seedling
마마스 홈 호스텔
Mama's Home Hostel
Restaurante Estrada
Mercurio Ote.
200m
Liefs Tulum

툴룸 해변
Playa Publica de Tulum

툴룸 유적 근처의 버스·콜렉티보 정류장에서 내린 후 15분쯤 걸으면 툴룸 유적 입구에 도착한다. 그곳에서 해변과 평행하게 뻗어 있는 오른쪽 도로를 따라 다시 10분 정도 걸어가면 공용 해변으로 들어가는 입구가 있다. 놀라울 정도로 부드럽고 눈부시게 하얀 백사장과 푸른 하늘을 향해 뻗어 있는 야자수, 투명할 정도로 깨끗한 바닷물은 경이로울 정도로 아름답다. 공용 해변 입구에서 백사장을 따라 10분 정도 걸어 들어가면 도착하는 파라이소 해변(Playa Paraiso)이 특히 아름답다. 해변가에 근사한 식당들이 있으니 조금 비싸더라도 멋지게 기분을 내 보자. 카리브해의 진정한 아름다움을 툴룸 해변에서 만날 수 있을 것이다.

위치 툴룸 유적 입구에서 도보로 약 10분 거리

툴룸 유적
Zona Arqueologica de Tulum

툴룸의 유적은 치첸이사처럼 마야문명의 후기 고전기에 건설되었으며, 해안 지역을 방어하기 위해 건설된 일종의 군사 시설이었다. 큰 건물이 없고 조그만 유적들이 여기저기 흩어져 있지만 이곳이 유명한 이유는 풍경 때문이다. 유적 내에서 가장 큰 건물인 '엘 카스티요(El Castillo)'는 해변 바로 옆 절벽에 서 있는데, 툴룸의 바다와 어우러진 그 모습이 정말 아름답기 때문에 유명하다. 툴룸 유적에 간다면 건물의 건설 연도, 역사적 의미 이런 것은 생각하지 않아도 된다. 카리브해와 함께 어우러진 그 아름다움을 감상하는 데 집중하자.

위치 플라야 델 카르멘에서 버스·콜렉티보를 타고 1~1.5시간 소요. 유적 입구에서 하차 시간 08:00~17:00 요금(입장료) 90 페소

추천 식당

툴룸 센트로는 여행자가 많지 않은 곳이다보니 칸쿤이나 플라야 델 카르멘보다 식당은 많지 않지만 약간 저렴한 편이다. 물론 센트로가 저렴한 것이고, 툴룸 유적 인근과 해변에 있는 식당은 상당히 비싸다. 대부분의 식당이 에어컨이 없기 때문에 낮에는 식사하기 쉽지 않다.

뽀요 브론코 Pollo Bronco

저렴한 숯불구이 닭과 폭립(Costilla de Cerdo) 전문점이다. 이런 가게들이 다 그렇듯이 비교적 저렴한 가격에 푸짐하게 실컷 먹을 수 있다. 또르띠야와 야채도 함께 나오기 때문에 양이 아주 푸짐하다.

주소 센트로. Tulum 34 시간 09:00~20:00

라스 이하스 델 라 또스따다 Las Hijas de la Tostada

뽀요 브론코 바로 옆에 있는 해산물 요리 전문점이다. 건물이나 내부가 딱 백인 여행자들이 좋아하는 바 스타일이라서 낮부터 맥주를 마시는 사람들이 많다. 해산물이 올려진 따꼬, 또스따다 같은 메뉴를 주로 파는데 가격은 꽤 비싼 편이다.

주소 센트로. Tulum y Beta Sur 시간 12:00~23:00

엘 카메요 El Camello

센트로에 있는 해물 전문점으로 세비체, 해산물 따꼬, 문어 등 다양한 멕시코식 해산물 요리가 있다. 특히 새우요리가 유명하다. 가격은 제법 저렴한 편이다.

주소 센트로. Tulum y Luna Sur 시간 10:30~21:00

피제리아 만글라르 Pizzeria Manglar

화덕에 구운 얇은 이탈리아식 피자 전문점이다. 가격은 퀄리티에 비해 저렴한 편이다. 모래가 깔린 마당에 테이블이 있기 때문에 오픈된 공간에서 식사를 하는 기분을 느낄 수 있다.

주소 센트로. Asuncion 6 시간 수·목·토 13:00~23:00, 금·일 17:00~23:00, 화요일 휴무

씨들링 Seedling

이름에서 느껴지듯이 천연재료를 활용한 각종 식음료 제품을 판매하고, 커피 등 음료와 케이크, 샌드위치를 가게 내에서 먹을 수 있다. 가게 외부와 내부가 모두 예쁘기 때문에 꼭 뭘 사지 않더라도 들러서 커피 한 잔 마실 만하다. 무엇보다 툴룸에서 보기 드물게 에어컨이 있다.

주소 센트로. Orion Sur y Sol Oriente 시간 월~토 09:00~19:00, 일 09:00~16:00

엘 파라이소 툴룸 El Paraiso Tulum

툴룸 해변에 있는 식당으로 공용 해변 입구에서 15분 정도 걸어 들어오면 있는 파라이소 해변에 있다. 해변에 있으니 당연히 비싸고 음식은 가격 대비 별로지만 말도 안 되게 아름다운 툴룸 해변에 앉아 바다를 보며 근사하게 식사를 한다는 것이 중요하다. 음식이든 테이블이든 어떻게 사진을 찍어도 엽서가 된다. 위치가 위치이다보니 팁이 15% 이상 붙는다.

주소 공용 해변. Tulum Boca Paila km 0.5 시간 08:00~20:00

추천 숙소

툴룸 센트로는 숙소가 많지 않지만 칸쿤이나 플라야 델 카르멘보다 저렴하다. 역시나 지저분한 파티 호스텔이 대부분이라 반드시 에어컨이 있고 깔끔한 숙소를 골라야 한다. 해변을 따라 호텔들이 있는데 싼 숙소는 시설과 위생이 엉망이고, 밤에는 전기도 제대로 공급되지 않는다. 해변의 고급 호텔도 발전기를 돌려서 전기를 공급하는 것은 마찬가지지만 싼 숙소보다 전기 공급 시간이 길기 때문에 크게 불편하지 않다. 해변에 있는 대부분의 숙소는 백사장 위의 독채 형태라 자연과 하나 된 듯한 기분을 느낄 수 있다. 툴룸 센트로에 자는 것보다는 플라야 델 카르멘에서 자는 것이 훨씬 낫고, 시간과 비용에 여유가 있는 여행자라면 툴룸 해변의 좋은 호텔에서 하룻밤 지내는 것을 강력 추천한다.

마마스 홈 호스텔

Mama's Home Hostel

기본적인 시설만 있지만 모든 방에 에어컨이 있고 깨끗하게 관리되고 있다. 도미토리도 내부가 넓은 편이다. 하지만 이 지역 호스텔들이 다 그렇듯 마당에서 술을 팔고 있어서 밤에 시끄럽다.

주소 센트로. Orion Sur y Sol Oriente
가격 도미 250~350페소, 더블·트윈 1,000~1,500페소

룸 호스텔
Lum Hostel

화려한 색으로 벽을 칠하는 일반적인 멕시코의 호스텔과 달리 회색톤 석재로 통일된 벽이 상당히 이채롭다. 침대 등 내부 시설은 호스텔치고는 꽤 고급스럽지만 가격이 다소 비싸다.

주소 센트로. Alfa Norte y Sagitario Oriente 가격 도미 300~500페소, 더블·트윈 1,100~1,700페소

체 호스텔 툴룸
Che Hostel Tulum

시설 좋은 고급 호스텔로 수영장과 예쁘게 꾸며진 정원이 있고, 공용 시절도 넓고 잘 구비되어 있다. 도미토리 내부도 일반적인 호스텔보다는 가구가 좋고 깔끔하다. 밤에는 당연히 시끄럽다.

주소 센트로. Geminis Norte y Libra Norte 가격 도미 350~700페소, 더블·트윈 1,000~2,000페소

호텔 폭 나
Hotel Poc Na

역시 파라이소 해변에 있는 3성급 호텔로 플라야 에스페란사 호텔보다 방이 크고 시설이 조금 더 좋다. 나무 같은 자연 재료를 많이 활용한 인테리어가 인상적이다.

주소 해변. Tulum Boca Paila km 1.5 가격 더블·트윈 200~300달러

호텔 엘 카피탄
Hotel el Capitan

버스터미널에서 가까운 3성급 호텔로 내부 시설이 3성급이라고 믿겨지지 않을 만큼 좋다. 방이 상당히 넓고 침대도 정말 크다. 3성급 호텔 중 시설은 최상급에 속한다.

주소 센트로. Orion Sur 3 가격 더블·트윈 65~80달러

플라야 에스페란사 호텔
Playa Esperanza Hotel

파라이소 해변에 있는 3성급 호텔로 작은 방갈로가 백사장 위에 하나씩 흩어져 있는 형태다. 방이 그다지 크지 않고 시설은 특별한 것이 없지만 툴룸 해변에 있다는 것 하나만으로도 모든 것이 용서된다. 사람들이 다 사라진 밤에 방 밖으로 나와서 툴룸 해변을 거닐면 더할 나위 없는 아름다움을 즐길 수 있다.

주소 해변. Tulum Boca Paila km 2.5 가격 더블·트윈 150~230달러

과테말라
Guatemala

- 안티구아 Antigua
- 파나하첼 Panajachel
- 산 페드로 San Pdero la Laguna
- 산 마르코스 San Marcos la Laguna
- 플로레스 Flores

멕시코 바로 아래에 있는 과테말라는 저지대 밀림 지역에서 발달한 마야문명권에 속했던 국가로 아직까지도 전통의상을 입고 살아가는 현지인을 흔하게 볼 수 있다. 멕시코에 비하면 조그만 나라지만 중미에서 가장 아름다운 콜로니얼 도시인 안티구아를 거닐고, 화산으로 둘러쌓인 아름다운 아티틀란 호수 주변의 작은 마을들에서 휴식을 즐길 수 있다. 중미에서 가장 큰 전통시장인 치치카스테낭고 시장에서 오랜 세월 동안 전해 내려온 마야 전통의상들을 구경하고, 밀림 속에 잠들어 있는 신비한 마야 유적인 티칼을 만날 수 있다. 또, 아티틀란 호수 위에서 패러글라이딩을 하고, 뜨거운 용암이 흐르는 화산 위를 걷고, 세계적으로 유명한 과테말라 커피를 맛볼 수 있다. 무엇보다 아직 가난한 나라이기 때문에 이 모든 것을 비교적 저렴한 비용에 즐길 수 있다는 것이 큰 장점이다. 2000년대에는 불안한 치안 때문에 여행이 쉽지 않았지만 2010년대부터 관광지의 치안이 크게 개선되어 불편함 없이 여행할 수 있게 되었다. 아름다운 자연과 마야문명의 전통이 남아 있는 과테말라 속으로 들어가보자.

과테말라 기본 정보

수도 수크레(Sucre)

인구 1,167만 명(2020년 기준)

면적 110 만 km^2 (남한의 약 11 배)

수도 과테말라시티

인구 1,711만 명 (2021년 기준)

면적 109만㎢ (남한의 약 1.1배)

언어 스페인어

1인당 GDP 5,025 달러(2021년 기준)

통화 케찰(Quetzal). 1USD = 약 7.3~7.6 케찰, 1페소 = 약 175원 (2024년 기준)

전압 120V 60Hz

기후

여행자들이 주로 방문하는 지역의 기후는 크게 두 가지로 나눌 수 있다. 과테말라는 위도가 낮아서 해안가와 저지대는 상당히 무덥다. 하지만 안티구아, 파나하첼 등 고원 지역은 해발 1,500~1,600m이기 때문에 1년 내내 덥지도 춥지도 않은 온화한 날씨다. 최고기온이 30도 이상 되는 일이 드물고, 최저기온이 10도 이하로 떨어지는 일도 드물다. 그래서 이 지역 숙소들은 에어컨이 있는 곳이 거의 없다. 단, 우기와 건기가 명확하며, 우기에는 하루 종일 비가 올 때가 많기 때문에 여행 시기를 잘 맞춰야 한다. 우기는 일반적으로 6~9월이다. 이에 비해 티칼 유적이 있는 플로레스는 저지대 밀림이기 때문에 1년 내내 엄청나게 덥고 습하다.

역사

·스페인 지배 이전

과테말라는 마야문명권이었으며 멕시코의 마야문명처럼 도시국가 형태로 발전하였다. 수학과 천문학, 귀금속 세공 등 다양한 분야에 뛰어났으며, 중서부 고원 지역의 페텐(Peten)과 '카미날 후유(Kaminal Juyu)', 서부 태평안 연안에 있던 '타칼릭 아바흐(Takalik Abaj)', 북부 밀림 지역의 티칼(Tikal)이 대표적인 도시들이다.

·스페인 정복

1521년 '에르난도 코르테스(Hernando Cortes)'가

아스텍 제국을 멸망시키고 멕시코 지역을 장악한 후, 1523년 '페드로 데 알바라도(Pedro de Alvarado)'가 지휘하는 스페인 정복자들이 과테말라로 진출하기 시작했다. 알바라도는 코르테스의 아스텍 정복 과정과 비슷하게 현지 부족 중 일부를 동맹으로 끌어들여 강력한 부족을 공격하였다. 그 후엔 동맹을 제거하여 큰 세력들을 정리하였다. 하지만 스페인 군대보다 원주민에게 치명적이었던 것은 그들이 가져온 천연두 같은 전염병이었다. 아메리카 대륙의 원주민들은 천연두에 전혀 면역력이 없었기 때문에 아스텍처럼 엄청난 수의 원주민이 병으로 사망했다. 과테말라 주요 지역을 정복한 알바라도는 1527년 과테말라 총독으로 임명되었다. 그 후 1560년 멕시코 치아파스 주와 과테말라, 온두라스, 코스타리카 등 중미 지역을 통괄하는 과테말라 총독령이 설치되어 해당 지역을 관할하게 되었다.

·독립

1800년대 초 나폴레옹 전쟁으로 스페인 본국의 영향력이 점점 약해졌고, 1821년 '아구스틴 데 이투르비데(Agustin de Iturbide)'가 독립을 선언하고 멕시코 제1제국을 만들었다. 이에 과테말라 총독, 사제, 대지주 등 지배 계층은 독립하는 것이 자신들의 이익에 부합할 것으로 판단하고, 1821년 독립을 선언한 후 멕시코 제1제국과 합병하였다. 하지만 1823년 이투르비데가 쫓겨나고 멕시코 제1공화국이 수립되자 치아파스 주를 제외한 나머지 지역은 멕시코에서 독립하기로 결의하고 '중미 연방(Provincias Unidas del Centro America)'을 만들었다. 중미 연방 내에서는 총독청이 있던 과테말라와 다른 지역의 갈등이 심했고, 내전이 벌어지는 심한 혼란이 벌어졌다. 결국 1838년 중미 연방은 분열되었고, 각 주는 독자적인 헌법을 제정하여 현재의 중미 국가들이 되었다.

·독립 이후

과테말라 내전

중미 연방 분열 이후 대부분의 중남미 국가들처럼 과테말라도 잦은 내란과 쿠테타 등 심한 혼란을 겪었다. 2차 세계대전 후 공산주의 세력이 성장하면서 1951년 '하코보 아르벤스 구스만(Jacobo Arbenz Guzman)'이 이끄는 좌파 연합이 선거로 집권하였다. 구스만은 낙후한 과테말라를 개발하기 위해 토지 개혁을 단행하고 자원 개발에 집중하였다. 하지만 이 과정에서 과테말라에 큰 땅을 가지고 있던 미국의 거대 과일 회사인 '유나이티드 프루트 컴퍼니(United Fruit Company)'의 토지 몰수를 둘러싸고 미국과 갈등이 벌어졌다. 미국의 아이젠하워 정부는 CIA를 동원해 쿠테타를 일으켰고, '카를로스 아르마스(Carlos Armas)'가 정권을 잡았다. 하지만 미국이 쿠테타를 지원한 대부분의 국가들이 그렇듯이, 아르마스는 독재를 하면서 수천 명의 반대 세력을 살해하여 혼란을 심화시켰고, 결국 1957년 암살되었다. 여기에 소련까지 개입해 좌파 게릴라를 지원하면서 내전이 벌어졌고, 극심한 내전은 냉전 체재가 붕괴된 뒤 1996년에야 중단되었다. 내전 중 미국의 지원을 받은 군사정권은 좌파 게릴라에게 협조적이었던 수천 명의 원주민을 학살하였고, 이를 주도한 군사정권 지도자들은 2000년대부터 법의 심판을 받았다. 그리고 군사정권의 원주민 학살을 폭로하고, 원주민의 인권 신장을 위해 노력한 원주민 출신의 여성 인권운동가 '리고베르타 멘추(Rigoberta Menchu)'는 1992년 노벨평화상을 수상하였다.

현대의 과테말라

중미 대부분의 국가들과 마찬가지로 사회에 만연한 부정부패와 정치적 혼란은 여전히 진행형이다. 기존 정치인에 대한 불신이 심하다보니 2015년 선거에선 정치 경력이 없던 코메디언 출신의 '지미 모랄레스(Jimmy Morales)'가 큰 득표 차로 대통령이 되었다. 하지만 집권 후 기존 정치인과 똑같이 비리 사건이 계속 터졌고, 트럼프를 추종하는 극우 행보에 성범죄 연루 의혹까지 나오면서 과테말라 정치 현실에 대한 좌절만 더 키웠다.

경제

온두라스, 니카라과, 엘살바도르 등 인근 중미 국가들처럼 농업에 크게 의존하는 취약한 경제 구조를 가지고 있다. 바나나, 사탕수수, 커피, 의류가 대표적인 수출품이며, 석유가 있지만 생산량이 적고 대부분 수출된다. 정유 시설을 늘릴 자본과 기술이 부족해 휘발유, 등유 등 대부분의 유류는 미국에서 수입한다. 전체적인 물가는 멕시코보다 싸지만 안티구아 구시가지의 물가는 비싼 편이다.

환전

사설 환전소는 어디나 있지만 환전률이 상당히 나쁘다. 은행에서 환전하는 것이 훨씬 유리한데, 여권이 필요하며 줄을 서야 한다. 일인당 환전 한도는 한 달에 500달러 정도인데 은행마다 한도가 별도로 있다. 안티구아와 파나하첼에는 은행이 많아서 환전하기 편하다.

신용 카드 / ATM

ATM은 현지 은행의 출금 수수료가 있는데, 30~40케찰(4~5달러)이다. 여기에 국내은행이 부과하는 수수료도 있기 때문에 한 번 인출할 때 1만 원 가까이 수수료가 나간다. 은행 중 BI Banco가 그나마 수수료가 적은 편이다. 1회 인출 한도는 2,000~2,500케찰(250~320달러)밖에 안 된다. 따라서 은행에서 환전하는 것이 제일 유리하고, 사설 환전소와 ATM은 큰 차이가 없는데, 200달러 이하 소액이 필요할 경우 사설 환전소가 낫다. 신용카드는 복제 위험을 피하기 위해 고급 식당과 고급 호텔 같은 곳에서만 사용하는 것이 좋다.

대한민국 대사관

주소 L5 Avenida 5-55 Zona 14, Edificio Europlaza, Torre 3, Nivel 7, Ciudad de Guatemala
전화 (+502) 2382-4051~4
E-mail embcor.gt@mofa.go.kr
홈페이지 overseas.mofa.go.kr/gt-ko
※ 긴급 연락처(근무 시간 외) (+502) 3368-9333

과테말라
대표 먹거리

과테말라는 멕시코 남부 및 유카탄 지역처럼 마야 문화권이었고 기후, 자연환경 등 여러 가지 면에서 비슷하기 때문에 먹거리가 큰 차이가 없다. 멕시코 시골 지역의 먹거리를 좀 더 투박하고 수수하게 만들면 과테말라의 먹거리가 된다. 시장이나 길거리에서 현지인들이 먹는 먹거리를 먹으면 상당히 저렴한 데 비해 관광객용 식당은 꽤 비싼 편이다.

또르띠야 Tortilla

멕시코와 동일하게 과테말라도 수천 년 동안 옥수수가 주식이었다. 따라서 어디를 가나 또르띠야가 밥처럼 나온다. 또, 또르띠야 반죽을 납작하게 누를 때 기구를 주로 사용하는 멕시코와 달리, 대부분 손으로 눌러서 만들기 때문에 더 두껍고 모양이 투박하다. 거기다 불에 굽는 곳이 많기 때문에 식감과 맛도 꽤 다르다.

따말 Tamales

따말은 옥수수를 갈아서 속에 야채나 고기를 소스와 함께 넣은 후 옥수수 잎에 싸서 찐 것으로, 옥수수로 만든 떡이라고 생각하면 된다. 안에는 토마토 소스와 야채만 넣기도 하고 닭고기나 소고기를 넣기도 한다. 그대로 먹을 수도 있고 숯불에 굽거나 야채와 소스를 추가로 올려서 먹기도 한다. 아침에 거리나 시장에서 따말을 파는 아주머니들을 자주 볼 수 있는데, 하나에 2~3케찰(320~480원)로 아주 저렴하다. 따말은 멕시코와 다른 중미 국가뿐만 아니라 에콰도르, 페루 등 남미 북부 국가에서도 많이 먹는다.

또스따다 Tostada

또스따다는 따꼬와 비슷하지만 기름에 튀긴 또르띠야로 만든 것이다. 즉, 미국에서 하드쉘 타코(Hard-shell Taco)라고 부르는 것이 또스따다다. 멕시코에서도 먹지만 과테말라 길거리에서 자주 마주치는 저렴한 먹거리로, 주로 과까몰레와 토마토 소스 위에 계란이나 약간의 고기를 올려서 판다. 따말과 함께 배낭여행자들이 아침으로 주로 먹는다

바비큐 Barbacoa

과테말라를 방문하는 여행자가 가장 많이 먹게 되는 음식 중 하나는 바비큐, 바르바꼬아(Barbacoa)다. 특히 아티틀란 호숫가에 있는 파나하첼에 가면 숯불에 고기를 굽는 모습을 어디서나 볼 수 있다. 가격도 저렴해서 20~30케찰(3,200~4,800원)이면 숯불에 구운 고기와 야채, 감자, 과카몰레 등 다양한 세트를 먹을 수 있다. 채식주의자가 아니라면 거리에서 연기를 자욱하게 피우며 맛있게 구워지는 고기를 그냥 지나치긴 힘들 것이다.

뽈라따노 프리또 Platano Frito

뽈라따노는 바나나처럼 생겼지만 크기가 훨씬 크다. 잘 모르는 사람들은 바나나가 아니냐고 하는데, 바나나와는 다른 과일이고 생으로 먹기는 힘들다. 덜 익은 녹색 뽈라따노는 '뽈라따노 베르데(Platano Verde)'라고 하고, 잘 익은 노란색은 '뽈라따노 마두로(Platano Maduro)'라고 한다. '뽈라따노 프리또'는 뽈라따노를 기름에 튀긴 후에 설탕이나 약간의 소스를 뿌려서 먹는 것으로, 관광지에서는 보기 힘든 저렴한 서민 음식이다. 식감은 물컹하고 맛은 정말 달아서 우리나라 입맛에는 호불호가 갈린다.

커피 Cafe

과테말라를 여행하면서 커피를 즐기지 않는 여행자는 거의 없을 것이다. 과테말라 중부는 화산 토양이고, 고품질 커피를 생산하기 좋은 해발 1,000~2,000m라서 세계적으로 뛰어난 품질의 커피가 생산된다. 워낙 커피가 유명하다보니 관광지에는 어디를 가나 카페가 즐비하다. 커피도 저렴한 편이라 아메리카노와 라테를 10~20케찰(1,600~3,200원)이면 즐길 수 있다. 단, 카페에서 파는 볶은 원두는 상당히 비싸다.

마카다미아 Macadamia

'과테말라에 웬 마카다미아?'라고 생각할 수도 있겠지만 과테말라에도 마카다미아 농장이 있고 마카다미아를 심심찮게 마주치게 된다. 물론 하와이나 호주 같은 곳과 비교하면 생산량이 아주 적지만 과테말라에서 접할 수 있는 뜻밖의 먹거리 중 하나다. 보통 껍질이 있는 상태로 판매하는데, 깨달라고 하면 그 자리에서 까서 준다. 가격은 다소 비싸다.

과테말라의 과일

과테말라는 1년 내내 날씨가 따뜻하거나 덥다보니 과일이 많이 생산되고 가격도 저렴하다. 기후 특성상 열대과일이 많은데 파인애플, 파파야, 메론, 바나나, 망고 등을 주로 먹는다. 과테말라의 주요 수출품 중 하나인 바나나는 한국인에게 익숙한 일반 바나나부터, 몽키 바나나, 레드 바나나 등 종류가 다양하다. 망고도 아주 저렴하고 맛있다.

안티구아
Antigua

해발 1,530m의 고원에 자리 잡은 안티구아는 1543년 스페인 정복자들에 의해 건설되었으며, 과테말라 총독령의 수도로서 중미의 중심 도시였다. 하지만 1717년, 1751년, 1773년에 강력한 지진이 일어나 도시의 상당 부분이 파괴되고 큰 인명 피해가 발생하자, 1776년 스페인 왕실의 명령에 의해 총독령의 수도를 현재의 과테말라시티로 옮기게 되었다. 스페인 식민지 시절의 건물과 거리가 그대로 남아 있는 안티구아는 페루의 쿠스코와 함께 라틴 아메리카에서 가장 아름다운 콜로니얼 도시다. 밝은 파스텔 톤의 거리는 어디를 가나 아름다운 성당과 건물이 가득하다. 또, 지진으로 파괴된 건물 중 일부는 아직도 남아 있어서 안티구아만의 독특한 분위기를 만든다. 이런 건물들과 거리만으로도 멋진 도시지만 여기에 더해, 도시를 둘러싼 거대한 화산들은 안티구아를 어디서도 볼 수 없는 독특한 아름다움을 가진 곳으로 만들어준다. 도시만 아름다운 것이 아니라 뜨거운 용암이 흐르는 화산 위를 걸을 수 있고, 푸른 커피 농장 속에서 커피가 만들어지는 과정을 직접 볼 수도 있다.

국제선/국내선 항공

안티구아에는 공항이 없고 동쪽으로 40km 정도 떨어진 과테말라시티의 '아우로라 국제공항(Aeropuerto Internacional La Aurora de la Ciudad de Guatemala)'을 이용해야 한다. 한국에서 출발할 경우 미국이나 멕시코를 경유하며, 비행 시간은 보통 18~22시간(환승 시간 포함)이 걸린다. 만약 미국에서 안티구아로 이동한다면 4~6시간이 소요된다.

멕시코, 코스타리카, 파나마 등 인근 국가로 연결되는 항공편은 아주 많으며, 저렴한 저가 항공도 있다. 칸쿤 직항 노선은 볼라리스 항공에서 운항한다.

국내선은 연결되는 도시가 3곳뿐인데 여행자가 갈 만한 곳은 티칼(Tikal) 유적이 있는 플로레스 한 곳밖에 없다.

홈페이지

아에로마르 www.aeromar.mx
볼라리스 www.volaris.com
TAG www.tagairlines.com

■ 공항에서 안티구아로 이동하기

콜렉티보(셔틀버스)

'안티구아 셔틀(Antigua Shuttle)' 표지판을 들고 있는 사람들을 따라가 안티구아까지 셔틀버스를 탈 수 있다. 일반적으로 밤 9시 정도까지 운행하는데, 비행기가 늦은 시간에 도착할 경우 그 시간에 맞춰서 기다리는 버스들이 있다. 택시를 타기 전에 먼저 셔틀버스가 있는지 확인해보자.

시간 07:00~21:00 소요시간 50~60분 요금 140~150케찰(약 20달러)

택시

요금이 비싸지만 가장 빠르고 편한 방법이다. 공항 안까지 들어오는 택시는 안전하니 크게 걱정하지 않아도 된다.

시간 24시간 운행 소요시간 40~50분 요금 300~350케찰(40~45달러)

치킨버스란?

중미를 여행하다 보면 '치킨버스(Chicken Bus)'라는 용어를 많이 듣게 된다. 치킨버스의 정체는 미국에서 사용하던 스쿨버스다. 사용 기한이 다 된 미국의 스쿨버스를 가져와서 정비를 하고 화려하게 색칠을 한 후 가까운 지역을 운행하는 로컬버스로 사용하고 있는 것이다. 워낙 오래 운행했던 차라서 매연이 심하고 좌석은 정말 딱딱하며, 사람이 많으면 2인용 좌석에 3명이 앉아야 해서 아주 불편하다. 치킨버스라는 말은 우리나라 여행자들만 사용하는 용어가 아니라 미국이나 유럽 여행자들도 쓴다. 만약 치킨버스를 타게 된다면 중간에 내리고 타는 사람들이 많기 때문에 소지품과 가방 관리에 아주 신경을 써야 한다.

시외 교통

로컬 버스(치킨버스)/셔틀버스

안티구아는 조그만 도시라서 시외 버스터미널이 없고 과테말라시티, 파나하첼 등 가까운 지역으로 가는 로컬 버스(치킨버스) 터미널만 있다. 터미널은 도시의 서쪽 끝에 있는데, 건물이 있는 것이 아니라 그냥 넓은 도로에 버스가 쭉 늘어서 있다. 플로레스(Flores), 세묵참페이(Semuc Champey) 등 먼 도시를 간다면 과테말라시티의 버스터미널에 가서 버스를 타야 한다. 하지만 안전한 안티구아와 달리 과테말라시티는 치안 문제가 심각하기 때문에 거의 모든 여행자가 여행사 셔틀버스를 이용해 이동한다. 비교적 가까운 파나하첼, 치치카스테낭고 같은 지역은 셔틀버스가 직접 가며, 장거리 구간은 셔틀버스가 과테말라시티의 버스터미널에 내려줘서 장거리버스로 갈아타게 한다. 물론 로컬버스가 셔틀버스보다 저렴하지만 현지 사정에 익숙하지 않다면 안전을 위해 셔틀버스를 이용하길 권한다. 아래 시간·요금은 여행사 셔틀버스 기준이다. 멕시코의 산 크리스토발로 가는 셔틀버스도 있다. 여행사 셔틀버스는 주로 12~15인승 밴인데 대부분 오래된 차량이다.

예상 소요시간 및 요금

목적지	소요시간	요금
과테말라시티(공항)	1시간	140~150케찰
파나하첼	2.5~3시간	140~150케찰
치치카스테낭고(시장)	3~3.5시간	250~300케찰 (왕복)
세묵 참페이	8~10시간	370~400케찰
플로레스	12~13시간	400~450케찰
산 크리스토발(멕시코)	9~10시간	500~550케찰

안티구아 여행 포인트

안티구아는 조그만 도시이기 때문에 모든 곳을 걸어서 둘러볼 수 있다. 도시 어디를 가든 아름다운 건물들이 있기 때문에 거리를 걷는 것 자체가 안티구아에서 경험할 수 있는 가장 매력적인 시간이다. 유명한 건물들은 물론 조그만 카페 하나, 숙소 하나도 더할 나위 없이 예쁘다. 안티구아에 간다면 투어보다는 안티구아 자체를 둘러보는 데 시간을 더 많이 투자하기를 권한다.

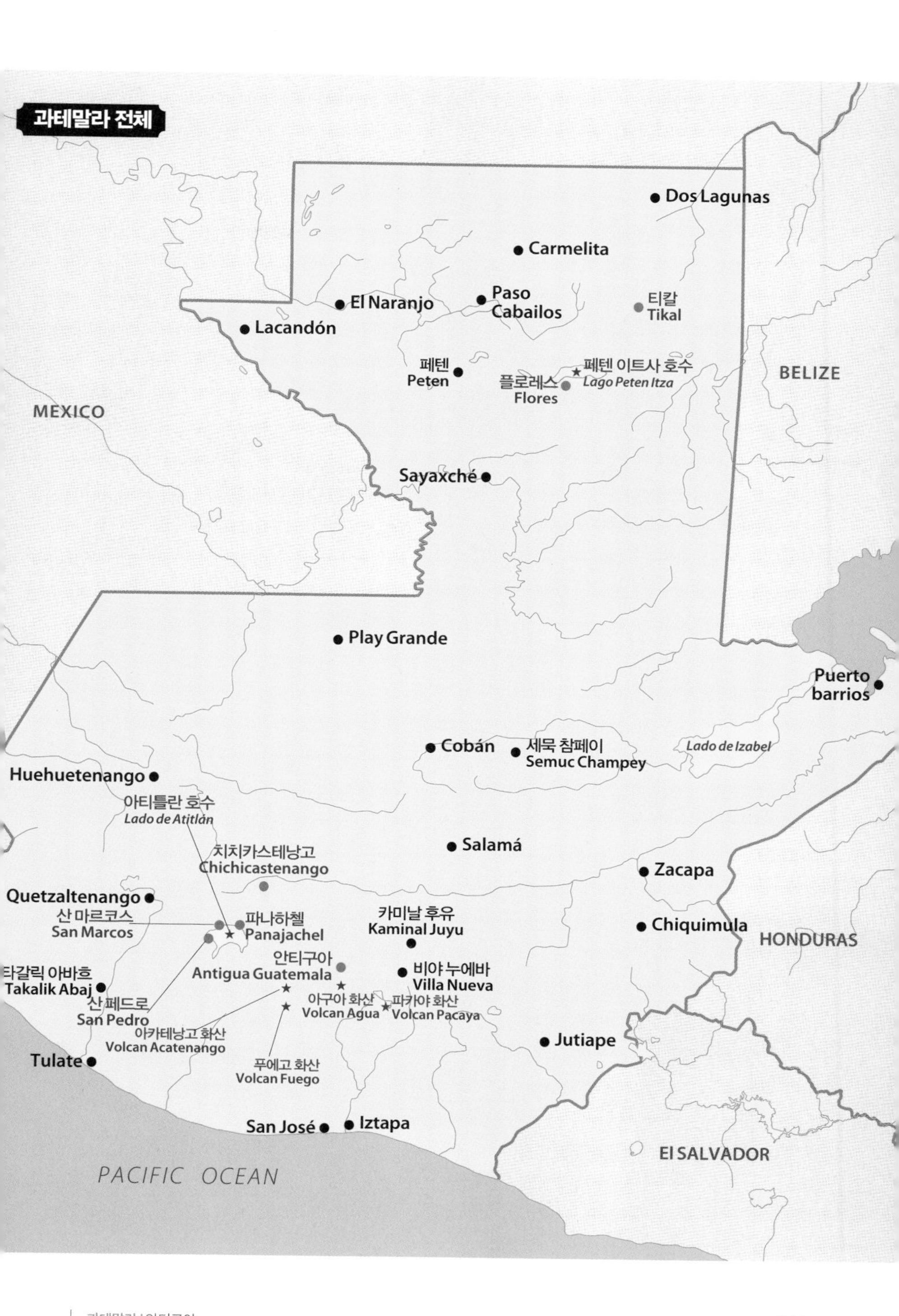
과테말라 전체
Dos Lagunas
Carmelita
El Naranjo
Paso
Cabailos
티칼
Tikal
Lacandón
페텐
Peten
페텐 이트사 호수
Lago Peten Itza
플로레스
Flores
BELIZE
MEXICO
Sayaxché
Play Grande
Puerto
barrios
Cobán
세묵 참페이
Semuc Champey
Lado de Izabel
Huehuetenango
아티틀란 호수
Lado de Atitlán
Salamá
치치카스테낭고
Chichicastenango
Zacapa
Quetzaltenango
산 마르코스
San Marcos
파나하첼
Panajachel
카미날 후유
Kaminal Juyu
Chiquimula
HONDURAS
타갈릭 아바흐
Takalik Abaj
안티구아
Antigua Guatemala
비야 누에바
Villa Nueva
산 페드로
San Pedro
아구아 화산
Volcan Agua
파카야 화산
Volcan Pacaya
아카테낭고 화산
Volcan Acatenango
Jutiape
Tulate
푸에고 화산
Volcan Fuego
San José
Iztapa
El SALVADOR
PACIFIC OCEAN

안티구아 구시가지
십자가 언덕
Cerro de la Cruz
아우로라 국제공항 40km
4 Avenida Norte
라 메르세드 성당
Iglesia de la Merced
마야 파파야 호스텔
Maya Papaya Hostel
호스텔 안티게뇨
Hostel Antigueño
Calle de Rubia
산타 카탈리나 아치
Arco de Santa Catalina
카페 에스투디오
Cafe Estudio
카르멘 성당
Iglesia del Carmen
산토 도밍고 수도원
Convento y Iglesia de Sant
Domingo
라 브루하
La Bruja
Poniente
로컬버스(치킨버스)
터미널
terminal de bus
라 보데고나
(대형마트)
La bodegona
중앙광장(마요르 광장)
Parque Central
(Plaza Mayor)
아드라 호스텔
Adra Hostel
대성당
Catedral de Santiago
시에테아 노르테 피제리아
7A Norte Pizzeria
시청
Palacio del Ayutamiento
린콘 티피코
Rincon Tipico
호텔 이 아르테
Hotel y Arte
산 마르틴 카페
San Martin Cafe
우니온 공동세탁소
Tanque de la Union
파티오 데 라 프리메라
Patio de la Primera
산타 클라라 수도원
Convento de Santa Clara
토코 바루
Toko Baru
RN 14
소모스 호스텔
Somos Hostel
호텔 산 호르헤
Hotel San Jorge
10
호텔 메손 판사 베르데
Hotel Meson Panza Verde
200m

중앙광장
Parque Central

말 그대로 안티구아 구시가지의 중앙에 있는 광장으로 '마요르 광장(Plaza Mayor)'이라고도 한다. 주변에 은행, 환전소, ATM 등 여행자에게 꼭 필요한 시설이 있고, 대성당(카테드랄)도 있기 때문에 안티구아에 온 여행자라면 제일 먼저 들르게 되는 곳이다. 중앙에 분수대가 있고 나무와 그늘이 많아서 앉아서 쉬기 좋다.

안티구아 및 과테말라 관광지의 치안

2000년대까지만 해도 안티구아의 치안은 정말 불안했다. 낮에는 괜찮았지만 해가 지면 모두가 숙소 밖으로 나가는 것을 말렸고, 현지인조차 밤거리를 걷지 않고 택시를 이용하였다. 밤거리에는 인적이 정말 드물어 숙소 가까운 곳을 다녀오는 것도 두려울 정도였다. 하지만 2010년대 중반부터 치안이 크게 개선되어 다 옛날 이야기가 되었다. 이제는 밤늦은 시간은 물론 새벽에도 술집을 순례하는 외국인들이 거리에 가득하고, 도시 전체가 낮처럼 환하다. 안티구아뿐만 아니라 여행자들이 찾는 파나하첼, 치치카스테낭고 시장 같은 지역도 강도 등 강력 사건을 걱정할 필요가 없어졌다. 하지만 여행자들이 잘 가지 않는 지역과 과테말라시티 같은 곳은 아직도 치안이 상당히 안 좋으니 관광지를 벗어나지 않도록 조심하자. 물론 세상 어디를 가나 그렇듯이 소매치기 등 사소한 범죄는 항상 조심해야 한다. 가방, 핸드폰 등 소지품 관리에 유의하자. 관광지 내에서는 기본적인 안전 수칙만 준수한다면 과테말라는 별 어려움 없이 여행할 수 있다.

대성당
Catedral de Santiago

안티구아의 '산티아고 대성당'은 중앙광장 동쪽에 있다. 1545년에 처음 건설되었는데, 1773년 '산타마르타(Santa Marta)' 대지진으로 인해 파괴되었고, 이후 부분적으로 재건되었다. 성당 뒷부분에는 아직 지진으로 파괴된 흔적이 그대로 남아 있다. 1874년과 1918년에도 큰 지진이 발생해 피해를 입었다. 성당에는 과테말라를 정복한 '페드로 데 알바라도(Pedro de Alvarado)'의 유해가 남아 있다. 지진으로 파괴된 뒷부분은 입장료를 내야 구경할 수 있는데, 천장이 없이 기둥과 벽만 남아 있는 모습에서 묘한 아름다움을 느낄 수 있다.

위치 중앙광장의 동쪽 시간 09:00~17:00 요금 20케찰

시청
Palacio del Ayutamiento

중앙광장 남쪽에는 '팔라시오 델 아유타미엔토'라는 긴 이름의 건물이 있는데, 안티구아 시청이다. 1743년에 완공된 건물인데 건물 정면에 쭉 늘어선 토스카나 양식의 이중 아치가 인상적이다. 구조가 안정적이고 튼튼하게 지어진 건물이라 연이은 대지진에도 큰 손상을 입지 않았다. 밤이 되면 아치 하나하나마다 조명이 비춰져서 아주 예쁘니, 저녁에 꼭 중앙광장에 들러보자.

위치 중앙광장의 남쪽

안티구아의 우기

안티구아와 파나하첼 등 고원 지역은 건기와 우기가 명확하게 나눠진다. 6월부터 9월까지가 우기인데, 이때는 한 달에 20일 이상 비가 온다. 그렇다면 건기가 여행하기 좋을 것 같지만 반드시 그렇지는 않다. 건기에는 하늘에 구름이 거의 없어서 풍경이 밋밋하고, 미세먼지 때문에 대기가 뿌옇게 보일 때가 많다. 그래서 풍경은 우기에 햇빛이 나는 날이 건기보다 훨씬 멋있다. 필자의 경험으로는 우기에 가까운 5월과 10월이 가장 여행하기 좋았다. 흰 구름이 깔린 멋진 풍경을 볼 수 있으면서 비가 우기보다는 덜 오기 때문이다.

라 메르세드 성당
Iglesia de la Merced

도시의 북쪽 끝에 있는 커다란 성당으로 스페인에서 온 총독이었던 '알론소 페르난데스 데 에레디아(Alonso Fernandez de Heredia)'의 후원으로 1767년에 완공되었다. 벽을 상당히 두껍게 만들어서 연이은 대지진에도 큰 손상을 입지 않았다. 노란색 성당 전면에 있는 흰색의 수많은 조각과 부조가 아주 아름답다. 성당 부속 박물관은 입장료가 있다.

위치 1ª Poiente y 6ª Norte. 중앙광장에서 북쪽으로 도보 5분 시간 06:00~20:00 요금 20케찰(박물관)

산타 카탈리나 아치
Arco de Santa Catalina

라 메르세드 성당 남쪽 도로에 있는 아치다. 1694년에 건설됐는데 도로 한쪽에 있던 산타 카탈리나 수녀원과 반대쪽에 있던 학교를 연결하는 통로로 사용하기 위해 만든 것이다. 아치 위를 걸어가면 수녀들이 외부에 노출되지 않을 수 있기 때문이다. 아치 위에 있는 시계는 1830년에 설치되었다. 안티구아를 상징하는 건축물로 예쁜 거리와 어우러진 아치의 모습은 정말 아름답다. 특히 날씨가 맑은 날이면 아치 뒤로 '아구아 화산(Volcan Agua)'이 보여서 정말 멋진 사진을 찍을 수 있다.

주소 5ª Norte 28

안티구아 주변의 화산들

안티구아 남쪽에는 3개의 화산이 가까이 있다. 가장 가까운 아구아 화산(Volcan Agua. 해발 3,766m)은 안티구아에서 7km 정도 떨어져 있는데, 1541년에 폭발한 이후로는 분화하지 않았다. 18km 떨어진 파카야 화산(Volcan Pacaya. 해발 2,552m)은 마그마가 자주 나와서 화산 투어로 많이 찾는 곳이다. 하지만 2000년대에는 마그마가 계속 나오다가 2010년대 이후에는 활동이 뜸해졌다. 남서쪽으로 18km 떨어진 푸에고 화산(Volcan Fuego. 해발 3,763m)은 1717년에 이어 1974년에도 크게 폭발하였고, 최근 2018년에도 폭발하여 가까운 지역에서 수백 명의 인명 피해가 났다. 화산활동이 활발해지면 인명 피해가 발생할 수 있기 때문에 불행한 일이지만 화산과 마그마를 보고 싶어 하는 여행자에게는 반가운 소식이라는 점이 씁쓸하다.

산타 클라라 수도원
Convento de Santa Clara

산타 클라라 수도회의 수녀원이었던 곳으로 1700년에 건설되었다. 1717년 지진으로 크게 파괴되어 1734년에 재건되었지만 1773년과 1874년 대지진으로 다시 파괴되어 폐허로 방치되었다. 입장료를 내면 내부를 구경할 수 있는데, 분수대가 중앙에 있는 정원과 어우러진 폐허의 풍경이 묘하게 아름답다.

주소 6ª Oriente y 2ª Sur 위치 중앙광장에서 남동쪽으로 도보 3~4분 시간 09:00~ 17:00 요금 40케찰

산토 도밍고 수도원
Convento y Iglesia de Santo Domingo

산토 도밍고 수도회에 의해 1542년에 건설된 수도원으로, 1717년과 1773년 대지진으로 크게 파괴되었다. 이후 여러 번 소유가 변경된 후에 호텔이 인수하여 현재는 호텔 겸 박물관으로 이용되고 있다. 따라서 현재는 '카사 산토 도밍고 호텔(Casa Santo Domingo Hotel)'이라고도 부른다. 수도원의 폐허뿐만 아니라 6개의 박물관·미술관이 있어서 양으로만 따지면 안티구아에서 가장 볼거리가 많은 곳이다. 호텔과 정원은 입장료 없이 둘러볼 수 있지만 6개의 전시관은 입장료를 내야만 볼 수 있는데, 이 구역을 '전시관의 길'이라는 뜻의 '엘 파세오 데 로스 무세오스(El Paseo de los Museos)'라고 한다. 금과 은 등 귀금속으로 만든 십자가, 성구 등이 전시된 '플라테리아 박물관(Museo de la Plateria)', 다양한 그림이 전시된 '비칼 미술관(Museo Vical de Arte Precoombiano y Vidrio Moderno)', '수공예품 전시관(Museo de Artes y Artesanias)' 등이 있고, 지하에는 수도원이 있을 당시 안치되었던 수도사들의 유해가 있다.

주소 3ª Oriente 28 위치 중앙광장에서 동쪽으로 도보 6~7분 시간 월~토 09:00~18:00, 일 11:00~18:00 요금 48케찰

우니온 공동 세탁소
Tanque de la Union

'탕케 델 라 우니온'은 번역하기 상당히 까다로운 말이다. '탕케'는 영어로는 '탱크(Tank)'로 물을 저장하는 곳을 말한다. 즉, 물이 저장되어 있던 곳인데 공동 세탁소로 사용했었기 때문에 필자는 '우니온 공동 세탁소'라고 번역하였다. 1853년에 만들어진 건물로 노란색 아치가 일렬로 늘어서 있다. 바로 앞에 있는 큰 야자수가 즐비한 광장은 '우니온 광장(Plaza la Union)'이다. 중심가에서 가깝고 광장에 앉아서 쉬기 좋기 때문에 여행자들이 자주 찾는 곳이다.

주소 6ª Oriente y 2ª Sur 위치 중앙광장에서 남동쪽으로 도보 2~3분

카르멘 성당
Iglesia del Carmen

안티구아 시내에는 지진으로 파괴된 건축물이 많이 있지만 화려하게 장식된 전면이 정확하게 반으로 갈라진 이 성당이 가장 인상적인 건물 중 하나일 것이다. 1638년에 건축되었고 이후 지진으로 여러 번 파괴와 복구가 진행되었는데, 1773년 대지진으로 크게 파괴된 후 방치되었다.

주소 3ª Norte 7 위치 중앙광장에서 남동쪽으로 도보 2~3분

십자가 언덕
Cerro de la Cruz

십자가 언덕, '세로 델 라 크루스'는 안티구아 북쪽에 있는 작은 언덕이다. 안티구아의 치안이 불안하던 시절에는 걸어서 올라가기 두려운 곳이었지만 치안이 좋아진 지금은 등산로가 잘 정비되어 모두 걸어서 올라간다. 나즈막한 언덕이라 10~15분 올라가면 십자가가 있는 지점에 도착한다. 시멘트로 만들어진 십자가는 1930년에 만들었는데 이것을 보기 위해 올라간 것이 아니라 십자가 앞으로 보이는 안티구아의 전경을 보기 위해 올라가는 곳이다. 멀리 보이는 아구아 화산 앞으로 격자 형태로 구역이 구분된 안티구아 시가지가 펼쳐져 있다. 당연한 것이지만 너무 밤늦은 시간이나 새벽에는 올라가지 않는 것이 좋다.

위치 등산로 입구까지 중앙광장에서 북쪽으로 도보 6~7분. 등산로 입구에서 십자가까지 도보 10~15분

안티구아 지역의 Tour

안티구아는 아름다운 시가지뿐만 아니라 주변 지역에도 볼거리가 가득하다. 그래서 많은 여행자들이 안티구아에서 오래 머물면서 과테말라 여행을 즐기곤 한다. 게다가 과테말라는 투어비가 상당히 저렴해서 투어를 몇 개씩 해도 별 부담이 없다. 안티구아를 방문할 때는 충분한 시간을 가지고 찾아가자.

■ 화산 투어 Volcan Tour

마그마가 눈앞에서 흐르는 것을 직접 보는 것은 많은 여행자들이 과테말라 여행에서 바라는 희망 중 하나다. 하지만 마그마가 매일 나오는 것은 아니고 화산활동이 늘 활발한 것도 아니기 때문에 흐르는 마그마를 볼 수 있을지 없을지는 본인의 운에 달려 있다. 안티구아에 도착했을 때 마침 화산활동이 활발한 시기라면 마그마를 볼 가능성이 높고, 그렇지 않다면 산 기슭에 마그마가 굳어서 기괴한 지형이 만들어지고 곳곳에서 뜨거운 증기가 뿜어져 나오는 광경 정도만 볼 수 있다.

파카야 화산 Volcan Pacaya

안티구아에서 가깝고 여행자들이 많이 가는 화산은 파카야 화산이다. 등산로 입구까지 차로 1시간 가량 이동한 후 오르막길을 1시간 정도 걸어 올라가야 한다. 이때 말을 이용할 수도 있는데 상당히 비싸게 부른다(편도 150~200케찰). 마그마가 굳어서 검은색 암석이 된 지대에 도착하면 주변을 구경할 수 있고, 뜨거운 열기가 나오는 곳에서 마시멜로를 구워먹는 이벤트도 한다. 만약 마그마가 나오는 때라면 너무 뜨거운 곳에 발을 들이지 않도록 각별히 주의해야 한다. 신발 밑창이나 바닥에 떨어뜨린 소지품이 녹을 수도 있기 때문이다. 2010년대 이후로는 화산활동이 뜸하다.

시간 6~7시간 소요 가격 90~110케찰 (입장료 100케찰 별도)

아카테낭고 화산 Volcan Acatenango

안티구아 서쪽에 있는 해발 3,976m의 화산으로 최근에 화산활동이 활발해서 마그마를 볼 가능성이 높다. 하지만 파카야 화산과 달리 1박 2일 코스로 진행되어 상당한 체력이 필요하며, 분화구가 있는 봉우리가 아니라 그 옆에 있는 봉우리에 올라가 화산을 구경한다. 안티구아에서 1시간 정도 차로 이동해 등산로 입구에 도착한 후 5~6시간 산을 올라간다. 이때 말을 탈 수도 있는데 굉장히 비싸며(편도 600~700케찰), 해발 3,000m가 넘는 고산을 올라가야 하기 때문에 정말 힘들다. 등산로 입구에서 개인 짐을 질 포터를 고용할 수도 있다(편도 약 200케찰). 화산 분화구가 보이는 해발 3,700m 정도의 야영지에 도착하면, 1박을 하면서 마그마와 연기를 내뿜는 화산을 구경하게 된다. 2일차 오전에 산 정상까지 올라가 전체 전망을 본 후, 3~4시간 동안 하산하여 오후 1~2시경 안티구아로 돌아온다. 캠프장이 워낙 고지대에 있고 천막을 친 가건물에서 자기 때문에 밤과 아침에는 상당히 추워서 핫팩이나 보온 의류를 준비해야 한다. 갈아입을 옷과 생수, 간식, 수건, 완전 충전된 배터리도 챙겨야 한다. 갑자기 해발 3,700m까지 올라가서 잠까지 자기 때문에 심한 고산 증세가 찾아올 가능성이 아주 높다. 고산 증세에 대비한 두통약과 기타 상비약도 잊지 말자. 평생 잊지 못할 풍경을 볼 수 있지만 난이도가 상당히 높은 투어이니 본인의 체력과 건강 상태를 고려해서 참가 여부를 결정해야 한다.

시간 1박 2일 소요 가격 300~350케찰 (입장료 100케찰 별도)

커피 투어 Coffee Tour

안티구아는 세계적으로 유명한 커피 산지답게 주변에 많은 커피 농장이 있다. 커피 투어는 커피 농장에 가서 커피의 재배와 수확, 가공 과정을 보는 투어다. 큰 볼거리가 있지는 않지만 다른 나라의 커피 투어보다 저렴하다. 안티구아 인근 농장 중에 필라델피아(Filadelfia) 농장이 유명하고, 아소테아(La Azotea)에는 커피 박물관이 있다.

시간 약 4시간 소요 **가격** 100~120케찰

치치카스테낭고 투어 Chichicastenango Tour

매주 목·일요일에 열리는 중미 최대의 전통시장인 치치카스테낭고 시장을 다녀오는 투어다. 사실 투어가 아니라 시장까지 다녀오는 왕복 셔틀버스를 이용하는 것이다. 당연히 치킨 버스를 타고 다녀오는 것보다는 훨씬 편하고 빠르게 다녀올 수 있다. 안티구아에서 치치카스테낭고까지는 차로 3시간 정도 걸리는데, 이동에 시간이 많이 걸리기 때문에 시장 구경은 3시간 정도밖에 할 수 없다. 따라서 치치카스테낭고에서 가까운 파나하첼(Panajachel)에 갈 계획이 있다면 파나하첼에서 다녀오는 것이 훨씬 좋은 방법이다.

시간 11~12시간 소요 **가격** 250~300케찰

안티구아에서 스페인어 배우기

과테말라의 스페인어는 표준 스페인어와 발음이 거의 비슷하고, 멕시코보다 말이 느린 편이다. 또, 언어를 빨리 배우기 위해서는 1:1 수업이 최선인데, 이 비용이 저렴하다(시간당 7~9달러). 따라서 안티구아에는 많은 어학원이 있고, 늘 스페인어를 배우는 외국인이 가득하다. 이렇게 안티구아는 스페인어 공부에 좋은 도시지만 미리 고려해야 하는 점이 몇 가지 있다.

1. 스페인어는 몇 주 배운다고 대화가 통하는 언어가 아니다.

스페인어는 영어와 비슷한 단어가 많아서 처음에는 쉬워보인다. 하지만 인칭과 시제에 따라 동사변형이 되기 때문에 일상 대화에서는 주어를 거의 말하지 않는다. 즉, 상대가 말하는 동사만 듣고 시제와 인칭을 바로 파악할 수 있어야 자유 대화가 가능하다. 그래서 보통 6개월 이상은 열심히 공부해야 약간의 자유 대화가 되며, 2~4주 공부해서는 물건을 사거나 길을 물어보는 정도의 아주 초보적인 대화만 가능하다. 따라서 몇 주를 투자해 스페인어를 공부한다고 현지인과 교감을 나누거나 중남미 여행이 크게 편해지거나 하지는 않는다. 물론 경험상 또는 재미를 위해 할 수 있지만 스페인어를 배우는 목적이 뭔지 미리 잘 생각해보는 것이 좋다.

2. 안티구아의 홈스테이는 현지인 가족과 어울리는 것이 아니다.

어학원을 등록하면 보통 홈스테이를 소개해준다. 식사가 제공되고, 1주일에 80~100달러로 저렴하다. 하지만 현지인 집에서 함께 생활하는 것이 아니라 사실상 식사가 제공되는 주택형 숙소일 뿐이다. 외국인이 가득한 안티구아는 과테말라에서 큰돈을 벌 수 있는 곳이라 집값이 아주 비싸다. 즉, 홈스테이를 할 정도로 큰 집을 가진 사람은 우리나라로 치면 강남에 아파트 몇 채 가진 부자다. 그런 사람이 홈스테이를 직접 관리할 리가 없으며, 여행자는 주인 얼굴을 볼 일도 거의 없다. 단지 숙소에서 청소하고 요리해주는 아주머니만 만날 수 있는데, 피고용인이라 바빠서 여행자들과 노닥거릴 시간은 거의 없다. 현지인 가정에서 함께 생활하는 홈스테이는 기대하지 말자. 그리고 가격이 싼 대신 식사가 정말 부실하고 맛이 없어서 대부분 하루에 한두 끼는 밖에서 해결한다. 식사가 일부 제공되는 저렴한 싱글룸에 머무는 것이라고 생각해야 한다.

3. 안티구아의 물가는 상당히 비싸다.

2010년대부터 치안이 크게 개선되면서 많은 외국인이 몰려왔고 물가가 크게 올랐다. 특히 식당이 정말 비싸졌는데, 로컬 식당들은 임대료 상승과 관광객용 식당, 바에 밀려 대부분 사라졌다. 그래서 식당에 가면 저렴한 멕시코의 도시 대비 2배 이상 돈이 든다. 그리고 대부분의 외국인 학생들이 밤이 되면 어울려 바, 클럽에 놀러가는데 이것도 상당히 비싸다. 삼시세끼 홈스테이의 맛없는 밥만 먹고 밤에는 공부만 할 사람이 아니라면 생활비가 생각보다 많이 들 것이다.

몇 가지 단점이 있지만, 그래도 안티구아는 중남미에서 스페인어를 배우기 가장 좋은 곳 중 하나다. 어학원은 예약하지 않고 안티구아에 와서 찾아봐도 원하는 때에 수업이 가능하다. 안티구아 외에 스페인어를 배우기 좋은 곳은 멕시코 산 크리스토발과 에콰도르 바뇨스가 있다. 두 곳 모두 수업비(1:1 기준)는 안티구아와 비슷하고 물가는 훨씬 저렴하다. 하지만 산 크리스토발은 멕시코의 말이 너무 빠르다는 단점이 있고, 바뇨스는 어학원 수가 적다는 단점이 있다. 세 도시 모두 우열을 가리기 힘들 정도로 훌륭하니, 중미부터 여행을 시작한다면 안티구아와 산 크리스토발을 추천하고, 남미부터 시작한다면 바뇨스를 추천한다.

추천 식당

2010년대 이후 관광객용 식당에 밀려 저렴한 로컬 식당과 재래시장이 거의 모두 사라졌다. 길거리에서 파는 음료나 음식도 과테말라의 다른 도시보다는 비싸고 파는 곳도 별로 없다. 그래서 식당에서 메인 메뉴와 음료를 먹으면 보통 10달러 이상 지출해야 한다. 먹거리의 가성비는 떨어지지만 대신 식당의 시설과 분위기는 멋진 곳이 많다. 시내 구석구석의 카페에서 파는 커피는 저렴하고 맛도 훌륭하다.

린콘 티피코

Rincon Tipico

숯불구이 닭고기, 돼지고기 등을 야채, 감자, 또르띠야와 함께 제공한다. 안티구아에서 정말 보기 드문 로컬 식당이며 가격도 싸다. 단, 저녁에는 영업을 하지 않는다.

주소 3ª Sur 3 시간 07:00~16:00

토코 바루

Toko Baru

중동식과 인도식을 혼합한 국적 불명의 요리를 깔끔하게 만들어 파는 곳이다. 메인 메뉴가 35~50케찰(5~7달러)인데, 놀랍게도 안티구아의 식당 중에 가장 저렴한 편이다. 음식의 정체에 대해 고민하지만 않으면 맛은 괜찮다.

주소 1ª Sur 17 시간 12:00~21:30

산 마르틴 카페

San Martin Cafe

안티구아에는 빵집이 많이 있지만 대부분 맛이 없고 종류도 다양하지 않다. 이곳은 산마르틴 호텔에 있는 빵집, 카페 겸 식당인데 우리나라 빵집만큼이나 종류가 다양하고 맛도 좋다. 물론 다른 빵집 대비 비싸지만 한국의 비싼 빵 값에 익숙한 우리나라 사람에게는 저렴하게 느껴진다.

주소 6ª Poniente 5 시간 07:00~21:00

카페 에스투디오

Cafe Estudio

안티구아에는 카페가 엄청나게 많은데 다들 인테리어가 예쁘고 가격과 맛도 비슷비슷해서 어느 한 곳을 추천하기가 쉽지 않다. 이 카페도 다른 카페보다 특별히 더 낫지는 않지만 무난한 곳이다. 커피는 아메리카노가 15케찰, 라테가 18케찰 정도인데, 대부분이 가격대다.

주소 2ª Poniente 2 시간 목~월 07:30~20:00, 화·수 14:30~20:00

카페 에스투디오

시에테아 노르테 피제리아

시에테아 노르테 피제리아

7A Norte Pizzeria

얇은 이탈리아식 피자를 전문으로 파는 곳이다. 피자의 종류가 많고 맛도 좋다. 피자 한 판에 60~100케찰로 비싼 편이지만 안티구아에서는 합리적인 가격이다.

주소 7ª Norte 2 시간 월~목 12:30~21:30, 금~토 12:00~22:30, 일 12:00~21:00

라 브루하

La Bruja

다양한 수제버거와 샌드위치가 메인 메뉴인데, 들어가는 내용물을 추가하거나 뺄 수 있다. 크기가 크고 야외 정원에 테이블이 있는 식당 분위기는 훌륭하지만 햄버거 하나에 60~100케찰(8~13달러)이나 한다. 하지만 이 정도면 안티구아에 있는 비슷한 수준의 식당에 비해 저렴한 편이라는 사실이 더 놀랍다.

주소 4ª Oriente 14 시간 12:00~20:00

파티오 데 라 프리메라

Patio de la Primera

안티구아에서 분위기를 한번 내보고 싶다면 이 식당보다 나은 선택은 없을 것이다. '봄의 정원'이라는 이름처럼 허브와 꽃이 무성한 정원에 테이블들이 있다. 맛이 특별히 뛰어난 것은 아니지만 가격이 크게 비싸지 않고 한적하고 아름다운 분위기는 최상급이다.

주소 1a Avenida Sur 17C 시간 07:00~22:00

파티오 데 라 프리메라

추천 숙소

안티구아의 호스텔과 호텔은 과테말라의 다른 도시보다는 비싼 대신 시설이 좋고 깨끗한 편이다. 단, 과테말라 어디나 그렇지만 아주 싼 숙소는 위생 상태와 시설이 상당히 열악하니 피하는 것이 좋다. 일반적으로 저렴한 숙소는 북쪽과 동쪽 지역에 있고 좋은 호텔들은 조용한 남쪽 지역에 있다.

마야 파파야 호스텔

Maya Papaya Hostel

침구와 가구가 호텔급이 아닌가 싶을 정도로 상당히 좋다. 정원이 넓어서 쉬기 좋고 방과 내부 공간도 넓은 편이다. 수준급 호스텔인데 가격은 다소 비싸다.

주소 1ª Poniente 20 가격 도미 150~200케찰, 더블·트윈 350~500케찰

소모스 호스텔

Somos Hostel

가격이 적당하고 시설도 무난해서 오랫동안 인기가 많은 호스텔이다. 시설이나 공간이 특별히 뛰어나진 않지만 깨끗하며 지내는 데 불편함은 없다. 가격 대비 괜찮은 곳이다.

주소 1ª Sur 26 가격 도미 120~150케찰, 더블·트윈 250~350케찰

아드라 호스텔

Adra Hostel

외관은 멕시코의 호스텔이 아닌가 싶을 정도로 원색과 벽화를 이용해서 예쁘게 꾸며져 있다. 그리고 내부 시설과 가구는 과테말라에 이런 숙소가 있나 싶을 정도로 모던하게 꾸며져 있다. 비싸긴 하지만 돈이 아깝지 않을 것이다.

주소 4ª Oriente 15 가격 도미 150~200케찰, 더블·트윈 600~800케찰

호스텔 안티게뇨

Hostel Antigueño

북서쪽 구역에 있는 호스텔인데, 중심가와 몇 블록만 떨어졌는데도 주변이 아주 조용하다. 시설은 아주 기본적인 수준이지만 중심가에 가까운 호스텔보다 공간이 넓다.

주소 1ª Oriente 15 가격 도미 90~120케찰, 더블·트윈 250~500케찰

호텔 이 아르테

호텔 이 아르테
Hotel y Arte

비교적 저렴한 3성급 호텔로 '아르테(Arte)'라는 이름처럼 온통 다양한 원색과 벽화로 꾸며져 있고, 수공예품을 이용한 인테리어도 상당히 예쁘다. 내부 시설은 특별한 것이 없지만 예쁜 디자인과 인테리어를 보면 머물고 싶어진다.

주소 1ª Sur 15 가격 더블·트윈 50~70달러

호텔 메손 판사 베르데
Hotel Meson Panza Verde

남쪽 구역에 있는 4성급 호텔로 내부가 앤티크 가구 등을 활용해 상당히 고풍스러우면서도 고급스럽게 꾸며져 있다. 침구류 하나, 의자 하나에도 상당히 신경을 써서 인테리어를 했다는 것이 느껴지는 곳이다.

주소 5ª Sur 19 가격 더블·트윈 100~200달러

호텔 산호르헤
Hotel San Jorge

조용한 남쪽 구역에 있는 호텔로 넓은 정원을 예쁘게 꾸며놨고, 전통 천과 그림을 활용한 인테리어가 예쁘다. 방 내부 시설은 특별할 것 없지만 깨끗하게 관리되고 있다. 안티구아의 3성급 호텔 중에서는 상당히 예쁘고 공간이 넓은 편이다.

주소 1ª Sur 12 가격 더블·트윈 60~80달러

파나하첼

Panajachel

안티구아에서 서쪽으로 3시간쯤 차를 달리면 3개의 화산이 호수를 병풍처럼 둘러싸고 있는 그림 같은 풍경이 펼쳐진다. 과테말라를 찾는 여행자라면 누구나 보고 싶어 하는 그곳, 아티틀란 호수(Lago Atitlan)다. 해발 1,562m의 고원에 자리 잡은 짙푸른 아티틀란 호수는 화산활동에 의해 만들어진 칼데라(Caldera) 호수로, 가로와 세로 길이가 모두 18km 정도다. 평균 깊이가 무려 220m, 최대 깊이는 320m에 이른다. 이 아름다운 호수 주변에는 아직까지 마야의 전통의상을 입고 전통문화를 유지하고 있는 여러 부족들이 살고 있다. 아티틀란 호수에는 12개의 마을이 있어서 여행자들을 끌어들이고 있는데, 그중 인구가 약 16,000명인 파나하첼이 가장 큰 마을이다. 마을 내부는 별 볼거리가 없지만 안티구아에 비해 물가가 저렴하고 다양한 길거리 음식을 즐길 수 있다. 특히 저녁에 되면 바비큐를 파는 가게들이 길에 늘어서는데, 정말 저렴하면서 푸짐하고 맛있다. 그리고 예쁜 전통의상을 입고 생활하는 마을 주민들도 여행자의 눈길을 사로잡는다. 무엇보다 파나하첼을 아름답게 만들어 주는 것은 당연히 아티틀란 호수다. 호숫가를 산책하며 아티틀란을 바라보는 것만으로도 잊을 수 없는 시간이 될 것이다. 하지만 대부분의 여행자들은 더 작고 조용한 마을에서 머무는 것을 선호하기 때문에 파나하첼에서는 잠깐 머물면서 치치카스테낭고 시장을 다녀오거나 패러글라이딩 같은 액티비티를 즐긴 후 산 페드로(San Pedro)나 산 마르코스(San Marcos) 같은 마을로 간다. 아름다운 아티틀란 호수를 둘러싼 마을들 속으로 들어가보자.

로컬 버스(치킨버스)/셔틀버스

대부분의 여행자들이 파나하첼에 오는 방법은 안티구아와 멕시코 산 크리스토발에서 오는 것이다. 안티구아, 치치카스테낭고는 로컬버스(치킨버스)와 셔틀버스로 연결되며, 산 크리스토발은 여행자 셔틀버스로 연결된다. 과테말라시티 공항까지 가는 셔틀버스도 있는데, 안티구아에서 환승해야 한다. 아래 시간·요금은 여행사 셔틀버스 기준이다.

예상 소요시간 및 요금

목적지	소요시간	요금
과테말라시티(공항)	4~4.5시간	250~300케찰
안티구아	2.5~3시간	130~150 케찰
치치카스테낭고(시장)	1~1.5시간	100~150케찰 (왕복)
플로레스	15~16시간	500~550케찰
산 크리스토발(멕시코)	9~10시간	400~450케찰

보트(란차) 부두 Puerto

파나하첼에서 산 페드로, 산 마르코스 등 아티틀란 호수 인근 마을로 가려면 보트(Lancha. 란차)를 타야 한다. 육로로 이동할 수도 있는데 산을 넘는 비포장도로를 이용하기 때문에 육로가 시간이 더 많이 걸리고 불편하다. 보트는 사람이 차면 수시로 출발한다.

시간 07:00~18:00 소요시간(요금) 산 마르코스 15~20분(15케찰), 산 페드로 35~40분(25케찰)

아티틀란 호수 광역
산 호르헤
San Jorge La Laguna
산타 크루스
Santa Cruz la Laguna
파나하첼
파나하첼
Panajachel
1
산 마르코스
산 파블로
San Pablo La Laguna
산 마르코스
San Marcos La Laguna
산타 클라라
Santa Clara La Laguna
산타 카타리나
Santa Catarina Palopó
11
아티틀란 호수
Lake Atitlán
Lake Atitlán
산 페드로
산 페드로
San Pedro La Laguna
산 안토니오
San Antonio Palopó
Cerro de Oro
SOL-4
SOL-4
11
산 페드로 화산
Volcán San Pedro
Tzampetey
산티아고
Santiago Atitlan
산 루카스
San Lucas Tolimán
SOL-4
2km

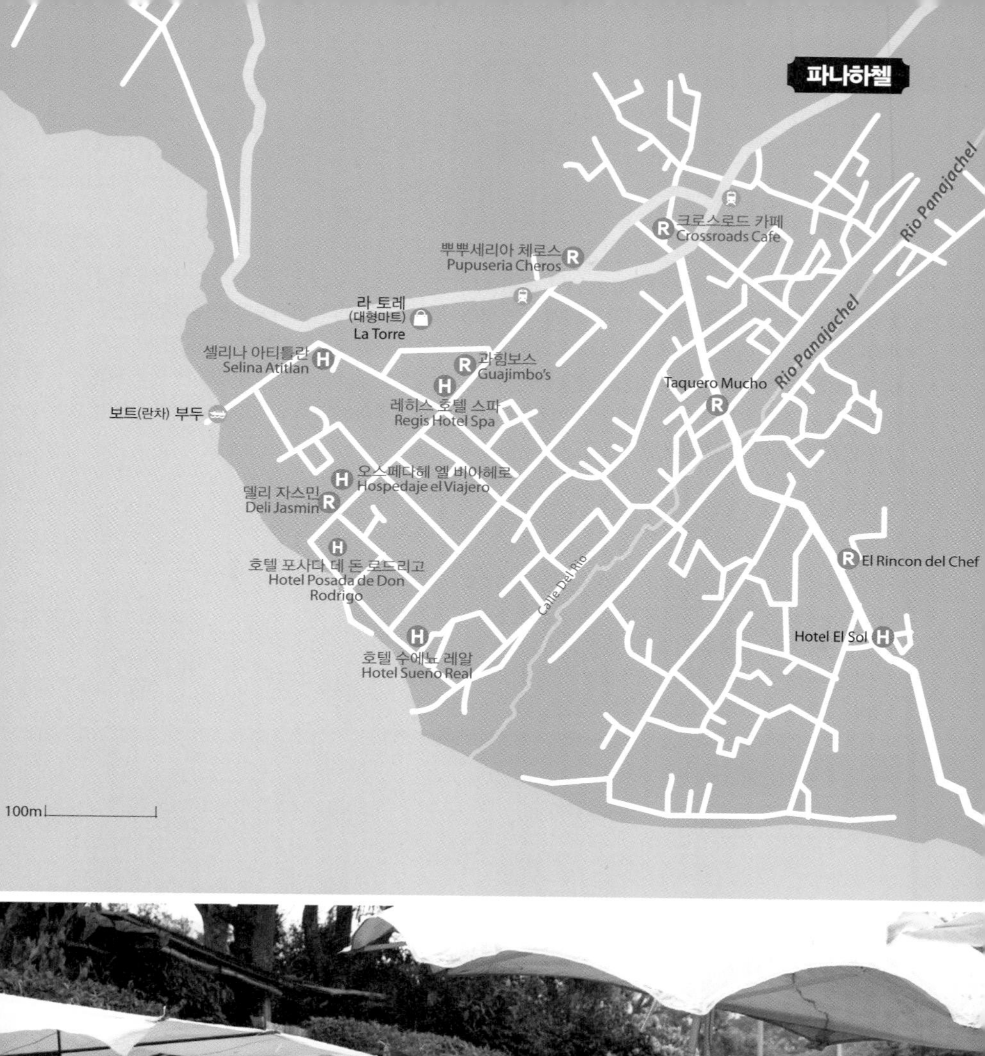
파나하첼
크로스로드 카페
Crossroads Cafe
뿌뿌세리아 체로스
Pupuseria Cheros
라 토레
(대형마트)
La Torre
셀리나 아티틀란
Selina Atitlan
과힘보스
Guajimbo's
레히스 호텔 스파
Regis Hotel Spa
보트(란차) 부두
오스페다헤 엘 비아헤로
Hospedaje el Viajero
델리 자스민
Deli Jasmin
호텔 포사다 데 돈 로드리고
Hotel Posada de Don Rodrigo
호텔 수에뇨 레알
Hotel Sueño Real
Taquero Mucho
Rio Panajachel
Rio Panajachel
Calle Del Rio
El Rincon del Chef
Hotel El Sol
100m

파나하첼 지역의 Tour

파나하첼은 몇 가지 투어를 하기 좋은 곳이다. 투어에 관심이 없다면 호숫가만 구경한 뒤, 산 페드로나 산 마르코스처럼 더 작고 아기자기한 마을에 가는 것이 괜찮은 선택이다. 안티구아 편에서 언급했듯이 파나하첼이 안티구아보다 치치카스테낭고에 훨씬 가깝기 때문에 파나하첼에서 다녀오면 더 많은 시간을 시장에서 보낼 수 있다. 아카테낭고 화산 투어도 파나하첼에서 다녀올 수는 있지만 안티구아에서 갈 때보다 이동 시간이 더 걸린다. 치치카스테낭고와 화산 투어는 안티구아 편에서 이미 설명했기 때문에 그 외의 투어에 대해 안내한다.

패러글라이딩 Paragliding

패러글라이딩을 할 수 있는 곳은 전 세계에 많이 있고 가격도 어디를 가나 큰 차이는 없다. 중요한 것은 어디가 가장 멋진 풍경을 볼 수 있는가 하는 것이다. 그런 면에서 화산과 아티틀란 호수를 함께 볼 수 있는 파나하첼은 패러글라이딩을 즐기기 아주 좋은 곳이다. 차를 타고 산 중턱에 올라간 후 파일럿과 함께 탠덤(Tandem) 방식으로 패러글라이딩을 하게 된다. 예약은 패러글라이딩 포스터가 있는 시내 여행사에서 하면 되고, 상당히 많은 여행사가 취급한다.

시간 약 4시간 소요 가격 700~800케찰(95~105달러)

아티틀란 호수 투어 Tour al Lago Atitlan

파나하첼에서 배를 타고 아티틀란 호수 주변의 12개 마을 중 3~4개 마을을 돌아보는 투어다. 보통 산후안(San Juan), 산 마르코스(San Marcos), 산 페드로(San Pedro), 산티아고(Santiago Atitlan)를 방문한다. 이런 종류의 투어가 다 그렇듯이 관광객용 전시관이나 가게를 많이 방문한다. 일반적으로 시간 여유가 있는 여행자는 그런 작은 마을 중 하나에 가서 숙소를 잡은 뒤, 개인적으로 배를 타고 다른 마을들을 둘러보는 식으로 여행한다. 따라서 정말 시간 여유가 없거나 여행사를 따라온 사람들이 주로 하는 투어다. 투어 시간과 가격은 방문 마을의 수, 가이드 포함 여부 등에 따라 다양하다.

시간 6~10시간 소요 가격 200~300케찰

치치카스테낭고 시장 Mercado de Chichicastenang

현지인들이 치치(Chichi)라고 부르는 치치카스테낭고의 도심은 굳이 여행자가 찾아가서 구경을 할만한 곳은 아니다. 하지만 매주 목요일과 일요일에 열리는 시장은 아주 큰 볼거리라서 수많은 여행자들이 치치카스테낭고로 몰려든다. 중미에서 가장 큰 전통시장인 치치카스테낭고 시장은 아름다운 과테말라 전통직물로 유명하다. 과테말라에는 21개의 서로 다른 언어학적 특징을 지닌 마야 부족이 남아 있는데, 부족마다 직물의 디자인과 복식이 조금씩 다르다고 한다. 그래서 치치카스테낭고 시장에서는 정말 다양한 디자인의 전통직물과 전통의상을 입은 사람들을 볼 수 있다. 기본적으로 시장이기 때문에 직물뿐만 아니라 과일과 야채, 저렴한 먹거리도 맛볼 수 있다.

■ 치치카스테낭고 찾아가기

대부분의 여행자가 여행사 셔틀버스를 이용해서 치치카스테낭고를 방문한다. 안티구아에서는 3시간이 걸리고(왕복 250~300케찰), 파나하첼은 1시간이 걸린다(왕복 100~150케찰). 훨씬 저렴한 치킨버스를 이용할 수도 있지만 솔롤라(Solola), 엔쿠엔트로스(Encuentros) 같은 도시에서 여러 번 갈아타야 한다. 현지 사정에 익숙한 사람이 아니라면 셔틀버스를 이용하는 편이 낫다.

■ 치치카스테낭고 시장 돌아보기

치치카스테낭고 시장을 둘러보는 데는 보통 3~4시간이 걸린다. 시장뿐만 아니라 성당과 예배당도 큰 구경거리이니 반드시 방문해보자. 사람이 워낙 많은 곳이니 소지품 관리는 주의해야 한다

과테말라의 전통직물

치치카스테낭고 시장의 가장 큰 볼거리는 화려하고 다양한 전통직물이다. 특히 현지인들이 입고 생활하는 전통의상이 눈길을 사로잡는다. 과테말라 여성의 전통의상은 블라우스인 우이필(Huipil), 스커트인 코르테(Corte)와 함께 허리를 감싸는 얇은 벨트인 파하(Faja)로 구성되어 있는데, 파하는 길이가 무려 2~3m에 달하는 것도 있다. 머리에 두르는 천은 신타(Cinta)라고 부른다. 넓은 천인 트수테(Tzute)는 보자기처럼 아기나 물건을 싸거나 몸에 걸치는 용도로 쓴다. 전통의상 외에도 전통직물을 이용한 가방, 샌들, 인형, 노트 등 다양한 제품을 볼 수 있다.

산토 토마스 성당 Iglesia de Santo Tomas

시장 중앙에 있는 성당으로 1540년에 건설되었다. 새하얀 외벽과 성당까지 올라가는 18개의 계단이 인상적이며, 시장이 열리는 날이면 수많은 현지인들이 계단에서 예쁜 꽃을 팔고 있다. 원래 마야의 사원이 있던 자리에 지어졌으며, 현재 남아 있는 계단이 당시 사원의 흔적이다. 내부에는 기도를 드리는 현지인이 많은데, 깡통에 향을 넣고 줄을 매달아 돌리는 독특한 광경을 볼 수 있다. 가톨릭에 마야 전통종교의 흔적이 결합되면서 생긴 특이한 의식이다. 내부에선 사진 촬영이 금지되어 있다.

칼바리오 예배당 Capilla del Calvario

시장 서쪽에 있는 조그만 예배당으로 역시 외벽은 새하얀 색이다. 산토 토마스 성당은 사람이 많은데 비해, 이곳은 찾는 관광객이 별로 없고 사진 촬영도 가능하다.

치치카스테낭고 시장의 바가지

치치카스테낭고 시장에는 정말 다양한 직물이 있지만 외국인에게 바가지가 심한 것으로도 유명하다. 보통 정상가의 2배 이상을 부르기 때문에 바가지를 쓰지 않으려면 여러 곳을 돌아다니며 가격을 비교해보고 흥정을 아주 잘 해야 한다. 여행자들이 '무지개천'이라고 부르는 다양한 색상의 이불이 가장 인기 품목으로 다른 도시에서는 200케찰 정도에 살 수 있는데 비해, 치치카스테낭고 시장에선 300~400케찰씩 부른다. 사실 무지개천처럼 일반적이 기념품은 파나하첼, 안티구아, 산 페드로 등 어느 곳에서나 살 수 있다. 하지만 산 페드로 같은 외진 마을에서는 상당히 비싸기 때문에 파나하첼이나 안티구아에서 사는 것이 저렴하다. 따라서 치치카스테낭고 시장에서는 무지개천 같은 일반적인 품목보다는 다른 곳에선 보기 힘든 전통직물을 잘 고른 후 흥정을 열심히 해서 사는 것을 권한다.

추천 식당

아티틀란 호숫가에 있는 식당들은 주로 비싼 관광객용 식당이다. 파나하첼은 안티구아와 달리 싸고 맛있는 먹거리가 많이 있는데, 필자의 경험으로 가장 맛있는 먹거리는 해가 지면 메인 도로를 따라 늘어서는 숯불구이 포장마차다. 구운 고기와 감자, 야채가 들어간 메뉴를 저렴한 가격에 즐길 수 있고, 맛도 식당에서 먹는 것보다 훨씬 맛있다. 점심은 호수가 보이는 식당에서 먹고, 저녁은 길거리 음식을 즐기는 것을 추천한다.

크로스로드 카페
Crossroads Cafe

파나하첼에서 아주 유명한 카페로 직접 로스팅한 과테말라 커피를 이용하여 맛있는 커피를 만들어낸다. 요즘 카페처럼 깔끔하고 모던한 분위기가 아니라 오래된 장인의 작업실에 온 것 같은 느낌이 드는 곳으로, 방앗간 기계 같은 아주 큰 로스터가 있다. 과테말라 각지에서 생산된 원두를 저렴한 가격에 살 수 있다.

주소 Campanario 27 시간 월~토 09:00~18:00, 일요일 휴무

뿌뿌세리아 체로스
Pupuseria Cheros

뿌뿌사(Pupusa)는 옥수수나 밀가루 반죽을 둥글고 납작하게 구운 것인데, 우리나라 호떡과 똑같이 생겼다. 남미의 베네수엘라, 콜롬비아에서 먹는 아레빠(Arepa)와 거의 비슷한데, 중미의 엘살바도르, 온두라스 쪽에서 먹는 음식이다. 호떡처럼 속에 고기나 야채를 넣기도 하고, 위에 올리기도 한다. 이곳에선 뿌뿌사를 저렴하게 맛볼 수 있다.

주소 Principal y los Arboles 시간 09:00~21:30

델리 자스민
Deli Jasmin

과일과 야채가 많이 들어간 산뜻한 외관의 샌드위치, 샐러드, 스프 등을 파는 식당이다. 가격은 비싼 편이지만 음식의 색감과 플레이팅이 예쁘고, 식당에는 나무와 꽃이 무성해서 숲속에서 식사를 하는 것 같은 느낌이 든다. 저녁에는 영업을 하지 않는다.

주소 Santander y Buenas Nuevas 시간 수~월 07:00~17:30, 화요일 휴무

과힘보스 Guajimbo's

파나하첼 전통의 맛집으로 우루과이 스타일의 고기 전문점임을 표방한다. 숯불에 구운 다양한 스테이크와 초리소, 고기가 들어간 샌드위치 같은 메뉴를 판다. 가격은 비싼 편이지만 음식이 스테이크라는 것을 고려하면 가성비가 나쁘지 않다. 소고기는 질기기 때문에 돼지고기나 닭고기를 권한다.

주소 Santander Zona 2 시간 금~수 07:30~21:30, 목요일 휴무

추천 숙소

파나하첼의 숙소들은 안티구아에 비해 저렴하지만 시설이 안 좋은 편이다. 낡고 오래된 숙소가 많고 환기가 잘 안 되어 냄새가 나는 곳도 있다. 사진만 보고 갔다가는 실망하기 쉬우니, 직접 가서 확인해 보고 숙박을 결정하는 것이 좋다. 저렴한 숙소들은 인터넷으로 예약하면 오히려 비싸고 직접 찾아가서 협상하면 더 싸지는 경우도 많다. 열심히 발품을 팔아도 시설이 좋고 깔끔한 숙소를 구하는 것이 쉽지 않은 지역이다. 최근 몇 년 사이에 시설이 좋은 호텔은 여러 개 생겼다.

호텔 수에뇨 레알

Hotel Sueño Real

아티틀란 호수가 보이는 숙소에서 자고 싶은데 예산이 부족하다면 이곳을 고려해보자. 호수에 바로 붙어 있는 것은 아니고 약간 안쪽이긴 하지만 숙소의 테라스와 지붕에 설치된 테이블에 앉아서 호수를 볼 수 있다. 내부 시설은 낡았지만 이 가격에 시설이 좋은 곳을 찾기는 쉽지 않다.

주소 Rancho Grande 6 가격 더블·트윈 200~250케찰

오스페다헤 엘 비아헤로

Hospedaje el Viajero

호수에서 멀지 않은 곳에 있는 저렴한 게스트하우스다. 내부 시설은 역시 낡고 별로지만 방은 넓은 편이고, 꽃과 나무가 많은 정원이 예쁘다. 복도와 방문 등 내부 구석구석에 화분이 많다.

주소 Santander 555 가격 싱글 100~150케찰, 더블·트윈 200~300케찰

셀리나 아티틀란

Selina Atitlan

저가 호스텔·호텔 체인인 셀리나에서 운영하는 곳으로 호수에서 가깝고 넓은 정원에는 수영장이 있다. 도미토리 방도 상당히 넓고, 이 지역의 저가 숙소들에 비해 내부 시설은 훨씬 좋다.

주소 Embarcadero Zona 2 가격 도미 70~100케찰, 더블·트윈 300~550케찰

레히스 호텔 스파

Regis Hotel Spa

돈을 쓰더라도 시설이 괜찮은 호텔에서 지내고 싶다면 여기를 고려해보자. 잔디가 깔리고 나무가 무성한 넓은 정원이 있고, 내부 시설도 저가 숙소와는 차원이 다르게 깨끗하다. 방이 상당히 넓은 편이고, 작은 야외 욕탕이 있다. 호수에서는 조금 먼 편이다.

주소 Santander 555 가격 더블·트윈 55~80달러

호텔 포사다 데 돈 로드리고

Hotel Posada de Don Rodrigo

호수 바로 앞에 있는 4성급 호텔로 비용에 상관없이 전망과 시설이 좋은 호텔을 원한다면 딱 맞는 곳이다. 상당히 넓은 정원과 근사한 레스토랑이 있고, 호텔 어디서나 확 트인 전망 속에서 아티틀란 호수를 바라볼 수 있다. 방이 상당히 넓고 방 앞에는 해먹이 있다.

주소 Final de Santander 가격 더블·트윈 150~200달러

산 페드로

San Pdero la Laguna

해발 3,020m인 산 페드로 화산(Volcan San Pedro) 밑에 자리 잡은 조그만 산 페드로는 아티틀란 호수를 찾는 여행자들에게 오랫동안 사랑을 받아온 마을이다. 특별한 볼거리가 있는 곳은 아니지만 호숫가에 자리 잡은 작고 아기자기한 마을을 산책하고, 호수를 바라보며 한가로운 휴식의 시간을 갖는 것은 아티틀란 호수에서 찾을 수 있는 가장 큰 여행의 재미 중 하나다. 산 마르코스와 함께 히피 여행자들이 많이 찾는 곳이라 요가와 마사지 학원 같은 곳들도 있다.

■ 산 페드로 찾아가기

보트(란차)

파나하첼, 산 마르코스 등 아티틀란 호숫가에 있는 마을들과 보트(Lancha. 란차)로 연결된다. 보트는 부두에서 사람이 차면 수시로 출발한다.

산 마르코스 15분 소요(15케찰)

파나하첼 30~35분 소요(25케찰)

셔틀버스

산 페드로에서 출발하는 여행사 셔틀버스도 있는데, 비포장 산악도로가 많아서 보트를 타는 것보다 시간이 많이 걸린다. 또, 안티구아와 파나하첼에 비해 산 페드로의 셔틀버스는 더 낡고 상태가 나쁜 편이다. 그래서 대부분의 여행자들은 파나하첼까지 배를 타고 나가서 다른 지역으로 이동하는 방법을 선택한다. 하지만 배를 타고 파나하첼에 가서 셔틀버스로 갈아타기 힘들다면 산 페드로의 셔틀버스를 이용하는 것이 낫다. 안티구아까지는 4~4.5시간이 걸리며 150~180케찰이다.

■ 호수와 마을 산책하기

여행자들이 산 페드로를 찾는 가장 큰 이유는 당연히 아티틀란 호수 때문이다. 파나하첼보다 호수가 훨씬 깨끗하고 사람이 적기 때문에 더 여유로운 산책을 즐길 수 있다. 마을의 동쪽 구역은 산 마르코스 마을처럼 나무가 많은 숙소와 식당들이 있어서 숲속을 지나는 것 같은 기분을 느낄 수 있다.

산 페드로

보트(란차) 부두

비야 델 라고 Villa del Lago

호텔 나우알 마야 Hotel Nahual Maya

추라스께리아 엠마누엘 Churrasqueria Emmanuel

카페 추투힐 Café Tz'utujil

하라칙 Jarachi'k

더 클로버 The Clover

미카소 호텔 Mikaso Hotel

사바바 Sababa

SOL-4

사바바 리조트 Sababa resort

Ent. a San Pedro

스모킨 조 바비큐 Smokin Joe's BBQ

Parque Puerta Hermosa

산 페드로 시장 Mercado de San Pedro

100m

산 페드로 시장
Mercado de San Pedro

호숫가에서 오르막을 따라서 마을 안쪽으로 10분 정도 들어가면 조그만 재래시장이 있다. 조그만 시장이라 큰 볼거리는 없지만 카페에서 파는 비싼 식사 대신 저렴하게 아침식사를 하기 좋다. 조식으로 따말(Tamales), 또스따다(Tostada), 과일주스 같은 것을 먹을 수 있고, 과일을 살 수도 있다.

TIP

산 페드로에서 스페인어 배우기

안티구아 대신 조용한 시골 마을인 산 페드로에서 스페인어를 배우는 여행자들도 있는데, 1:1 수업비는 안티구아와 비슷하다(1시간에 7~9달러). 산 페드로는 숙박비와 식비가 안티구아보다 싸다는 장점이 있는 반면, 식당 수가 적어서 비슷한 메뉴를 계속 먹게 되고 즐길 거리가 적다는 단점이 있다. 물론 본인이 조용하고 한적한 마을에서 오래 지내는 것을 좋아한다면 큰 문제는 아닐 것이다. 가장 큰 단점은 학생 수가 적은 만큼 강사의 수가 적고, 실력 있는 사람을 만나기 힘들다는 것이다. 어학원은 안티구아처럼 현지에 도착해서 알아보면 된다.

추천 식당

식당과 카페는 호수 근처에 있으며, 대부분의 식당이 외국인용이라 메뉴가 비슷하고 선택의 폭이 넓지는 않다. 산 페드로에는 이스라엘 여행자들이 많아서 팔라펠(Falafel) 같은 중동 음식을 파는 곳이 많고, 히브리어 간판도 자주 볼 수 있다. 또, 저녁에 바비큐를 구워서 파는 식당이 많은데, 안티구아에 비하면 저렴하고 양이 푸짐한 편이다. 특별히 맛이 뛰어난 곳은 찾기 힘들기 때문에 스타일이 각각 다른 식당 몇 곳을 소개한다.

카페 추투힐
Café Tz'utujil

선착장 인근에 있는 카페다. 크레페, 샌드위치, 오믈렛 등 각종 먹거리와 커피를 즐길 수 있다. 이런 카페는 산 페드로에 상당히 많지만 위치가 좋아서 많은 여행자들이 들르는 곳이다.

시간 08:00~21:00

사바바 Sababa

4성급 호텔인 사바바에서 운영하는 곳으로 새로 지은 곳이라 상당히 깔끔하다. 무엇보다 산 페드로에서 가장 호수 전망이 시원하게 보여서 항상 여행자들이 북적거린다. 식당과 카페가 분리되어 있는데, 식당은 비싸기 때문에 카페가 낫다. 빵은 버터와 설탕이 과하게 들어가 있다.

시간 08:00~21:30

스모킨 조 바비큐
Smokin Joe's BBQ

자메이카식 양념을 한 바비큐를 파는 바비큐 전문 식당이다. 아주 먹음직한 바비큐와 함께 다양한 야채가 푸짐하게 제공된다. 특히 폭립(Pork Lip)이 인기 메뉴이며, 저녁에는 영업하지 않는다.

위치 선착장에서 왼쪽(동쪽)으로 도보 17~18분 시간 화~금 09:00~16:00, 토·일 12:00~16:00, 월요일 휴무

하라칙 Jarachi'k

마을의 동쪽, 숲이 있는 구역에 있는 호텔 안에 있는 식당으로 나무로 둘러싸인 정원에서 식사를 할 수 있다. 전형적인 여행자용 식당으로 특별히 맛있는 곳은 아니지만 근사한 분위기를 즐기는 곳이다. 인근에 이런 스타일의 식당이 여러 곳 있다.

시간 08:00~21:00

추라스께리아 엠마누엘
Churrasqueria Emmanuel

선착장 인근에는 파나하첼처럼 숯불에 고기를 구워서 파는 식당들이 있는데, 그중 이곳이 가장 로컬 식당에 가까운 분위기다. 저렴하면서 푸짐하고 식당 안에서 호수도 보인다.

시간 16:00~24:00

추천 숙소

워낙 작은 마을이라 숙소가 많지 않고 호숫가를 따라 숙소들이 있다. 시설은 안티구아에 비해 떨어지지만 가격은 저렴한 편이다. 인터넷 사진과 실제 시설의 차이가 크고 지저분한 숙소도 있기 때문에 가능하면 현지에서 숙소 상태를 점검해본 후 결정하는 것이 좋다. 마을이 작기 때문에 돌아보는 데 시간이 많이 걸리지 않는다. 일부 비싼 숙소도 있는데, 가격에 비해 시설은 부족한 편이다.

호텔 나우알 마야

Hotel Nahual Maya

이름만 호텔이지 이 동네 대부분의 숙소처럼 시설은 게스트하우스 수준이다. 과테말라의 저가형 숙소는 화장실에서 악취가 나고 침구류가 부실한 곳이 많은데, 이곳은 청결하고 침구류도 깔끔하다. 위치가 선착장에서 가까워서 편하다.

위치 선착장에서 왼쪽(동쪽)으로 도보 5분 가격 더블·트윈 130~150케찰

비야 델 라고

Villa del Lago

호수 바로 앞에 있는 저렴한 숙소에 머물고 싶다면 고려해볼 만한 곳이다. 방은 좁고 내부 시설은 저렴한 게스트하우스 수준이다. 숙소 규모가 꽤 커서 번잡한 것이 단점이지만 호숫가에 있는 숙소 중에선 가장 저렴한 편이다.

위치 선착장에서 왼쪽(동쪽)으로 도보 10분 가격 더블·트윈 150~180케찰

미카소 호텔

Mikaso Hotel

선착장 반대 호숫가에 있는 깔끔한 3성급 호텔이다. 나무가 늘어선 호텔로 들어가는 입구가 아름답고 호텔에서 보이는 호수의 풍경도 아름답다. 호텔 3층에는 테라스가 있는 식당이 있는데, 비싸지 않고 음식도 괜찮은 편이다.

위치 선착장에서 왼쪽(동쪽)으로 도보 약 15분 가격 더블·트윈 50~80달러

산 마르코스

San Marcos la Laguna

아티틀란 호수에서 가장 예쁜 마을로 유명한 산 마르코스는 호숫가에 있는 여행자 구역과 산 쪽에 있는 현지인 마을이 완전히 다른 세상이다. 현지인 마을은 과테말라의 평범한 시골 동네이지만 여행자 구역은 나무와 꽃이 무성한 숲속에 있다. 숲 사이에 난 작은 길을 걷다보면 중간중간 숨어 있는 명상 센터나 요가 학원, 식당, 숙소를 만나게 된다. 히피 마을로 유명한 곳인 만큼 좁은 숲길에선 직접 만든 장신구를 팔거나 악기를 연주하며 노래를 부르는 히피를 자주 볼 수 있다. 말 그대로 자연 속에 자리 잡은 마을이다.

■ 산 마르코스 찾아가기

보트(란차)

파나하첼, 산 페드로 등 아티틀란 호숫가에 있는 마을들과 보트(Lancha. 란차)로 연결된다. 보트는 부두에서 사람이 차면 수시로 출발한다.

페드로 15분 소요(20케찰),
파나하첼 15~20분 소요(25케찰)

■ 산 마르코스 돌아보기

나무와 꽃이 무성한 숲길을 걸어다니며 숲속에 숨어 있는 식당과 숙소, 기념품 가게 하나하나를 구경하는 것이 산 마르코스의 가장 큰 볼거리다. 건물들은 나무, 갈대 등 다양한 자연 재료를 이용해 하나하나 다른 스타일로 만들어져 있다.

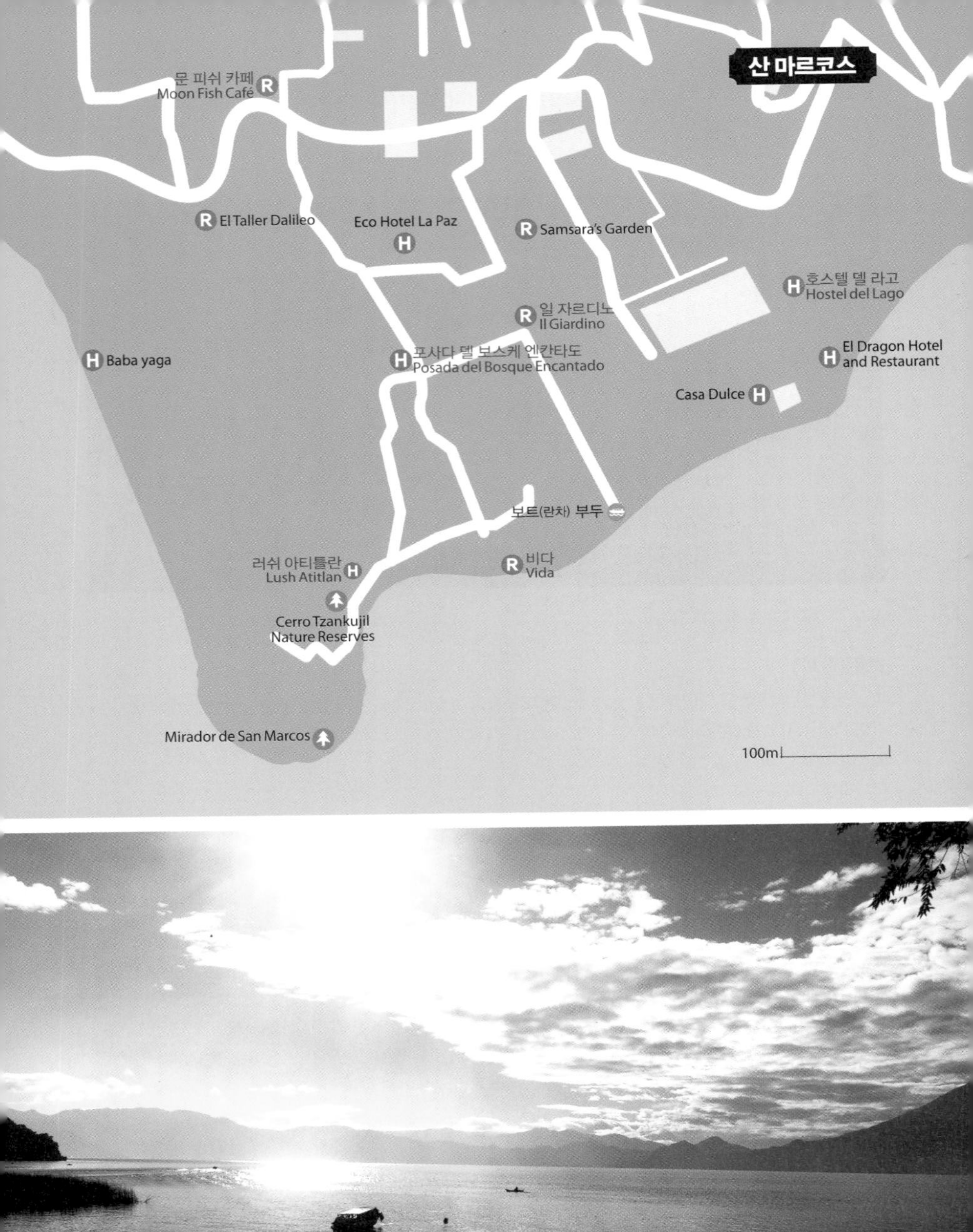
산 마르코스
문 피쉬 카페
Moon Fish Café
El Taller Dalileo
Eco Hotel La Paz
Samsara's Garden
호스텔 델 라고
Hostel del Lago
일 자르디노
Il Giardino
Baba yaga
포사다 델 보스케 엔칸타도
Posada del Bosque Encantado
El Dragon Hotel
and Restaurant
Casa Dulce
보트(란차) 부두
러쉬 아티틀란
Lush Atitlan
비다
Vida
Cerro Tzankujil
Nature Reserves
Mirador de San Marcos
100m

추천 식당

대부분의 숙소가 식당을 함께 운영하는데, 샌드위치를 수제 빵으로 만들거나 파스타에 수제 면을 사용하는 등 고급스러운 음식을 파는 곳이 많다. 음식 값은 꽤 비싸서 안티구아와 비슷한 수준이다. 모두 외국인용 식당이라 맛과 메뉴가 비슷하기 때문에 대표적인 식당 몇 곳을 소개한다.

문 피쉬 카페
Moon Fish Café

특이한 이름과 재미있는 간판 때문에 산 마르코스를 산책하다 보면 눈길을 끄는 식당이다. 주 메뉴는 피자와 부리또, 샌드위치인데, 재료가 신선하고 양이 푸짐하다.

주소 선착장에서 북서쪽으로 도보 7~8분 시간 07:30~20:00

비다
Vida

호숫가에 있다는 것이 가장 큰 장점인 식당으로 샌드위치, 파스타, 샐러드 같은 메뉴를 판다. 이 동네 식당들이 다 그렇듯이 음식이 예쁘게 나오고 맛도 괜찮지만 아티틀란 호수를 바라보며 식사를 할 수 있다는 것이 가장 중요하다. 히피들의 음악 공연이 자주 열린다.

주소 선착장에서 왼쪽으로 도보 3~4분 시간 화~일 08:00~21:00, 월요일 휴무

일 자르디노
Il Giardino

식당 이름은 '정원'이라는 뜻의 이탈리아어로 '일 자르디노'라고 발음된다. 오솔길 같은 입구를 지나서 들어가면 넓은 정원에 테이블이 있고, 수제 빵으로 만든 샌드위치와 함께 파스타, 피자 등 이탈리아 음식을 주로 판다. 재료의 질이 좋고 음식이 아주 깔끔하다.

주소 선착장에서 메인 골목길을 따라 도보 3~4분 시간 07:00~22:00

추천 숙소

숙소 건물이 숲속에 있는 것 같은 분위기이기 때문에 하나하나가 개성적인 대신 숙박비가 비싸다. 또, 숙소가 숲속에 있다보니 곰팡이 냄새가 나거나 벌레가 많은 숙소도 있다. 따라서 산 페드로처럼 직접 숙소를 방문해 상태를 체크한 후 결정하는 것이 좋다.

호스텔 델 라고
Hostel del Lago

선착장 근처 호숫가에 있는 호스텔로 산 마르코스에서 가장 저렴한 숙소 중 하나다. 시설은 좋지 않지만 호수 앞이라는 이유 때문에 항상 배낭여행자가 많다. 히피들이 많다보니 밤에 파티가 자주 열린다.

위치 선착장에서 오른쪽으로 도보 2분 가격 도미 80~110케찰, 더블·트윈 250~350케찰

포사다 델 보스케 엔칸타도
Posada del Bosque Encantado

'보스케(숲)'이라는 이름처럼 정원에 나무와 꽃이 아주 무성하다. 내부 시설이 훌륭한 편은 아니지만 적당한 가격에 산 마르코스 마을의 분위기를 즐기고 싶다면 좋은 곳이다.

위치 선착장에서 북서쪽으로 도보 6~7분 가격 싱글 200~250케찰, 더블·트윈 300~400케찰

러쉬 아티틀란
Lush Atitlan

호숫가에 있는 3성급 호텔로 예쁜 정원과 함께 바위와 도자기 같은 자연 재료를 활용한 인테리어가 예쁘다. 방이 넓고 아주 깨끗하며 침구류도 훌륭하지만 가격은 꽤 비싸다.

위치 선착장에서 왼쪽으로 도보 5분 가격 더블·트윈 70~150달러

플로레스

Flores

과테말라의 북부 밀림에 있는 작은 도시인 플로레스는 '페텐 이트사 호수(Lago Peten Itza)'의 작은 섬에 자리 잡고 있으며, 약 500m 길이의 좁은 둑길을 통해 육지 쪽에 있는 도시인 '산타 엘레나(Santa Elena)'와 연결되어 있다. 유카탄 반도에서 살던 이트사(Itza) 부족이 13세기에 이 지역으로 내려와 노흐페텐(Nojpeten)이라는 도시를 건설하였고, 워낙 외진 지역에 있었기 때문에 1697년이 되어서야 스페인에게 정복되었다. 가장 유명한 마야 유적인 티칼(Tikal)에서 가깝기 때문에 항상 많은 여행자들이 섬에 가득하다. 1년 내내 엄청나게 무덥고 도시 자체는 별다른 볼거리가 없지만 호수 위로 보이는 일출과 일몰의 풍경은 아름답다.

국제선/국내선 항공

플로레스에서 남동쪽으로 2km만 가면 조그만 '문도 마야 국제공항(Aeropuerto Internacional Mundo Maya)'이 국내선은 과테말라시티만 연결된다. 항공권은 상당히 비싸고 조그만 소형기만 운항한다. 공항에서 플로레스까지는 택시를 타야 한다. (10~15분 소요. 40~50케찰)

홈페이지

아에로마르 www.aeromar.mx
TAG 항공 www.tag.com.gt
트로픽 항공 www.tropicair.com

시외버스

파나하첼, 안티구아 같은 곳에서 출발하는 여행자들은 대부분 여행사 셔틀버스를 이용하는데, 과테말라시티 버스터미널에서 시외버스로 갈아타게 된다. 멕시코 팔렌케는 일반적으로 셔틀버스를 이용하며 체투말, 벨리즈시티는 시외버스를 이용한다. 칸쿤 인근 지역으로 가고 싶다면 체투말에서 버스를 갈아타야 한다. 단, 체투말로 갈 때는 벨리즈를 통과하는데, 벨리즈 입국과 출국 수속에만 보통 2~3시간 이상 걸리며, 벨리즈 출국세로 40 벨리즈 달러(20 미국 달러)를 별도로 내야 한다. 셔틀버스와 시외버스의 시설이 열악하기 때문에 장거리 구간을 간다면 상당히 힘든 여정이 될 것이다. '산타 엘레나 시외버스 터미널(Terminal Nuevo de Autobuses)'은 산타 엘레나 시내에 있다. 플로레스에서 터미널까지는 택시나 툭툭(오토바이 택시)을 이용해 20~30케찰에 갈 수 있다.

예상 소요시간 및 요금

목적지	소요시간	요금
과테말라시티	8~9시간	250~300케찰
안티구아	12~13시간	400~500케찰
파나하첼	15~16시간	500~600 케찰
팔렌케(멕시코)	8~9시간	350~450케찰
체투말(멕시코)	8~9시간	400~500케찰
벨리즈시티	5~6시간	180~250케찰

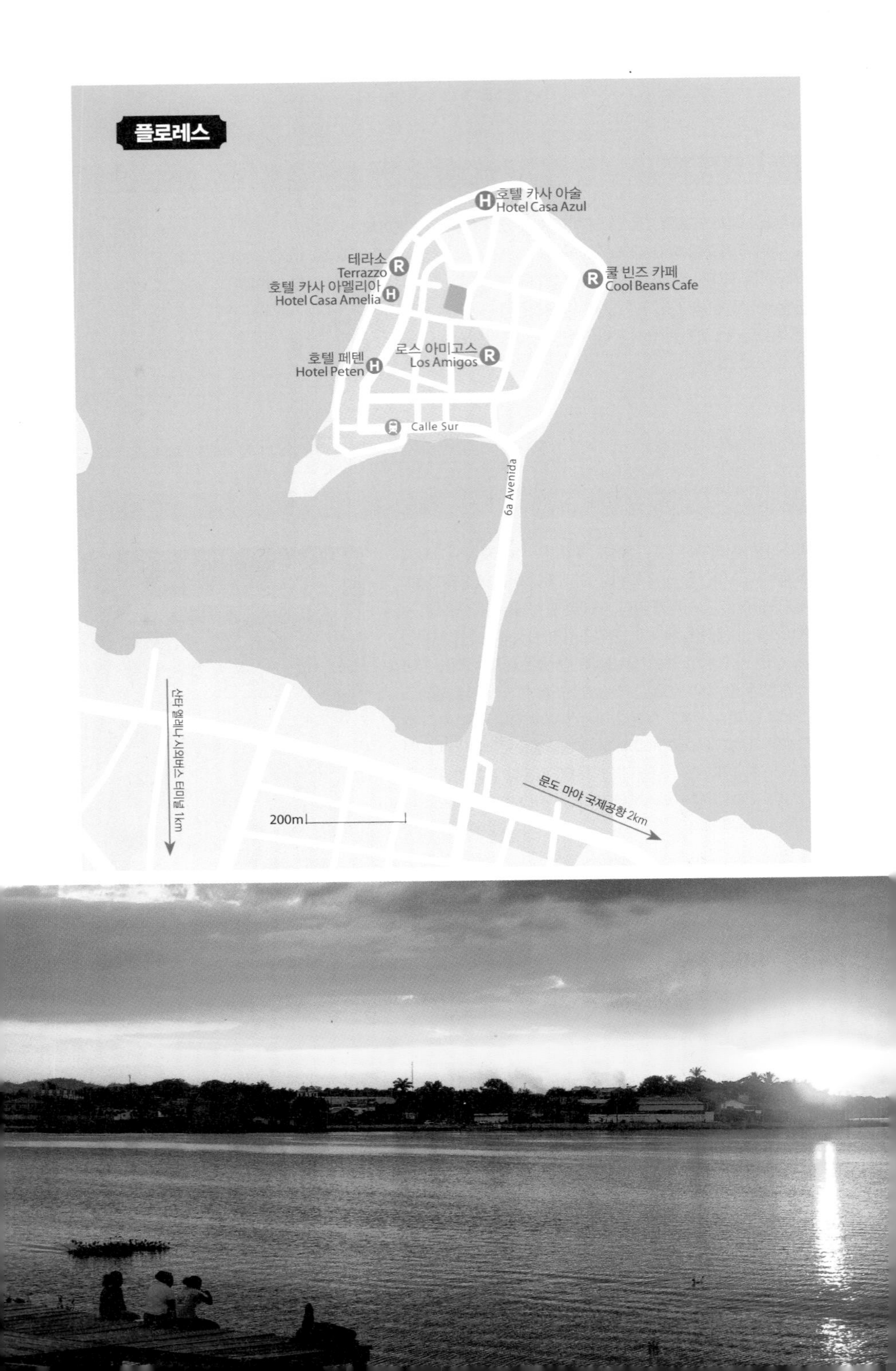
플로레스
호텔 카사 아술
Hotel Casa Azul
테라소
Terrazzo
호텔 카사 아멜리아
Hotel Casa Amelia
쿨 빈즈 카페
Cool Beans Cafe
로스 아미고스
Los Amigos
호텔 페텐
Hotel Peten
Calle Sur
6a Avenida
산타 엘레나 시외버스 터미널 1km
문도 마야 국제공항 2km
200m

티칼 Tikal

울창한 밀림 속에 숨어 있는 티칼 유적은 마야문명의 유적들 중에 가장 유명하고 규모가 크다. 특히 유적을 둘러보면서 정글 속을 탐험하는 듯한 기분을 느낄 수 있고, 원숭이 등 많은 동식물을 볼 수 있는 곳이다. 티칼은 고전기 마야문명에서 가장 큰 도시 중 하나로, 전성기에는 약 10만 명까지 거주했던 것으로 추정된다. 기원전 800년경부터 사람이 살기 시작했으며, 3세기부터 본격적인 확장을 시작해 인근 지역을 장악하였다. 그러나 9세기부터 연이은 기근과 가뭄, 전염병, 토지의 황폐화로 도시가 붕괴하기 시작했고, 10세기에는 완전히 버려지게 되었다. 19세기 중반이 되어서야 본격적인 발굴 작업이 시작되어 세상에 다시 등장하게 되었고, 현재도 발굴이 계속되고 있다. 여러 영화에도 등장했는데, 유명한 스타워즈 시리즈에서 '야빈 IV(Yavin IV)' 행성에 있는 반란군의 본거지가 티칼이 모델이며, 마야문명을 다룬 영화인 '아포칼립토'에 나온 도시도 티칼을 본뜬 것이다.

■ 티칼 찾아가기

셔틀버스

플로레스에서 티칼까지는 차로 1시간 반이 걸리며, 셔틀버스로 왕복할 수 있다. 가이드가 포함된 셔틀버스는 왕복 120~130케찰, 가이드 없이 교통편만 이용하면 90~100케찰이다. 낮에는 날씨가 너무 뜨겁기 때문에 가능한 일찍 출발하는 셔틀을 타는 것이 좋다. 셔틀버스와 투어는 숙소나 여행사에서 쉽게 예약할 수 있다.

선라이즈 투어 Sunrise Tour

티칼 유적 내에서 일출을 보는 투어로 새벽 3시에 출발한다. 투어비는 220~250케찰이며, 입장권이 일반 입장권보다 더 비싸다(250케찰). 단, 밀림 지역은 오전에 안개가 짙게 낄 때가 많기 때문에 일출을 보지 못할 가능성이 높다.

선셋 투어 Sunset Tour

유적 내에서 해가 지는 것을 보는 투어로 낮 12시에 출발한다. 150~170케찰인데, 오후 늦은 시간이면 구름이 많이 끼고 스콜성 비가 오는 경우가 많아서 일몰을 보는 것이 쉽지 않다.

■ 준비물

유적이 상당히 넓어서 전체를 돌아보는 데 3~4시간 이상 걸린다. 무더운 날씨 때문에 땀을 많이 흘리므로 충분한 양의 생수와 간식을 준비해야 한다. 샌들은 신전을 올라갈 때 위험할 수도 있으니 가능한 운동화나 트레킹화를 신고 가자.

■ 입장권 및 운영 시간

입장료는 150케찰인데 오전 6시 이전에 입장하면 250케찰이다. 오후 3시 이후에 입장권을 살 경우 다음 날에 티켓을 재사용할 수 있다. 유적은 오전 6시부터 오후 5시까지 운영된다.

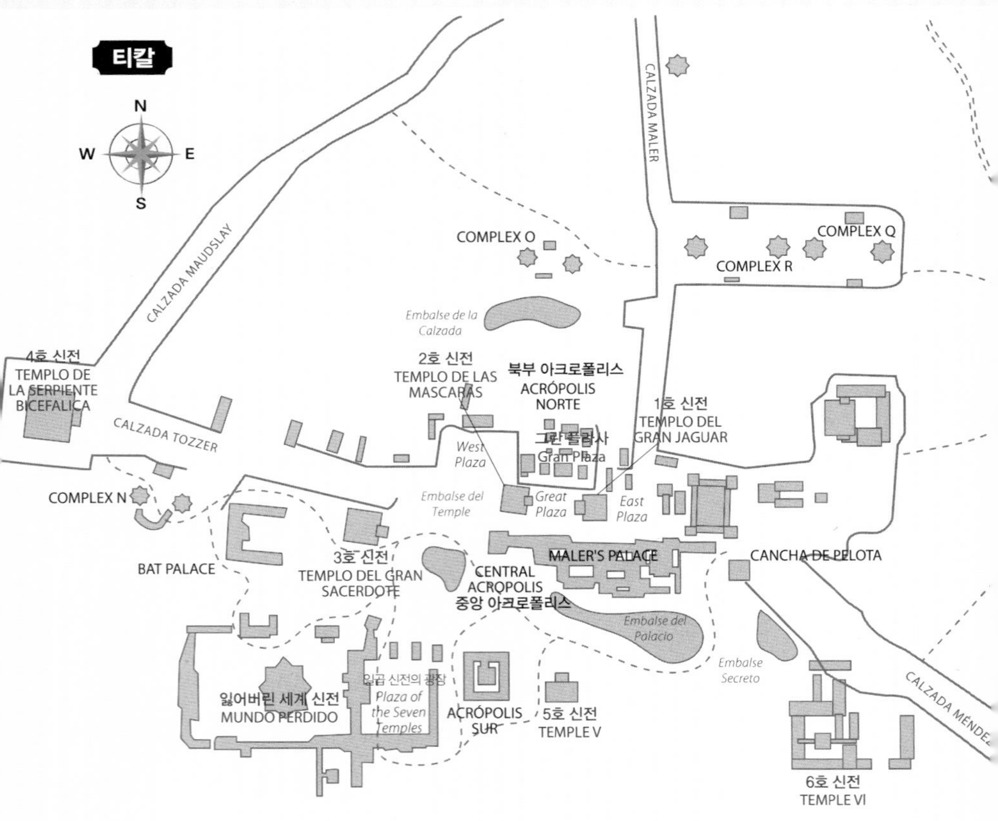

그란 플라사 Gran Plaza

티칼의 중앙광장으로 티칼을 상징하는 건축물인 1호 신전과 2호 신전이 이곳에 있다. 광장 남쪽에는 '중앙 아크로폴리스'가, 북쪽에는 '북부 아크로폴리스'가 있다.

1호 신전
Templo I

높이 47m인 티칼을 상징하는 건축물로 '위대한 재규어의 신전(Templo del Gran Jaguar)'이라고도 부른다. 티칼을 부흥시켜 전성기를 가져온 '자소우 찬 카윌(Jasaw Chan K'awiil)' 왕을 기리기 위해 그의 아들인 '이킨 찬 카윌(Yik'in Chan K'awiil)'이 8세기에 만든 것으로 추정되며, '자소우 찬 카윌' 왕의 무덤이 이곳에서 발굴되었다. 석회암으로 만들어진 계단식 피라미드 구조이며, 높이는 55m다. 티칼이 존재하던 당시에는 피라미드 전체가 붉은색으로 칠해져 있었다. 안전상의 이유로 1호 신전은 올라갈 수 없다.

2호 신전 Templo II

1호 신전 맞은편에 있는 신전으로 '자소우 찬 카윌' 왕의 왕비였던 '칼라훈 우네 모(Kalajunn Une' Mo')'를 위해 8세기에 지어진 것으로 추정된다. 높이는 38m며 티칼에 있는 유적들 중 가장 잘 복원되어 있다. 신전 장식에 2개의 얼굴 모양의 가면이 새겨져 있어서 '가면의 신전(Templo de las Mascaras)'이라고도 부른다. 1호 신전과 달리 올라갈 수 있으며, 그란 플라사와 1호 신전이 함께 보이는 멋진 사진을 찍을 수 있다.

중앙 아크로폴리스 Acropolis Central

'아크로폴리스 센트랄'은 그란 플라사 남쪽에 있는 건물들로 왕가와 귀족이 거주했던 구역으로 추정된다. 기원전 4세기부터 석조 기단이 조성되기 시작했는데 당시에는 석조 기단 위에 나무로 건물을 지었던 것으로 추정된다. 이후 기원후 3~6세기에 현재의 석조 건물들이 건축되었다.

북부 아크로폴리스
Acropolis Norte

'아크로폴리스 노르테'는 거대한 석조 기단 위에 12개가 넘는 사원이 있었다. 다른 건물들보다 오래 전에 만들어졌는데, 기원전 800년경부터 기단이 조성된 것으로 추정되며, 9세기경까지 건축물들이 세워졌다. 왕실의 무덤을 조성하고 그 위에 신전을 만든 것으로 보인다.

3호 신전
Templo III

55m 높이의 3호 신전은 '재규어 사제의 사원(Templo del Sacerdote Jaguar)'이라고도 부른다. 다른 사원들에 비해 비교적 늦은 810년경에 건설되었으며, 왕의 무덤이었을 것으로 추정된다. 티칼에서 만들어진 마지막 신전으로, 3호 신전 건설을 마지막으로 티칼은 내리막길을 걷기 시작했다.

4호 신전
Templo IV

높이가 65m에 달하는 신전으로 티칼에서 가장 높은 건축물이다. 1·2호 신전처럼 '이킨 찬 카윌' 왕의 시대인 741년에 건설되었으며, 그의 무덤일 것으로 추정되고 있다. 하지만 아직까지 무덤이 발견되지는 않았다. 외관은 신전이라기보다는 작은 언덕처럼 보이는데, 가파른 계단을 따라 올라가면 밀림 위로 1·2·3호 신전들의 머리 부분만 솟아 있는 것이 보인다. 티칼을 대표하는 유명한 풍경이다.

5호 신전 Templo V

그란 플라사 남쪽에 있는 57m 높이의 신전으로 4호 신전에 이어 두 번째로 높으며, 서기 6~7세기경 건축된 것으로 추정된다. 다른 신전들에 비해 측면의 경사는 급한 반면 정면의 계단은 넓어서 형태가 전혀 다른 것처럼 느껴진다. 꼭대기에 방이 2~3개씩 있는 다른 신전들과 달리 방이 1개만 있다. 정면 계단으로는 올라갈 수 없고, 측면에 붙은 가파른 계단을 따라 올라갈 수 있다. 정상에 서면 1호 신전의 윗부분이 아주 잘 보인다.

6호 신전 Templo VI

다른 신전들과 뚝 떨어진 곳에 있는 6호 신전은 '비문의 신전(Templo de Inscripciones)'이라고 불리는데, 윗부분에 있는 지붕과 벽에서 마야 문자들이 발견되었기 때문이다. 신전 내부의 방이 다른 신전들에 비해 넓고, 입구도 여러 개가 있어서 거주용이었던 것으로 추정된다. 그란 플라사에서 6호 신전으로 가는 길은 밀림이 울창해서 원숭이 등 여러 종류의 동물을 자주 마주치게 된다.

잃어버린 세계 신전
El Mundo Perdido

'문도 페르디도(Mundo Perdid)'는 그란 플라사 남서쪽에 있는 신전으로, 중앙에 커다란 피라미드가 있고 주변에는 38개에 달하는 작은 건축물들이 있다. 티칼에서 가장 오래된 건축물이며, 기원전 700년경부터 만들어지기 시작한 것으로 추정된다. 물론 그때 만들어진 건축물이 계속 존재했던 것은 아니고 그 위에 다시 건물을 쌓거나 개조나 보수를 하는 식으로 계속 건축물이 지어졌다. 피라미드 동쪽에는 '7개 신전의 광장(Plaza de los Siete Templos)'이 있는데 7개의 작은 사원이 광장을 따라 늘어서 있다.

추천 **식당**

조그만 섬에 자리잡은 순도 100% 관광지라서 먹거리가 상당히 비싼 편이다. 안티구아의 외국인용 식당들과 비슷한 가격대이며, 메뉴와 맛도 전형적인 외국인 관광객용이다. 호숫가에 있는 전망 좋은 식당과 카페들이 인기 있다.

쿨 빈즈 카페
Cool Beans Cafe

북동쪽 호숫가에 있는 작은 카페다. 나무 등 다양한 자연 재료를 이용해서 내부를 예쁘게 꾸며놓았고, 호수가 보이는 정원에도 테이블이 있다. 커피 등 다양한 음료와 함께 햄버거, 부리또처럼 외국인에게 인기 있는 먹거리를 판다.

주소 15 de Septiembre 2 시간 화~토 07:00~21:00, 월 10:00~21:00, 일요일 휴무

테라소
Terrazzo

서쪽 호숫가에 있는 식당으로 메뉴는 피자, 파스타, 스테이크 같은 것을 판다. 가격은 비싸지만 플레이팅이 예쁘며, 서쪽에 있기 때문에 석양을 보면서 식사를 할 수 있다. 생면으로 만든 파스타가 유명하다.

주소 Union y Poiente 시간 수~월 12:00~22:00, 화요일 휴무

로스 아미고스
Los Amigos

전형적인 파티 호스텔인 '로스 아미고스 호스텔(Los Amigos Hostel)'에서 운영하는 식당으로 나무와 꽃을 활용해 오두막처럼 꾸며놓은 내부가 유명하다. 햄버거, 스테이크 같은 메뉴를 파는데, 술을 마시는 여행자들이 많기 때문에 식당보다는 바에 가까운 분위기다. 호스텔의 식당이지만 음식이 싼 건 절대 아니다.

주소 Central 15 시간 화~일 07:00~21:00, 월 15:00~21:00

추천 **숙소**

멕시코 팔렌케처럼 1년 내내 엄청나게 무더운 곳이라 에어컨이 없는 저렴한 숙소는 피하는 것이 좋다. 전체적으로 숙박비가 상당히 비싼데도 시설은 가격 대비 좋지 않은 편이다. 많은 숙박비 지출을 감수할 수밖에 없는 지역이다.

호텔 페텐
Hotel Peten

이름은 호텔이지만 사실은 호스텔이다. 모든 방에 에어컨이 있고, 침대 등 가구와 침구류가 깨끗하고 깔끔하다. 정원에 아주 작은 수영장이 있고, 서쪽 호숫가에 있어서 석양을 볼 수 있다.

주소 30 de Junio 가격 도미 150~250케찰

호텔 카사 아술
Hotel Casa Azul

'푸른 집'이라는 이름처럼 파란색과 하얀색으로 칠한 외벽이 예쁜 조그만 3성급 호텔이다. 방이 넓진 않지만 가구와 침구류가 상당히 깨끗하고 청결하게 관리되고 있다. 서쪽 호숫가에 있어서 전망도 훌륭하다.

주소 La Union 가격 싱글 50~60달러 더블·트윈 60~80달러

호텔 카사 아멜리아
Hotel Casa Amelia

역시 서쪽 호숫가에 있는 작은 3성급 호텔로, 흰색과 초록색을 활용한 외벽과 인테리어가 정갈한 느낌을 준다. 내부는 작지만 깨끗하게 관리되고 있고, 방에서 보이는 호수 전망이 예쁘다.

주소 La Union 가격 싱글 40~50달러, 더블·트윈 50~70달러

쿠바 Cuba

- 아바나 La Habana
- 트리니다드 Trinidad
- 산타 클라라 Santa Clara
- 바라데로 Varadero

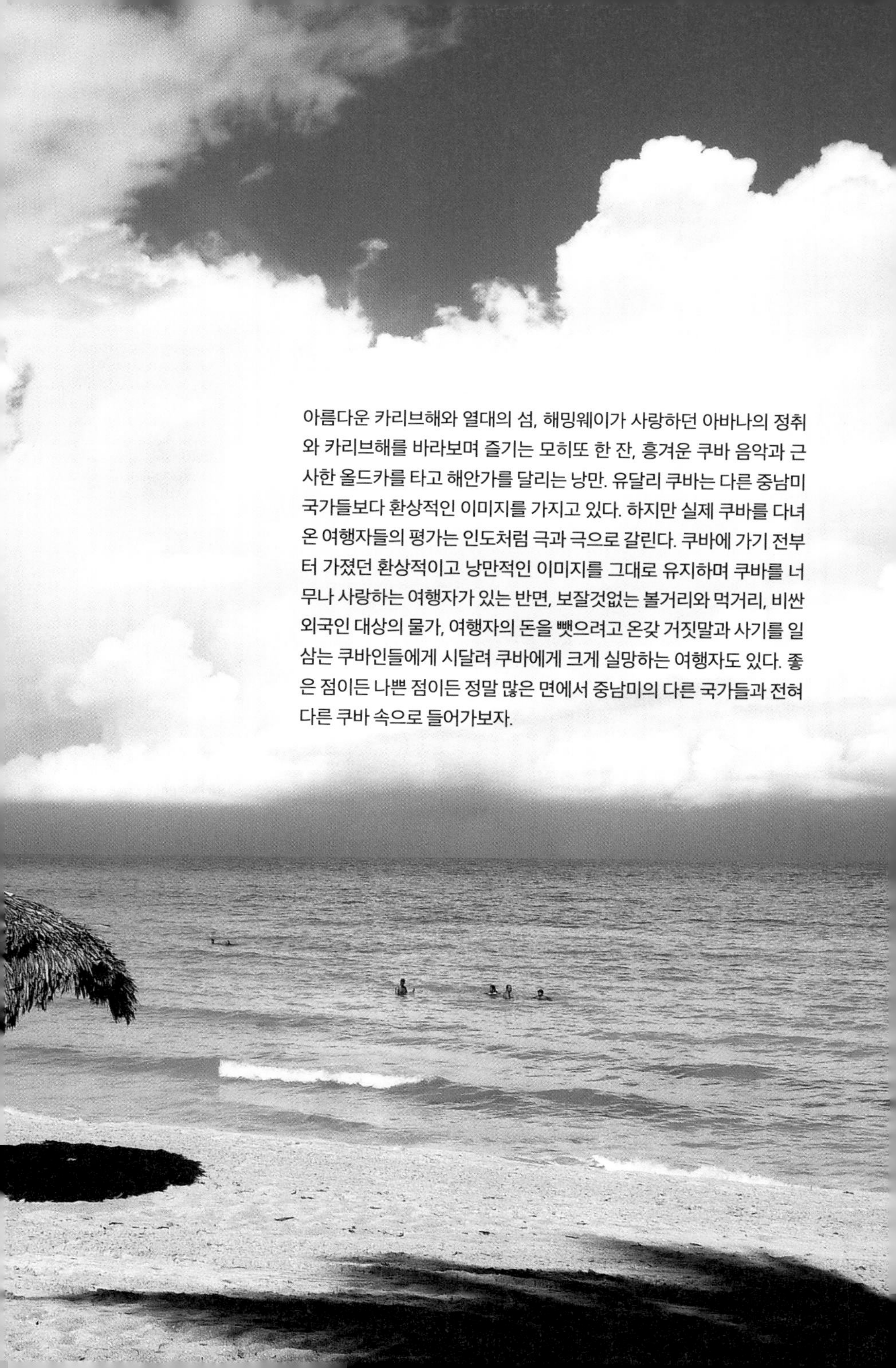

아름다운 카리브해와 열대의 섬, 해밍웨이가 사랑하던 아바나의 정취와 카리브해를 바라보며 즐기는 모히또 한 잔, 흥겨운 쿠바 음악과 근사한 올드카를 타고 해안가를 달리는 낭만. 유달리 쿠바는 다른 중남미 국가들보다 환상적인 이미지를 가지고 있다. 하지만 실제 쿠바를 다녀온 여행자들의 평가는 인도처럼 극과 극으로 갈린다. 쿠바에 가기 전부터 가졌던 환상적이고 낭만적인 이미지를 그대로 유지하며 쿠바를 너무나 사랑하는 여행자가 있는 반면, 보잘것없는 볼거리와 먹거리, 비싼 외국인 대상의 물가, 여행자의 돈을 뺏으려고 온갖 거짓말과 사기를 일삼는 쿠바인들에게 시달려 쿠바에게 크게 실망하는 여행자도 있다. 좋은 점이든 나쁜 점이든 정말 많은 면에서 중남미의 다른 국가들과 전혀 다른 쿠바 속으로 들어가보자.

쿠바
기본 정보

수도 부에노스 아이레스(Buenos Aires)

인구 4,538만 명(2020년 기준)

수도 아바나

인구 1,126만 명 (2021년 기준)

면적 111만 ㎢ (남한의 약 1.1배)

언어 스페인어

1인당 GDP 9,500달러(2020년 기준)

통화 페소(Peso).

1USD = 공식환율 24페소(약 55원), 암달러 환율 280~300페소(약 4.5원) (2024년 기준. 암달러 환율은 시장 상황에 따라 변동이 심함)

전압 110V 60Hz

기후

열대 기후인 쿠바는 1년 내내 덥고 습하지만 12~3월에는 크게 덥지 않고 해가 지면 약간 쌀쌀하다. 5~10월에는 거의 매일 스콜이 내리는데, 허리케인이 지나가지 않는 한 하루 종일 비가 내리는 경우는 많지 않다. 무더운 날씨를 싫어한다면 12~4월에 여행하는 것이 좋다. 8월 말에서 11월까지는 허리케인 시즌이다.

역사

·스페인 지배

스페인 지배 이전의 역사는 거의 알려진 것이 없다. 고고학적 유적이 별로 없고 기록도 없기 때문이다. 1492년 쿠바 동쪽의 이스파니올라 섬(Isla Hispaniola. 현재의 아이티·도미니카공화국)에 콜럼버스가 도착한 이후, 1511년 '디에고 벨라스케스(Diego Velazquez)'가 쿠바를 장악하고 쿠바 총독령을 설치했다. 스페인은 당시 중요한 교역품 중 하나였던 사탕수수와 담배의 생산을 위해 대규모 농장을 경영하였는데, 원주민들이 천연두, 홍역 같은, 신대륙에는 없던 질병과 가혹한 노동으로 대부분 죽자 부족한 노동력을 충당하기 위해 아프리카에서 흑인 노예들을 끌고왔다. 이에 따라 다른 중남미 국가들과 달리 쿠바, 도미니카, 아이티 등 카리브해의 섬나라들은 흑인 및 흑인 혼혈이 인구의 대부분을 차지하고 있다.

·독립

나폴레옹 전쟁으로 스페인 본국의 영향력이 약화되자 1820년대에 들어 많은 중남미 국가들이 독립하였다. 하지만 쿠바의 지배층은 스페인에 속해 있으면서 무역을 계속하는 것이 더 이익이라고 생각했기 때문에 쿠바는 여전히 스페인의 식민지로 남아 있었다. 사탕수수와 담배 수출로 큰 수익을 얻고 있었지만 힘들게 일하는 농민들의 삶은 나아지지 않았고, 그들의 반란은 무자비하게 진압되었다. 결국 1868년 '카를로스 마누엘 데 세스페데스(Carlos Manuel de Cespedes)'가 주도한 1차 독립전쟁이 시작되었고 1878년까지 계속되었다. 오랜 전란에 지친 독립주의자들과 스페인 간에 약간의 자치권을 제공하는 종전 협정이 체결되었지만 실제로는 변한 것이 거의 없었다. 이런 현실 속에서 1차 독립전쟁 후 망명하였던 '호세 마르티(Jose Marti)'는 혁명과 독립을 위한 사상적 체계를 정립한 후, 1895년 동료들과 함께 쿠바에 상륙하였다. 수만 명의 병력을 모집하는 데 성공한 독립군은 스페인군과 전투를 벌였고, 호세 마르티는 치열한 교전 중에 전사했지만 쿠바의 위대한 독립투사이자 국민적 영웅이 되었다. 수년 간에 걸쳐 전쟁이 계속되었고, 쿠바가 극심한 혼란 속에 빠져들자 1898년 유럽처럼 제국주의자의 길을 걷기를 원하던 미국이 개입하여 미국-스페인 전쟁으로 발전하게 되었다. 결국 압도적인 미국의 군사력 앞에 스페인은 금방 항복하였고, 1902년 쿠바는 독립 공화국이 되었다.

•독립 이후

미국의 괴뢰국

1898년 스페인이 물러가고 미국의 군정하에 있던 쿠바는 1902년 독립 공화국이 되었다. 하지만 겉모양만 독립국이지 사실상 미국에 종속되어 있었다. 미국은 쿠바 대표들은 배제한 채 스페인과 쿠바 독립을 합의하였고, 쿠바에 언제든지 군사적 개입을 할 수 있도록 쿠바의 헌법에 명시하였다. 그 유명한 관타나모(Guantanamo) 해군기지도 이때 확보한 것이다. 형식만 독립이지 사실상 미국이 스페인을 대신해서 쿠바를 지배한 것으로, 현재까지 이어지는 미국과 쿠바의 대립이 이때부터 시작되었다.

바티스타 정권의 통치

독립 후에도 쿠바는 잦은 쿠테타와 혼란이 이어졌다. 1940년 대통령에 당선된 '풀헨시오 바티스타(Fulgencio Batista)'는 1944년 선거에서 패했지만 미국의 마피아와 협상해 쿠바의 이권을 마피아에게 양도하는 대신 수익금의 일부와 권력 복귀에 대한 지원을 약속받았다. 그리고 1952년 쿠테타를 일으켜 정권을 장악한 후, 마피아의 지원하에 미국 정부로부터 집권을 승인받았다. 이에 반발한 '피델 카스트로(Fidel Castro)'는 동생 '라울 카스트로(Raul Castro)' 및 동료들과 함께 1953년 '몬카다 병영(Cuartel de Moncada)'을 습격했지만 실패하였고, 체포되었다. 1955년 부정선거로 대통령에 당선된 바티스타는 국내 불만을 가라앉히기 위해 카스트로를 비롯한 정치범들을 석방하였고, 카스트로는 멕시코로 망명하였다.

쿠바 혁명

멕시코에서 '에르네스토 체 게바라(Ernesto Che Guevara)', '카밀로 시엔푸에고스(Camilo Cienfuegos)' 등 새로운 동료를 모은 카스트로는 1956년 그란마(Granma)라는 조그만 배를 이용해 81명과 함께 쿠바에 상륙하였다. 하지만 곧 정부군의 공격으로 대다수의 병력을 잃고 산속에 숨어서 게릴라전을 벌였다. 카스트로가 일으킨 혁명의 기운은 쿠바 전역에 점점 퍼졌고, 결국 1958년 12월 31일 아바나가 혁명군에게 함락되었고, 바티스타는 망명을 떠났다.

혁명 이후

카스트로 정권은 코앞에 있는 강대국인 미국에 저항하기 위해 소련의 지원을 받았고, 피그미만 침공, 쿠바 미사일 위기 등 냉전을 상징하는 많은 사건이 쿠바에서 벌어졌다. 소련의 원조를 통해 식량, 연료 등 경제적 문제를 해결했지만 소련 붕괴 이후 미국의 경제 봉쇄로 극심한 경제적 어려움을 겪고 있고, 외교적으로도 고립되었다. 2008년 피델 카스트로는 동생 라울 카스트로에게 권력을 이양하였고, 라울 카스트로는 민간인의 식당 운영을 허가하는 등 자본주의 체제를 일부 도입하였다. 하지만 국내에 별다른 산업 기반이 없고, 많은 부분에서 계획경제 체재를 고수하고 있기 때문에 큰 변화가 일어나진 못하고 있다.

경제

사탕수수, 담배 같은 품목을 제외하고는 별다른 수출품과 자원이 없기 때문에 냉전 기간 동안 소련의 경제 지원에 크게 의존하였다. 하지만 냉전이 붕괴되면서 극심한 식량난과 에너지난에 시달렸고, 미국의 오랜 경제 제재로 현재도 어려움이 지속되고 있다. 숙박, 식당 등 서비스업 같은 분야에서 약간의 자본주의 시스템을 도입했으나 이미 1980년대에 실패로 판명된 공산주의 계획경제 체재를 상당 부분 유지하고 있다. 기초 생필품은 배급제로 운영되며, 국가에서 지급하는 월급으로는 공산품과 수입품은 구매가 거의 불가능하다. 이로 인해 의사, 변호사 등 전문직도 운전기사 등 별도의 일을 하는 경우가 많으며, 관광객 상대로 호객 행위를 하거나 사기를 치는 사람들이 정말 많다. 에너지, 공산품, 상당량의 식량 등 거의 모든 물자를 수입하기 때문에 2019년의 경우 수출이 23억 달러, 수입은 106억 달러일 정도로 무역 불균형이 심해 수입 대금을 제대로 지급하지 못하는 일이 빈번하다. 큰 무역 적자를 관광 수지와 인력 파견, 해외 거주민의 송금으로 매우고 있었는데, 코로나 사태로 관광객이 끊어지면서 모라토리움(채무불이행)을 선언할 정도로 경제 상황이 좋지 않다. 전체적으로 사회와 경제 시스템이 제대로 돌아가지 않고 있다.

2021년 민간 기업의 설립을 허용하고, 이중 화폐 제도를 폐지하는 등 변화를 시도하고 있으나 근본적인 시스템을 바꾸지 않는 한 경제 상황이 크게 개선되기는 힘들 것으로 보인다. 쿠바에 대해 잘 모르는 사람들은 정부가 복지를 통해 삶을 보장해주고, 훌륭한 무상의료 제도가 있다고 말하지만 배급되는 물자는 항상 부족하고 의료 물자도 부족하다. 거기다 의사도 일반 노동자와 별 차이 없는 월급을 받기 때문에 열심히 일할 리가 없다. 따라서 병원에 가면 정말 오래 기다려야 하고, 약이 제대로 없으니 제대로 된 치료를 받기 힘들다. 공산주의 계획경제 체재가 자본주의 체재보다 더 좋다고 생각하는 것은 공산주의의 현실을 제대로 몰랐던 냉전 시대에나 했던 시대착오적인 생각이다. 2024년 현재 경제가 베네수엘라급으로 붕괴되어 페소 가치는 연일 떨어지고 암달러 환율이 치솟고 있다. 기름이 부족해 개인 차량은 운행이 쉽지 않고 전기는 수시로 끊어진다. 고급 호텔조차 에어컨이 가동되지 않는 경우가 많다.

환전

쿠바의 화폐제도

쿠바의 환전을 설명하려면 역사적 배경을 설명할 필요가 있다. 소련 붕괴 이후 경제적 위기에 직면하자 '쿠바 페소(CUP, 쎄우뻬)'의 가치가 급락하였고, 이에 대한 대안으로 달러와 1:1로 교환되는 태환 화폐인 '쿡(CUC, 쎄우쎄)'을 도입하여 이중 화폐제도를 운영하였다. 쿠바에 대해 잘 모르는 사람들은 쿡은 외국인용 화폐이고 페소는 내국인용 화폐라고 이야기하는데, 1쿡=24페소로 두 화폐는 서로 바꿀 수 있었고, 쿡이 외국인만 사용하는 화폐도 아니었다. 예를 들어, 로컬 식당에서 10페소짜리 음식을 사먹고 1쿡을 내면 14페소를 거슬러 받을 수 있었고, 쿠바인들도 구할 수만 있다면 쿡을 사용할 수 있었다. 다만 호텔, 시외버스, 수입 공산품 등 값비싼 것들은 쿡으로 가격이 매겨져 있었고, 저렴한 물건들은 페소로 가격이 매겨져 있었다. 하지만 이중 화폐제도를 운영함에 따라 빈부 격차 확대 등 여러 가지 문제점이 발생했고, 코로나 사태로 달러와 교환되는 태환지폐인 쿡을 운영하기 힘들어지면서 2021년부터 이중 화폐를 폐지하고 쿠바 페소만 운영하기로 했다.

암달러의 등장

2021년에 쿡을 없애면서 쿠바 정부가 공식적으로 정한 환전율은 1달러=24페소이기 때문에 공식 환전소에 가면 이 환율로 환전해줬다. 하지만 쿠바 페소의 실제 가치는 점점 떨어져서 2024년 초 기준 암달러 환율이 300페소 정도로 올랐다. 따라서 달러나 유로를 가져가 암달러 환전을 하면서 여행해야 경비를 줄일 수 있다. 단, 길거리에서 환전하면 위조지폐가 있을 가능성이 높기 때문에 숙소나 식당에서 환전하는 것이 좋다. 예전에는 달러(USD)는 10%의 수수료를 뗀 후 환전을 해줬지만 2021년부터 사라졌다. 만약 암달러 환율이 예상했던 것보다 낮다면 당장 쓸 돈만 환전한 후 환율이 올라갔을 때 추가로 환전하는 것이 좋다. 암달러는 상당수의 식당과 호텔에서 할 수 있으니 직원에게 문의해보자. 사실 물어보기도 전에 환전 필요하지 않냐고 그쪽에서 접근하는 경우가 대부분이다. 페소 가치가 점점 떨어지다보니 관광객 상대로 달러를 요구하는 곳이 많다. 따라서 달러 소액권을 많이 가져가는 것이 좋고, 암달러 환전은 상황을 보면서 조금씩 하면 된다.

신용 카드 / ATM

암달러가 있기 때문에 ATM과 신용카드를 사용하면 큰 손해를 보게 된다. ATM과 신용카드는 공식환율이 적용되기 때문이다. 다만 예전에는 마스터, 비자

등 미국계 회사의 카드는 사용할 수 없었지만 현재는 그런 제한은 없다. 여하튼 진짜 급한 경우가 아니라면 신용카드와 ATM은 사용하면 안 된다. 다만 일부 고급 호텔의 식당은 신용카드로만 결제를 받는데, 그럴 경우에는 가격을 공식환율로 잘 계산해본 후 이용할지 말지 결정해야 한다.

비상 시 연락처

쿠바는 공산국가인 데다 미수교국이니 당연히 대사관이 없다. 따라서 여권을 잃어버리거나 범죄를 당하거나 건강상 큰 문제가 발생하면 정말 해결하기 힘들어진다. 큰 문제가 생기지 않도록 본인이 조심하고 또 조심하는 수밖에 없다. 특히 여권를 잃어버리는 일이 발생하지 않도록 각별히 주의하자. 여권이 없으니 출국을 할 수 없고, 가족이 여권을 만들어서 쿠바로 보낼 때까지 쿠바에 갇힐 수 있다. 다음의 연락처는 큰 문제가 발생했을 때 연락을 할 수 있는 곳들인데, 아바나에 체류하는 분들이 외교관이 아니기 때문에 큰 도움을 받을 수는 없다.

※ 코트라(KOTRA) 아바나 무역관

주소 Ave. 3ra. e/.76 y 78, Edif. Sta. Clara Ofic. 412, Miramar Trade Center, Habana

전화 (+53) 7-204-1020/1117/1165

※ 민카사(아바나 한인민박)

주소 Calle Malecón apartamento 63 e/ Genio y Cárcel #3, Centro Habana

전화 (+53) 5680-3394

쿠바의 허리케인 시즌

쿠바 여행에서 중요한 변수는 기온보다 허리케인이다. 허리케인이 오면 며칠 동안 항공, 버스 등 교통편이 중단되고 꼼짝없이 쿠바에 갇히게 된다. 거기다 허리케인이 직접 강타하면 수도와 전기가 끊기는 경우도 있기 때문에 여행 일정을 망치는 것은 물론 큰 불편을 감수해야 한다. 허리케인은 6~11월에 발생하는데, 가장 많이 발생하는 기간은 8월 말부터 11월까지다. 평균적으로 9월과 11월에는 한 달에 2~3개가, 10월에는 3~4개가 쿠바에 영향을 미친다. 따라서 8월 말부터 11월까지는 쿠바 여행을 피하는 것이 좋다. 쿠바의 허리케인은 우리나라의 태풍과는 차원이 다르게 강력하다. 필자는 쿠바에서 허리케인을 겪어봤는데, 모든 물자가 부족한 쿠바에서 허리케인으로 인한 불편함은 상상을 초월한다.

쿠바 대표 먹거리

오랜 기간 동안 미국의 경제 제재로 물자의 수입이 어려웠기 때문에 쿠바의 먹거리는 부족한 식자재로 만들 수밖에 없었다. 2000년대에는 좋은 호텔에 가야만 케첩이 있을 정도였는데, 2010년대 이후 상황이 조금 나아지긴 했지만 여전히 쿠바의 음식은 전체적으로 부실하다. 어떤 사람은 자연 재료만 사용하기 때문에 건강한 음식이라는 식으로 말하지만 식자재가 부족해서 어쩔 수 없이 그렇게 만드는 것을 좋은 말로 표현한 것이다. 먹거리에 대해 큰 기대를 하기 힘든 곳이지만 랍스터, 문어, 생선 같은 해산물 요리는 다른 나라들에 비해 상당히 저렴하고 먹을 만하다. 암달러 환전을 하면 먹거리 가격이 아주 싸다.

아로스 꼰 뽀요 Arroz con Pollo

아로스 꼰 뽀요는 닭고기(Poll)가 들어간 쌀(Arroz), 즉 닭고기 볶음밥이다. 중남미 어디를 가나 볼 수 있는 저렴한 서민 음식인데, 간단한 식자재만으로 만들 수 있기 때문에 쿠바에서 널리 먹는다. 하지만 후추 등 향신료가 어느 정도는 들어가야 더 맛있는데, 들어가는 재료가 부실하다보니 다른 나라보다 맛이 없다.

께소 피자 Queso Pizza

께소는 치즈라는 뜻이며 말 그대로 치즈 피자다. 밀가루 반죽 위에 약간의 소스, 치즈와 간단한 토핑을 올려서 구운 것이라 쿠바 어디를 가나 흔하게 볼 수 있다. 하지만 치즈와 소스, 토핑의 맛과 질이 떨어지기 때문에 싸고 양은 많지만 맛은 엉망이다. 최근에는 물자 유통이 조금 원활해지면서 예전보다 나아졌지만 여전히 맛있다고 말하기 힘든 수준이다. 물론 잘 찾으면 그럭저럭 먹을 만한 수준의 피자를 만드는 곳도 있지만 어디까지나 쿠바에서 괜찮은 것이지 다른 나라와 비교하면 엉망이다.

아로스 모로 Arroz Moro

검은콩을 넣은 콩밥이다. 우리나라의 콩밥과 별 차이는 없지만 길쭉한 인디카 품종이기 때문에 건조하고 뻑뻑한 편이다. 멕시코에서 많이 먹는 콩을 갈아서 만든 프리홀(Frijol)도 흔한 음식이다.

랑고스타 Langosta

스페인어로 랑고스타는 랍스터를 의미한다. 쿠바는 열대 지역이라 랍스터가 많이 잡히는데, 경제 제재로 제대로 수출을 할 수 없기 때문에 외국인 관광객을 대상으로 저렴하게 랍스터를 파는 것이다. 어디서 먹는가에 따라 다르지만 대략 암달러 기준 10~20달러에 랍스터를 먹을 수 있다. 특히 트리니다드는 민박집인 카사(Casa)에서 랍스터를 파는 것으로 유명하다.

뿔뽀 Pulpo

뿔보는 문어라는 뜻이다. 일반적으로 우리나라 문어보다는 훨씬 작지만 상당히 연하고 쿠바식 양념과 아주 잘 어울린다. 생선요리보다는 살짝 비싼 편이지만 랍스터보다는 싸기 때문에 별 부담 없이 먹기 좋다. 보통 다리만 요리해서 먹고, 몸통이 나오는 일은 거의 없다.

모히또 Mojito

럼주에 라임 주스, 민트, 설탕, 탄산수 등을 넣어서 만든 칵테일인데, 쿠바가 모히또의 원조라는 이야기가 있다. 헤밍웨이가 아바나의 '라 보데기타 델 메디오(La Bodeguita del Medio)'라는 바에서 모히또를 즐겨 마셨다는 이야기도 유명한데, 사실은 가게 홍보를 위해 꾸며낸 거짓말임을 주인이 직접 고백했다. 관광객을 유인하기 위해 헤밍웨이의 이름을 써먹으면서, 그것으로써 유인된 관광객들에게 바가지 요금을 받는 것은 자주 접하게 되는 일이다. 쿠바가 모히또의 원조라는 증거도 없지만 관광객에게 헤밍웨이와 모히또에 대한 이야기가 유명하기 때문에 쿠바의 술집 어디를 가나 모히또를 팔고 있다. 실제로 헤밍웨이는 당뇨병이 있고 폭음을 자주 했기 때문에 모히또가 아니라 설탕이 거의 없고 럼이 많이 들어간, 강하게 만든 다이끼리(Daiquiri. 럼과 라임을 섞은 칵테일)를 즐겼다고 한다.

아바나

La Habana

카리브해 해변에 자리 잡은 쿠바의 수도 아바나는 1514년 스페인인들에 의해 처음 건설되었다. 1950년대 미국 마피아의 지원을 받은 바티스타가 정권을 잡은 뒤에 도박과 유흥이 넘치는 퇴폐적인 도시가 되었고, 마피아들은 엄청난 돈을 벌어들였다. 하지만 피델 카스트로가 쿠바 혁명을 통해 집권한 후 화려한 카지노와 호텔, 바들은 모두 문을 닫았다. 그 뒤 미국과의 오랜 갈등으로 인해 물자가 부족하기 때문에 중심가를 조그만 벗어나도 주택들의 창살은 녹슬어 있고 페인트칠은 다 벗겨져 간다. 새 차를 수입하지 못하고, 질 나쁜 휘발유를 쓰기 때문에 올드카들은 엄청난 매연을 뿜으며 거리를 누빈다. 음악과 카리브해의 낭만이 가득한 쿠바의 이미지를 꿈꾸고 와서 그 속에서 헤어나지 못하는 여행자가 있는 반면, 거리에 가득한 쓰레기와 오물, 사기꾼과 호객꾼에 시달려 아바나라고 하면 머리를 절레절레 흔드는 여행자도 있다. 명과 암이 너무나 뚜렷한 아바나는 이 세상 그 어떤 도시와도 다르다.

국제선/국내선 항공

'호세 마르티 국제공항(Aeropuerto Internacional Jose Marti)'은 아바나에서 남쪽으로 20km 정도 떨어져 있다. 한국에서 출발할 경우 아에로멕시코가 멕시코시티를 거쳐 아바나로 가며, 비행 시간은 보통 20~24시간(환승 시간 포함)이 걸린다. 아에로멕시코 외에도 에어캐나다, 에어차이나 등 다양한 항공사가 아바나에 취항한다. 멕시코 칸쿤이 가장 가까워서 1시간이면 아바나에 도착하며, 다른 중남미 국가에서도 아바나로 연결되는 항공편이 있다. 쿠바 국영 항공사인 '쿠바나항공(Aerolinea Cubana)'은 국제선과 국내선을 운항하는데, 비행기가 낡고 잦은 결항·지연으로 아주 유명하다. 여행자가 쿠바 국내선을 이용하는 경우는 거의 없으며, 칸쿤에서 멕시코 항공사인 아에로멕시코, 볼라리스, 비바아에로부스를 이용해 아바나를 방문하는 경우가 많았다. 하지만 코로나 이후 비바아에로부스만 칸쿤-아바나 노선을 운항했는데, 2024년 3월부터 운항을 중단했다. 거기다 아에로멕시코도 한국에 취항하지 않아서 쿠바를 가기가 아주 불편해졌다. 항공편이 적다보니 아바나행 항공권 가격이 코로나 전보다 몇 배나 올라서 엄청나게 비싸다. 항공편 상황이 이렇다보니 코로나 전과 비교해 관광객이 엄청나게 줄었다.

홈페이지

아에로멕시코 www.aeromexico.com
볼라리스 www.volaris.com
비바아에로부스 www.vivaaerobus.com
쿠바나항공 www.cubana.cu

■ 아바나 공항에서 시내로 이동하기

공항버스

국영 여행사인 트란스 투르(Transtur)의 공항버스가 중앙공원(Central Parque)까지 운행하며, 1시간에 1대 정도 출발한다.

시간 10:40~00:40 **소요시간** 40~50분 **요금** 5달러

택시

공항 앞에 택시들이 쭉 늘어서서 기다리고 있다. 공항 환전소는 공식환율로 환전해주기 때문에 달러로 지불하는 것이 좋다. 아바나 시내에서 공항으로 이동할 경우 공항에서 출발할 때보다 다소 저렴하다(약 25달러).

시간 24시간 운행 **소요시간** 30~50분 **요금** 30~40달러

쿠바 입국을 위한 투어리스트 카드Tourist Card 구매 및 미국 입국

이스라엘을 여행해본 사람은 알겠지만 이스라엘을 다녀온 기록이 여권에 남으면 이슬람 국가 입국 시 문제가 될 수 있기 때문에 여권이 아니라 별도 종이에 입출국 기록을 한다. 마찬가지로 쿠바 역시 여권이 아니라 별도의 용지에 입출국 도장을 찍어주는데, 이 용지를 '투어리스트 카드'라고 부른다. 항공사 사무실이나 출발 공항에서 구매 가능하며, 보통 25~30달러다. 아바나행 항공편을 타는 공항에서 체크인을 할 때 구할 수 있기 때문에 어떻게 준비하나 걱정할 필요는 없다. 또, 입국신고를 온라인으로 미리 해야 한다. (www.dviajeros.mitrans.gob.cuba) 최근 인터넷에 쿠바에 다녀오면 미국 ESTA가 취소된다는 잘못된 정보가 돌고 있는데, 그건 미국에서 출발하는 쿠바행 항공편을 탈 경우다. 제3국에서 쿠바를 다녀올 경우 미국 이민국에서 해당 국가의 출입국 정보를 알 수가 없고, 따라서 쿠바를 다녀와도 향후 미국 입국에 전혀 지장이 없다.

시외버스

시외버스는 비아술과 쿠바 국영 여행사에서 운영하는 '트란스 투르' 두 가지가 있다. 외국인을 대상으로 운영하기 때문에 중남미 다른 국가들에 비해 이동 거리당 요금이 상당히 비싸다. 2023년 기준 비아술 버스는 신용카드로만 결제가 가능한데, 어떤 때는 현금 결제가 가능할 때도 있다. 따라서 일단 카드 결제를 해야 한다는 것을 기본으로 생각하고 준비하는 것이 좋다. 2022년 말부터 버스비를 달러가 아니라 유로로 책정하면서 안 그래도 비싼 가격이 더 올랐다. 버스 시설은 아주 열악하진 않지만 가격 대비 상당히 떨어진다.

비아술 Viazul

비아술 버스는 터미널에 직접 가서 사거나 인터넷에서 예매가 가능하다. 트란스 투르에 비하면 저렴하지만 올드 아바나(아바나 비에하)에서 숙박할 경우 베다도에 있는 비아술 터미널까지 택시를 타야 하기 때문에(택시비 약 10달러) 어떤 것이 유리할지 잘 판단해봐야 한다. 버스표는 출발 며칠 전에 미리 구입하는 것이 좋다.

비아술 터미널 주소 Calle 26 y Zoologico **홈페이지** viazul.wetransp.com

트란스 투르 Tran Tur

트란스 투르는 국영 여행사들이 운영하는 버스로 쿠바나칸(Cubanacan), 아바나투르(Havanatur), 쿠바투르(Cubatur) 같은 여행사에서 예매할 수 있다. 카피톨리오(Capitolio) 옆에 있는 '잉글라테라 호텔(Hotel Iglaterra)' 앞에서 출발한다. 따라서 올드 아바나에 숙박하는 경우 버스터미널까지 이동하는 시간과 비용을 절약할 수 있지만 가격이 비아술 버스보다 비싸다. 그리고 지연이 잦아서 1시간 이상 기다려야 할 때가 많다.

트란스 투르 출발 지점 주소 Paseo del Prado 416 **홈페이지** www.transtur.net

예상 소요시간 및 요금

목적지	소요시간	요금
바라데로	2~2.5시간	9~17유로
산타 클라라	4~4.5시간	18~30유로
트리니다드	6~7시간	21~40유로
비냘레스	3.5~4시간	12~20유로
산티아고 데 쿠바	17~18시간	56~80유로

택시 대절

쿠바는 버스비가 상당히 비싸고 표를 구하기 힘들 때도 많기 때문에 일행이 있다면 택시를 대절하는 것도 좋은 방법이다. 4명이 함께 이용하면 시외버스를 이용하는 금액과 큰 차이가 없는 가격에 택시를 대절할 수 있다. 다만 선금을 줄 경우 돈만 받고 기사가 사라지는 경우가 있기 때문에 반드시 목적지에 도착한 후 요금을 줘야 한다. 끝까지 선금을 요구하면 최소한의 금액만 지불하는 것이 좋다. 대부분 에어컨이 없고 아주 낡았기 때문에 버스보다 편한 것은 아니지만 원하는 시간에 출발하고 더 빠르게 갈 수 있다. 하지만 개인 차량이 기름을 구하기 어렵다보니 차량 찾기가 쉽진 않다.

시내 교통

메트로버스 Metro Bus

아바나에서 이용할 수 있는 교통수단 중 가장 저렴하다. 노선은 17개가 있으며 P1, P2 등과 같이 구분한다. 숙소나 관광안내소(Infotur)에서 버스 노선도를 구할 수 있다. 가격은 정말 저렴하지만 배차 간격이 길고 줄을 서서 기다려야 할 때가 많은데, 무더운 쿠바 날씨에 줄을 서서 기다리는 것이 쉽지 않다. 스페인어가 익숙하지 않다면 노선을 파악하기도 힘들기 때문에 많은 여행자들은 메트로버스보다는 비싸지만 편안한 시티투어버스를 이용한다(p282 참조).

요금 2페소

택시

택시는 타기 전에 요금을 협상해야 하며 거의 모든 이용자가 외국인이기 때문에 상당히 비싸다. 가까운 곳을 갈 때도 10달러 가까이를 요구하며, 밤늦은 시간이나 새벽에는 두 배 가까이 부른다. 여행자들이 많이 이용하는 아바나 비에하-베다도 구간은 4~5km밖에 안 떨어져 있는데도 보통 10달러 이상을 받는다. 콜렉티보(Colectivo) 택시는 정해진 목적지를 합승해서 가는 택시인데, 요금은 200페소 정도다. 인근에 콜렉티보 택시가 출발하는 곳이 있다면, 비아술 터미널 같은 곳을 갈 때 저렴하게 갈 수 있다. 숙소 근처에 콜렉티보 택시를 탈 수 있는 곳이 있는지는 숙소 직원에게 문의하면 된다.

쿠바 전체
Gulf of Mexico
BAHAMAS
아바나
Havana
바라데로
Varadero
미탄사스
Matanzas
Pinar
del Rio
산타 클라라
Santa Clara
Cienfuegos
누에바 헤로나
Nueva Gerona
트리니다드
Trinidad
Nuevitas
Camagüey
Las Tunas
Holguín
Caribbean Sea
Manzanillo
Bayamo
Guantána
Santiago
de Cuba
Cayman
Islands
아바나 전체
올드 아바나
나시오날 호텔
Nacional Hotel
베다도
호텔 엔에이치 카프리
Hotel NH Capri
카사바나 부티크 호텔
Casavana Boutique Hotel
Av. 23
Galiano
Museo de Artes
Decorativas
라 꼬시나 데 에스테반
La Cocina de Esteban
San Lazaro
Padre Varela
Neptuno
엘 알멘드론 로사도
El Almendron Rosado
아바나 대학
Universidad de la
Habana
엘 아르카 데 노에
El Arca de Noe
CAYO HUESO
Parque
John Lennon
호스탈 콜로니알 카사 데 루카
Hostal Colonial Casa de Luca
Av. Salvador Allende
Carlos III
Zapata
Calz de Ayestaran
Padre Varela
호세 마르티 국제공항 20km
내무부
(체게바라 얼굴 외벽)
Ministerio del Interior
비아술 터미널
Terminal Viazul
혁명 광장
Plaza de la Revolucion
Cristina Train
Station
호세 마르티 기념관
Monumento a Jose Marti
1km

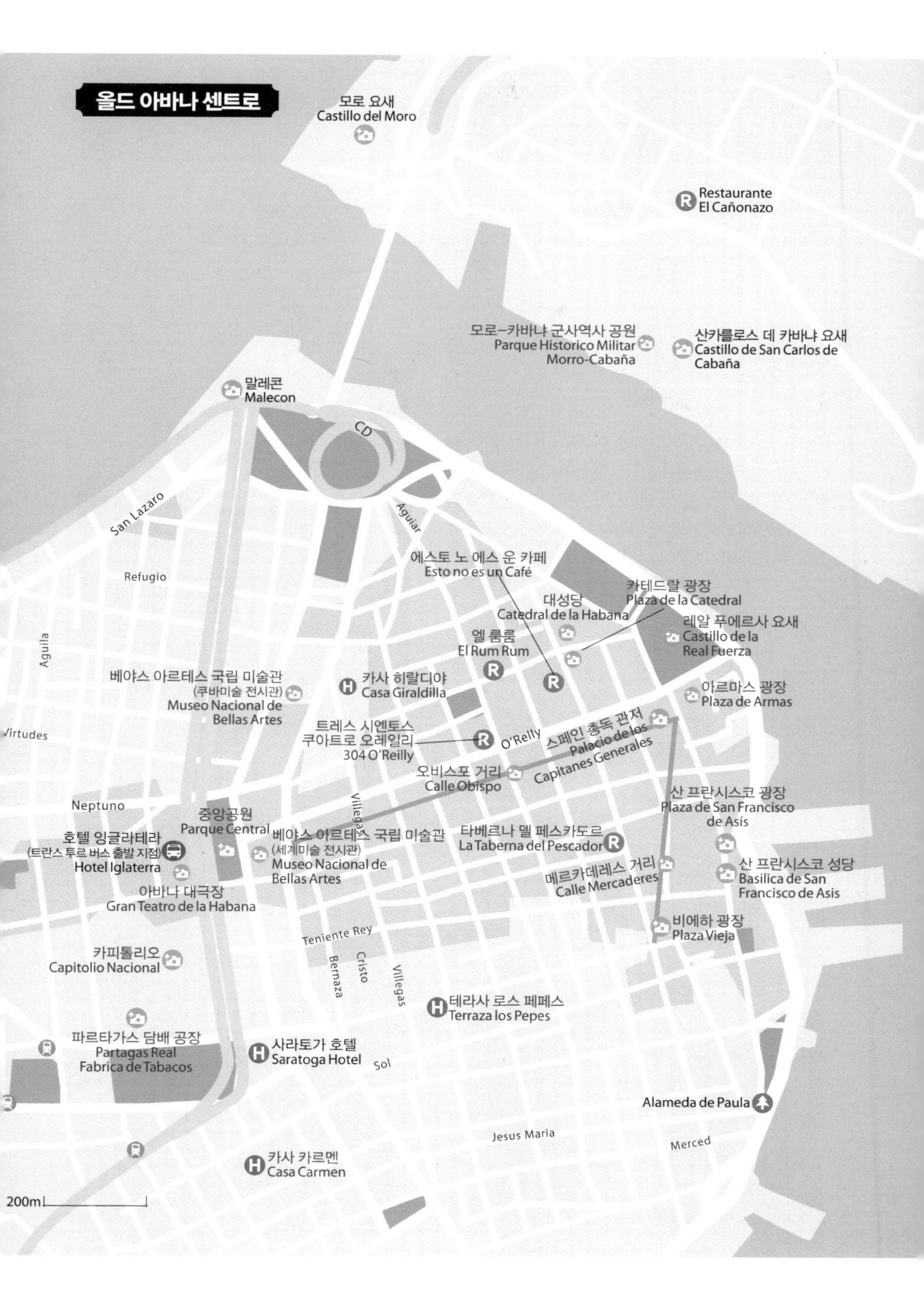
올드 아바나 센트로
모로 요새
Castillo del Moro
Restaurante
El Cañonazo
모로-카바나 군사역사 공원
Parque Historico Militar
Morro-Cabaña
산카를로스 데 카바냐 요새
Castillo de San Carlos de
Cabaña
말레콘
Malecon
CD
San Lazaro
Aguiar
Refugio
Aguila
에스토 노 에스 운 카페
Esto no es un Café
카테드랄 광장
Plaza de la Catedral
대성당
Catedral de la Habana
레알 푸에르사 요새
Castillo de la
Real Fuerza
엘 룸룸
El Rum Rum
베야스 아르테스 국립 미술관
(쿠바미술 전시관)
Museo Nacional de
Bellas Artes
카사 히랄디야
Casa Giraldilla
아르마스 광장
Plaza de Armas
Virtudes
트레스 시엔토스
쿠아트로 오레일리
304 O'Reilly
O'Relly
스페인 총독 관저
Palacio de los
Capitanes Generales
오비스포 거리
Calle Obispo
Neptuno
Villegas
중앙공원
Parque Central
호텔 잉글라테라
(트란스 투르 버스 출발 지점)
Hotel Iglaterra
베야스 아르테스 국립 미술관
(세계미술 전시관)
Museo Nacional de
Bellas Artes
타베르나 델 페스카도르
La Taberna del Pescador
산 프란시스코 광장
Plaza de San Francisco
de Asís
메르카데레스 거리
Calle Mercaderes
산 프란시스코 성당
Basilica de San
Francisco de Asis
아바나 대극장
Gran Teatro de la Habana
비에하 광장
Plaza Vieja
Teniente Rey
Bernaza
Cristo
Villegas
카피톨리오
Capitolio Nacional
테라사 로스 페페스
Terraza los Pepes
파르타가스 담배 공장
Partagas Real
Fabrica de Tabacos
사라토가 호텔
Saratoga Hotel
Sol
Alameda de Paula
Jesus Maria
Merced
카사 카르멘
Casa Carmen
200m

Habana Vieja

아바나 비에하

18~19세기에 만들어진 건축물들이 많은 아바나 비에하는 영어로 '올드 아바나(Old Havana)'라고 부른다. 대성당, 아르마스 광장, 레알 푸에르사 요새 등 역사적으로 오래된 많은 건물들이 있고, 관광객용 식당과 숙소가 밀집된 지역이다.

대성당
Catedral de la Habana

대성당(카테드랄)은 1748년에 공사를 시작해 1777년에 완공되었으며 바로크 양식으로 건축되었다. 한때 콜럼버스의 유해가 이곳에 있었으나, 쿠바 독립전쟁이 끝난 1898년에 스페인의 세비야(Sevilla) 대성당으로 옮겨졌다. 대성당 바로 앞에 있는 '카테드랄 광장(Plaza de la Catedral)'에서는 쿠바 음악과 함께 식사와 음료를 즐길 수 있다.

주소 Empedrado 156 **위치** 카피톨리오에서 북동쪽으로 도보 15분 **시간** 월~금 09:00~17:00, 토·일 09:00~14:00

카테드랄 광장

아르마스 광장
Plaza de Armas

16세기에 만들어진 아바나에서 가장 오래된 광장이다. 광장 서쪽에는 식민지 시절 스페인 총독이 사용하던 관저가 있다. 광장에는 큰 야자수들이 있으며, 광장 중앙에는 1868년 1차 독립전쟁을 이끌었던 '카를로스 마누엘 데 세스페데스(Carlos Manuel de Cespedes)'의 흰 대리석 조각상이 서 있다. 원래는 스페인 국왕이었던 '페르디난드 7세(Ferdinand Ⅶ)'의 동상이 서 있었는데 1955년에 교체되었다.

위치 대성당에서 동쪽으로 도보 2분

스페인 총독 관저
Palacio de los Capitanes Generales

'팔라시오 데 로스 카피타네스 헤네랄레스(Palacio de los Capitanes Generales)'는 쿠바가 스페인 식민지였을 때 스페인에서 파견된 총독(Capitan)이 사용했던 관저다. 18세기 말에 바로크 양식으로 건축되었고, 미국-스페인 전쟁에서 미국이 승리한 1898년부터 쿠바 공화국이 탄생한 1902년 사이에는 미국의 군정장관이 머물렀다. 그 후 1920년까지는 대통령 관저로 사용되었다. 한동안 아바나 시청으로 사용되다가 1967년 시립박물관(Museo de la Ciudad, 무세오 델 라 시우닷)이 되었다. 그래서 시립 박물관이라고 표기된 지도들도 있다. 식민지 시절과 독립전쟁 시기의 군복, 마차, 그림과 사진 같은 것들이 전시되어 있는데 크게 인상적인 전시물은 없다.

위치 아르마스 광장 서쪽 **시간** 화~토 10:30~17:00, 일 09:00~13:00, 월 휴무 **요금** 75페소

레알 푸에르사 요새
Castillo de la Real Fuerza

카스티요(Castillo)는 스페인어로 성(城)을 의미하는데, 이곳은 건설 목적과 규모로 볼 때 성보다는 요새라고 부르는 것이 맞을 것이다. 아바나의 항구를 방어하기 위해 1577년에 완공된 요새로 포탄에 대응하기 위해 성벽은 약간 경사가 있고 상당히 두껍게 만들어졌다. 또 사방을 포격하기 좋도록 네 방향으로 성벽이 돌출되어 있다. 내부에는 당시 배와 요새에서 사용하던 물품들, 대포 등이 전시되어 있다.

위치 아르마스 광장 북쪽 **시간** 화~일 09:30~17:00, 월요일 휴무 **요금** 75페소

오비스포 거리 & 메르카데레스 거리
Calle Obispo & Calle Mercaderes

아르마스 광장에서 서쪽으로 뻗은 오비스포 거리와 남쪽으로 뻗은 메르카데레스 거리는 아바나 비에하에서 가장 번화한 중심가다. 호텔, 식당, 바와 함께 각종 기념품 가게들이 있다. 두 거리가 만나는 지점에 헤밍웨이가 1930년대에 머물렀던 '암보스 문도스 호텔(Ambos Mundos Hotel)'이 있는데, 호텔 내부에는 헤밍웨이가 머물렀던 방과 함께 사진, 옷 등 물품이 전시되어 있다. 특별한 것 없는 볼거리에 비해 입장료가 비싸기 때문에 헤밍웨이의 열혈팬이 아니라면 굳이 들어갈 필요는 없다.

산 프란시스코 성당
Basilica de San Francisco de Asis

1608년에 건설된 성당으로 이름에서 알 수 있듯이 프란체스코 수도회에서 만들었다. 17세기에 허리케인과 폭풍으로 성당이 파손된 후, 18세기 초에 바로크 양식으로 재건축되었다. 성당 바로 앞에는 '산 프란시스코 광장'이 있다. '아시시(Asisi)'라는 말이 붙어 있는 이유는 성 프란치스코가 이탈리아 중부의 아시시 출신으로 일반적으로 '아시시의 성 프란치스코'라고 불리기 때문이다. 수녀원(Convento de San Francisico)에는 교회의 성물과 수공예품 등이 전시된 '종교예술 박물관(Museo de Arte Religioso)'이 있다.

위치 아르마스 광장에서 남쪽으로 도보 5분 **시간** 09:30~17:00 **요금** 10페소(종교예술 박물관)

모로-카바냐 군사역사 공원
Parque Historico Militar Morro-Cabaña

아바나 비에하에서 바다 건너편을 보면 커다란 요새들이 해안가를 따라 늘어서 있는데, 왼쪽에 있는 요새가 '트레스 레예스 델 모로 요새(Castillo de los Tres Reyes del Moro)'이고, 오른쪽의 더 커다란 요새가 '산 카를로스 데 카바냐 요새(Castillo de San Carlos de Cabaña)'다. 1630년에 걸설된 모로 요새는 약 200명의 병력이 주둔하면서 해적의 공격을 막았고, 1762년 영국군이 아바나를 점령할 때도 마지막까지 저항하였다. 모로 요새의 명물 중 하나인 등대는 1845년에 설치되었다. 스페인 카를로스 3세(Carlos Ⅲ)의 이름을 따서 명명된 카바냐 요새는 1763년에 영국군이 점령한 아바나와 스페인 점령지였던 플로리다를 교환한 후, 아바나의 방어를 강화하기 위해 1774년에 건설되었다. 해안가를 따라서 건설된 거대한 요새는 길이가 700m에 달하며 면적은 10헥타르(약 3만 평)에 이른다. 다시는 아바나를 뺏기지 않기 위해 다수의 대포를 배치했는데, 1860년대에는 약 250문에 이르는 대포가 요새에 설치되어 있었다. 쿠바 독립전쟁 중에는 감옥과 처형 장소로 사용되었고, 쿠바 혁명 후 1992년에 복원이 완료되었다. 요새와 함께 '해양 박물관(Museo Maritimo)', '요새 및 무기 박물관(Museo de Fortificaciones y Armas)' 등이 있는데, 전시물보다는 요새 자체와 바다 건너에 보이는 아바나의 전경이 큰 볼거리다. 아바나 비에하에서 택시(약 1,200페소) 또는 메트로버스(P-8/11/15)를 타고 갈 수 있다. 요새로 갈 때 지하터널을 통과하는데, 그 구간은 매연이 심하다.

위치 아바나 비에하에서 북동쪽으로 바다 건너편 **시간** 08:00~20:30 **요금** 120페소

비에하 광장
Plaza Vieja

1559년에 만들어진 광장으로 원래 이름은 '새 광장'이라는 뜻의 '누에바 광장(Plaza Nueva)'이었다. 인근 지역에는 부유한 크리오요(Criollo, 식민지에서 태어난 스페인인)들이 주로 거주하였다. 부유층 거주 구역이었기 때문에 이 광장에서 축제나 투우, 사형 같은 행사가 진행되었고, 부유층들은 집의 발코니에서 그런 광경들을 바라보았다. 쿠바 혁명이 일어나 공산주의 정권이 들어서면서 황폐한 곳이 되었다가 1980년대부터 복원되었다. 광장 전체가 다양한 색상의 전통건물로 둘러싸여 있기 때문에 아바나에서 가장 예쁜 광장이라 할 수 있다.

위치 아르마스 광장에서 남쪽으로 도보 10분

쿠바의 다양한 바가지, 사기 수법

쿠바를 여행할 때 중남미 다른 국가들보다 비싼 여행자 물가와 낡은 시설, 부실한 먹거리도 문제지만, 사실 여행자를 가장 괴롭히는 것은 바가지 요금과 사기다. 경제 부분에서 언급한 것처럼 월급만으로 생활하기 어렵기 때문에 외국인을 대상으로 돈을 뜯어내려는 쿠바인들이 정말 많다. 중남미 대부분의 국가는 여행자 대상 바가지와 사기가 거의 없는데 반해, 쿠바는 케냐, 탄자니아 같은 동아프리카 수준의 온갖 바가지와 사기가 극성이다. 필자와 필자의 지인들이 실제로(!) 겪은 경험을 바탕으로 주의해야 하는 점에 대해 자세히 정리해본다.

카사에서 추가로 제공되는 것에 대해 무료인지 확인해라.

쿠바의 호텔은 터무니없이 비싸면서 시설이 형편없는 곳이 많기 때문에 대부분의 여행자들은 민박집인 카사에서 잔다. 그런데 숙박비는 상당 부분을 세금으로 내기 때문에 카사 주인은 세금을 내지 않는 식사를 팔기 위해 정말 노력한다. 그래서 식사를 안 하겠다고 하면 주인의 표정과 대우가 완전히 달라진다. 딱히 저렴하게 아침을 먹을 곳도 없기 때문에 많은 여행자들이 카사에서 조식을 먹는데, 식사 중에 슬쩍 커피나 음료, 간식을 내오곤 한다. 쿠바를 여행할 때 반드시 명심해야 할 것은 쿠바엔 공짜가 없다는 것이다. 따라서 먹기 전에 '무료니?(그라띠스 Gratis?)' 하고 물어봐야 한다. 안 물어봤다가는 체크아웃할 때 그 맛없는 커피 한 잔에 터무니없는 돈을 내라고 할 것이다. 본인이 돈을 내고 먹겠다고 생각하면 상관없지만 호의로 생각하고 먹었다가는 뒤통수를 맞게 된다.

카사 주인이 소개한다고 무조건 이용하지 마라.

여행자가 카사 주인에게 투어, 식당, 다음 도시의 카사 등에 대해 물어보는 경우가 많다. 이러면 주인은 이상할 정도로 적극적으로 소개해주는데 막상 이용해보면 정가보다 비쌀 때가 많다. 카사 주인이 중간에서 커미션을 받기 때문이다. 특히 여행자가 현지 사정에 대해 잘 모른다고 판단되면 가격을 크게 올려서 부르곤 한다. 물론 정직하게 소개를 해주는 카사도 있지만 직접 알아보지 않고 카사 주인만 믿다가는 바가지를 왕창 당할 수 있다. 필자의 지인 중에는 1시간에 30달러짜리 올드카 투어를 60달러씩 낸 사람도 있다. 다시 한 번 말하지만 쿠바엔 공짜가 없다.

접근하는 현지인을 조심하라.

자신이 가이드, 교수 또는 학생이라고 하면서 안내해주겠다고 접근하는 현지인들이 정말 많다. 여러 가지 수법이 있는데 잠깐 안내해주고 가이드 비로 몇십 달러를 내라고 협박하거나 식당과 바를 추천해주겠다고 데려가서는 바가지를 왕창 씌우고 가게로부터 커미션을 받는다. 최악의 경우는 술이나 음료를 함께 마시다가 지갑이나 핸드폰 같은 물건을 가지고 달아나는 경우도 있었다. 모두 실제로 있었던 일이다. 진짜 호의를 가지고 접근하는 현지인도 있겠지만 그런 행운은 정말 드물다. 쿠바에는 공짜가 없다는 것을 명심하라. 바에서 접근해와서 시가 안을 보여주겠다며 자른 후 터무니없이 비싸게 시가 값을 내라고 요구한 사례도 있었다. 아바나에서 여행자에게 접근하는 쿠바인은 거의 100퍼센트 돈을 노리는 것이므로 조심하자. 일반인들도 마찬가지라 필자는 말레콘에서 현지인에게 스페인어로 말을 걸었다가 "넌 외국인이라 돈 많지? 돈 좀 줘."라는 어이없는 요구를 몇 번 받고는 다시는 현지인에게 말을 걸지 않는다.

식당과 바에서는 메뉴판 가격을 확인하고, 계산 시 추가되는 요금이 없는지 확인하라.

바에서 직원에게 가격을 물어보면 싸게 대답했다가 계산할 때 훨씬 비싼 가격을 요구하는 수법을 자주 사용한다. 반드시 메뉴판에서 가격을 확인하자. 식당은 '테이블 차지(Table Charge)' 등 추가 금액을 요구하는 일이 흔하다. 심지어 테이블 차지가 없는 것을 확인한 후 식사했는데, 에어컨 이용료를 내라는 일도 있었다. 경찰을 불러봐야 한통속이기 때문에 결국 돈을 뜯기게 된다. 여행자들에게 유명한 식당이나 바에서는 이런 일이 잘 없는 대신 가격이 다소 비싸다.

식당·바·상점의 영수증을 꼼꼼하게 확인해야 한다.

메뉴판을 확인하고 추가 요금이 없더라도 끝까지 안심하면 안 된다. 계산서에 주문하지 않은 메뉴를 적거나 합계 금액을 올리는 일이 빈번하기 때문이다. 지불 전에 영수증을 꼼꼼하게 확인하자. 상점에서도 물건 값을 슬쩍 올려서 계산하는 일이 자주 있으니 주의해야 한다. 어쩌다 한 번 생기는 일이 아니라 필자는 하루에 몇 번씩 겪은 적도 있다. 스페인어를 하고 현지 경험이 많은 필자에게도 그렇게 하는데, 다른 여행자들을 상대로는 어떻겠는가? 많은 여행자들이 당하는지도 모르고 지나가기 때문에 각별한 주의가 필요하다.

시가는 공식 판매점에서 구매해야 한다.

숙소나 거리에서 시가를 싸게 판다고 접근하는 현지인이 많다. 이런 시가는 품질이 아주 나쁘거나, 심지어 겉만 멀쩡하고 안은 썩은 것도 있다. 척 보고 좋은 시가를 골라낼 능력이 없다면 정식 판매점을 이용하자.

가격을 흥정할 때는 화폐 단위를 확실하게 말해야 한다.

중동에도 흔한 수법으로, 가격이 페소라고 생각하고 숫자만 부르면서 흥정했는데, 나중에 달러였다고 한다든가 달러로 생각하고 흥정했는데 유로라고 우기는 수법이 있다. 특히 택시를 탈 때 자주 발생하기 때문에 가격을 흥정할 때 '100페소'와 같이 화폐 단위를 말하면서 흥정해야 한다.

차량 기사, 가이드에게 선금을 주는 것을 피하라.

비냘레스 투어를 하거나 택시를 대절할 때 차량 기사나 가이드가 선금을 내라고 한다. 하지만 싼 가격을 불러서 여러 여행자에게 선금만 받고는 사라지는 일이 자주 발생한다. 너무 싸다면 사기를 의심해야 하며, 선금을 아예 주지 않거나 최대한 적게 주는 편이 안전하다.

공항택시, 투어는 인터넷으로 예약하지 말자.

여행 경험이 많지 않은 사람들은 공항택시나 투어를 어떻게 해야 할지 몰라서 인터넷으로 예약하는 경우가 있다. 쿠바는 중개업체의 커미션이 커서 인터넷 가격이 정상가의 1.5~2배까지 비싼 경우가 많다. 공항에 내리면 택시가 즐비하게 있고, 투어는 어디서나 쉽게 예약 가능하니 굳이 인터넷으로 예약할 필요가 없다.

매춘부를 주의하라.

많은 여행책이나 여행 프로그램에서 이야기하지 않는 쿠바의 현실이 하나 있는데, 아바나가 매춘으로 아주 유명한 도시라는 것이다. 외국인을 하룻밤만 상대해도 쿠바인 월급 수준의 돈을 벌 수도 있기 때문에 아바나의 거리에는 매춘부가 정말 많다. 하지만 공공연하게 매춘이 이뤄진다고 해도 어디까지나 불법이며, 경찰에게 붙잡히면 뇌물을 요구받는 등 아주 어려운 상황에 처할 수 있다. 미수교 공산국가인 쿠바에서 불법적인 일에 연류되면 아무런 도움을 받을 수 없다. 사려 깊게 행동하기를 바란다.

Centro
센트로

카피톨리오(Capitolio)부터 서쪽으로 이어지는 구역을 센트로라고 부른다. 대로를 벗어나 안으로 들어가면 거리에는 쓰레기와 오물이 방치된 채 썩어가고 있다. 건물들은 페인트칠이 벗겨져 금방이라도 허물어질 것 같고, 창문의 쇠창살은 온통 녹슬어 있다. 센트로는 아바나에서 가장 인구 밀도가 높은 지역으로, 관광객을 위해 어느 정도 정비된 아바나 비에하, 깔끔한 베다도(Vedado)와는 완전히 다른 쿠바의 현실을 만날 수 있는 곳이다. 비가 오면 길에 가득한 쓰레기와 오물이 빗물에 섞이기 때문에 이 지역에서 숙박한다면 위생 관리에 신경 써야 한다.

카피톨리오
Capitolio Nacional

카피톨리오는 쿠바 대통령인 '에우헤니오 피에드라(Euginio Piedra)'의 지시에 따라 1926년부터 1929년까지 건설된 곳이다. 1차 세계대전 후 설탕 가격의 급등으로 쿠바의 재정 상태가 좋았을 때라서 이 거대한 건물을 건축할 수 있었다. 미국 회사에서 공사를 했으며 외관도 미국 국회의사당과 유사하다. 쿠바 혁명 전까지 국회로 사용되었으나 혁명 이후 국회가 해산되고, 도서관과 과학 아카데미로 사용되고 있다. 돔 최상단은 높이가 92m에 이르며, 야자수가 있는 정원은 프랑스 디자이너가 만든 작품이다. 내부는 입장료를 내야만 들어갈 수 있다.

위치 아르마스 광장에서 서쪽으로 도보 15~20분 **시간** 10:00~22:00 **입장료** 75페소, 125페소(가이드 투어 시)

중앙공원
Parque Central

카피톨리오 건너편에 있는 공원으로 넓은 잔디밭과 함께 시원한 나무 그늘이 있어서 뜨거운 쿠바의 햇빛에 지쳤을 때 쉬기 좋다. 공원에는 쿠바 독립의 정신적 지주인 '호세 마르티(Jose Marti)'의 대리석 조각상이 있는데, 그의 출생일인 1월 28일을 기념한 28그루의 큰 야자수가 서 있다.

위치 카피톨리오에서 북동쪽으로 도보 1분

아바나 대극장
Gran Teatro de la Habana

1914년에 건설된 아바나 대극장은 1,500명을 수용할 수 있으며, 쿠바 국립 발레단의 본부로도 사용된다. 바로크 양식으로 건축된 외벽과 기둥마다 서 있는 흰색 조각상이 인상적이다. 내부는 약 30분간 진행되는 가이드 투어로 둘러볼 수 있다.

위치 카피톨리오 북쪽 **시간** 월~토 09:30~16:00, 일 09:15~12:15 **요금** 125페소

파르타가스 담배 공장
Partagas Real Fabrica de Tabacos

'파브리카 데 타바코스(Fabrica de Tabacos)'라는 이름 그대로 쿠바산 시가를 생산하는 곳이다. 1845년에 설립된, 쿠바에서 가장 오래된 담배 공장 중 하나이며 현재는 정부에서 운영하고 있다. 투어를 하면 수작업으로 쿠바산 시가를 만드는 과정을 볼 수 있는데, 비싼 입장료를 낼 가치가 있는지는 의문이다.

주소 Industria 416 **위치** 카피톨리오에서 서쪽으로 도보 1분 **시간** 월~금 09:00~10:15, 12:00~13:30(15분 간격 투어 출발) 토·일요일 휴무 **요금** 1,200페소

쿠바미술 전시관

베야스 아르테스 국립 미술관
Museo Nacional de Bellas Artes

세계미술 전시관

전시 작품의 양과 질이 모두 훌륭한 미술관으로 '세계미술(Arte Universal) 전시관'과 '쿠바미술(Arte Cubano) 전시관'이 분리되어 있다. 세계미술 전시관에는 오래된 고전 작품이 많기 때문에 둘 다 볼 시간이 없다면 쿠바미술 전시관을 추천하다. 세계미술 전시관은 중앙공원(Parque Nacional) 옆에 있고, 북쪽으로 세 블록을 더 올라가면 쿠바미술 전시관이 있다.

위치 카피톨리오에서 동쪽으로 도보 2분 **시간** 화~토 09:00~17:00, 일 09:00~14:00, 월요일 휴무 **요금** 125페소(전시관별 구매 시), 200페소(통합 입장권)

TIP

아바나의 말레콘 Malecon

말레콘은 스페인어로 방파제 또는 제방이라는 뜻이다. 아바나는 해안가를 따라서 건설된 도시이기 때문에 해안도로를 따라 콘크리트로 만든 말레콘이 길게 이어져 있다. 복잡한 시내 대신 말레콘을 따라 천천히 걷는 것은 아바나를 찾은 여행자라면 누구나 해보는 일이다. 파도가 강하게 몰아치는 날에는 말레콘 위로 바닷물이 튀어 오르는 광경을 볼 수 있다. 단, 말레콘으로 가기 위해서는 넓은 6차선 도로를 건너야 하는데 신호등이 없고 차들이 빠르게 달리기 때문에 아주 조심해야 한다.

Vedado

베다도

센트로 서쪽에 있는 베다도는 19세기 말부터 형성되기 시작한 주거 지역으로, 도로가 넓고 녹지가 많다. 미국의 마피아와 결탁한 바티스타 정권이 있던 시절에는 대형 호텔과 카지노가 즐비했던 지역이다. 지금도 여행자를 위한 카사(민박)와 호텔이 많으며, 아바나 비에하와 센트로에 비해 머물기 쾌적한 환경이다. 하지만 아바나 비에하까지 다녀오는 데 교통비가 꽤 비싸다는 단점이 있다.

혁명 광장
Plaza de la Revolucion

'플라사 델 라 레볼루시온'은 1959년에 완공된 거대한 광장으로 주변의 대형 빌딩에는 주요 국가 기관들이 자리 잡고 있다. 그중 광장 북쪽에 있는 내무부(Ministerio del Interior) 건물이 유명한데, 건물은 특별할 것 없지만 외벽에 거대한 '체 게바라(Che Guevara)'의 얼굴이 있기 때문이다. 체 게바라의 얼굴 아래에 있는 문구는 '아스타 라 빅토리아 시엠프레(Hasta la Victoria Siempre)'인데, '항상 승리할 때까지'라는 뜻이다.

주소 Paseo y Independencia

호세 마르티 기념관
Monumento a Jose Marti

쿠바 독립운동의 정신적 지주였던 '호세 마르티(Jose Marti)'를 기념하기 위해 혁명 광장과 함께 1959년에 완공되었다. 높이가 142m에 달하며 정면에는 높이 17m인 호세 마르티의 조각상이 있다. 내부에는 호세 마르티 관련 박물관이 있으며, 엘리베이터를 타고 전망대에 올라가서 아바나의 전경을 볼 수도 있다.

위치 혁명 광장 중앙 **시간** 월~토 09:30~16:00, 일요일 휴무 **요금** 50페소(엘리베이터), 150페소(박물관)

아바나 대학
Universidad de la Habana

센트로와 베다도의 경계 근처에 있는 아바나 대학은 18세기에 처음 설립되었으며, 20세기 초에 현재의 위치에 자리 잡았다. 큰 볼거리가 있는 것은 아니지만 건물들이 멋있고, 나무와 벤치가 많아서 잠시 휴식을 취하기 좋다. 본인이 이 대학의 학생 또는 교수인데 안내해주겠다고 접근하는 현지인들이 있는데, 안내 후 가이드 비를 요구하니 상대하지 말자. 특별한 볼거리는 없기 때문에 시간 여유가 많은 여행자가 아니라면 굳이 찾아갈 필요는 없다.

주소 San Lazaro y L

아바나 지역의 Tour

투어는 숙소나 여행사에서 예약할 수 있는데, 좀 만만해 보이는 여행자에게는 바가지를 왕창 씌운다. 똑같은 투어에 대해 정상가의 2배 이상을 지불한 여행자들도 있기 때문에 어느 정도 가격대인지 미리 알고 예약을 시도하는 것이 좋다.

올드카 투어 Old Car Tour

쿠바는 경제 제재로 새 차를 구하기가 힘들기 때문에 어디를 가나 거의 모든 차가 올드카다. 올드카 투어는 그런 차를 타고 아바나 시내의 주요 관광 포인트를 한 바퀴 도는 것이다. 굳이 숙소나 여행사에서 예약하지 않고 거리에서 직접 마음에 드는 차를 골라서 협상을 해도 된다. 가격 대비 괜찮은 투어이지만 쿠바의 차들은 매연이 정말 심하기 때문에 오픈 카를 타고 둘러보는 것이 쉽지만은 않다. 그리고 비가 오면 난감해지기 때문에 스콜이 자주 내리는 오후보다는 오전에 하는 것이 좋다. 낮에는 햇빛이 엄청나게 뜨거워서 오픈카를 타는 것은 사서 고생하는 것이기 때문에 아침 일찍 또는 오후 늦게 하는 것이 낫다.

가격 약 30달러(1시간), 50~60달러(2시간)

시티투어버스 투어
City Tour Bus Tour

발품 팔아가며 아바나 시내를 돌아보는 것이 싫다면 시티투어버스가 가장 편하고 저렴한 대안이다. 2층 버스를 타고 아바나 비에하와 베다도 지역을 도는데, 혁명 광장, 아바나 대학, 레알 푸에르사 요새, 아바나 대극장 같은 곳을 방문할 수 있다. 주요 관광지를 들르는 T1 노선과 아바나에서 가까운 산타 마리아 해변(Playa Santa Maria)을 들르는 T3 노선이 인기 있다. 중간에 내리지 않고 계속 타고 있으면 한 바퀴 도는 데 1~1.5시간 걸리는데, 중간에 내려서 구경하다가 다음에 오는 버스를 탈 수도 있다. 운행 간격이 30~50분이기 때문에 별 생각 없이 내렸다가는 다음 버스를 한참 기다릴 수도 있다.

시간 09:00~18:00 **가격** 1,200페소(T1), 600페소(T3) (1일 동안 사용 가능)

비날레스 투어 Viales Tour

아바나에서 서쪽으로 약 180km 떨어진 비날레스 계곡(Valle de Viales)은 쿠바 농촌의 풍경을 볼 수 있는 곳으로 유명하다. 마을 인근에 있는 커피, 담배 농가들을 돌아다니며 작물의 재배 과정과 시가를 만드는 것을 직접 볼 수 있고, 비교적 저렴한 가격에 농가에서 만든 시가와 커피를 살 수도 있다. 그리고 유카, 망고 등 다양한 작물이 재배되는 모습도 볼 수 있다. 조용하고 아름다운 시골의 풍경을 볼 수 있다는 것에 의미가 있으며, 큰 볼거리를 기대하면 안 된다. 그 외에 조그만 동굴이나 1960년대에 산을 깎아서 선사 시대의 모습을 그린 큰 벽화 같은 것을 볼 수도 있는데, 그런 곳들은 입장료를 별도로 내야 한다. 국영 여행사의 투어를 이용하거나 일행들끼리 차량을 빌려서 다녀올 수 있다. 만약 비아술 버스를 타고 다녀온다면 이동에 시간이 많이 걸리기 때문에 1박을 하면서 구경하는 것이 좋다. 아바나에서 비날레스까지 왕복하는데만 6시간 걸리기 때문에 실제 구경하는 시간은 많지 않다. 무더운 날씨에 시골 길을 한참 걸어야 해서 더위에 강하지 않다면 생각보다 힘든 투어다. 따라서, 충분한 양의 생수와 간식을 준비하는 것이 좋고 선글라스, 선블록, 모자 등 햇빛에 대한 대비책을 잘 갖춰야 한다. 가격와 소요시간 대비 만족도는 필자의 경험상 좋지 않기 때문에 아바나에서 시간이 충분하지 않다면 안 하는 편이 낫다. 투어나 차량은 숙소 또는 시내 여행사에서 예약할 수 있다.

시간 08:00~19:00 **가격** 80~100달러(입장료·중식 포함, 국영 여행사 투어 이용 시)

추천 식당

쿠바 음식 편에서도 이야기했듯이 쿠바의 먹거리는 기대하지 않는 것이 좋다. 로컬 식당은 가격은 싸지만 맛은 기대하기 힘들며, 관광객용 식당은 비싼 가격에 비해 음식이 부실한 곳이 많다. 상점에서 파는 먹거리도 비싸고 종류가 적기 때문에 쿠바를 갈 때는 미리 간식거리를 충분히 준비하기를 권한다. 관광객용 식당은 어디를 가나 메뉴와 가격이 비슷비슷한데, 요즘 세계 어디를 가도 비싼 해산물 요리가 쿠바는 상당히 저렴하기 때문에 고기보다는 해산물 요리를 권한다.

타베르나 델 페스카도르

La Taberna del Pescador

'어부의 선술집'이라는 이름처럼 해산물 요리 전문 식당이다. 식당 벽에 있는 다양한 생선 모형이 인상적이다. 전체적으로 해산물 요리가 훌륭한데, 특히 환상적으로 부드러운 문어 요리를 추천한다.

주소 아바나 비에하. San Ignacio 260 **시간** 12:00~24:00

엘 룸룸

El Rum Rum

대성당 인근에 있는 해산물 요리 전문점으로 빠에야, 해산물 샐러드, 튀김 등 다양한 요리를 판다. 가격은 비싸지만 음식이 꽤 푸짐하게 나오며 고기류 요리도 있다.

주소 아바나 비에하. Empedrado 256 **시간** 12:00~24:00

에스토 노 에스 운 카페

Esto no es un Café

대성당 앞길에 있는 카페로 쿠바의 관광객용 식당과 카페가 다 그렇듯이 고기, 랍스터, 샌드위치, 디저트 등 관광객이 찾을 만한 음식은 다 판다. 흰색으로 단장된 내부가 깔끔하고 담배 파이프를 변형해서 만든 로고가 유명하다. 관광객용 식당이니 당연히 비싸지만 위치가 좋아서 시내 구경을 하다가 커피 한 잔 하기 좋다.

주소 아바나 비에하. San Ignacio 58 **시간** 08:00~ 22:00

트레스 시엔토스 쿠아트로 오레일리

304 O'Reilly

주소가 가게 이름인 해산물 요리 전문점이다. 서양인 여행자들에게 상당히 인기가 좋은 곳으로 랍스터, 조개, 생선 등 다양한 해산물 요리와 함께 디저트, 모히또 등 먹거리를 판다.

주소 아바나 비에하. O'Reilly 304 **시간** 12:00~24:00

라 꼬시나 데 에스테반

La Cocina de Esteban

베다도에 있는 식당으로 역시 랍스터를 비롯해 스테이크, 빠에야, 디저트, 칵테일 등 여행자들이 찾는 메뉴는 다 판다. 이런 류의 식당은 맛과 메뉴가 다 비슷해서 별 차이가 없는데, 이곳은 꽃과 나무가 가득한 야외 좌석이 예쁘다.

주소 베다도. Calle L y 21 **시간** 12:00~24:00

엘 아르카 데 노에

El Arca de Noe

아바나 대학 인근에 있는 디저트 전문점으로 많은 종류의 케이크과 아이스크림, 피자 같은 메뉴를 판다. 케이크가 상당히 예쁘고, 파르테 등 다양한 음료도 있다.

주소 베다도. Calle 23 #660 **시간** 09:00~21:00

트레스 시엔토스 쿠아트로 오레일리

추천 숙소

쿠바는 숙박 환경이 정말 열악하다. 특히 호텔은 다른 중남미 국가들보다 몇 배나 비싸면서 시설과 관리 상태는 엉망이다. 그 이유는 대부분의 호텔을 국가가 운영하기 때문이다. 책임감을 가지고 관리하는 사람이 없고 직원들도 열심히 하든 안하든 얼마 안 되는 월급만 나온다. 그래서 하루에 200달러 가까이 되는 고급 호텔에 가도 내부는 엉망이다. 필자는 베다도에 있는 대형 4성급 호텔을 갔었는데, 침대 시트에서 냄새가 나서 뒤집어보니 전에 쓴 것을 뒤집어놓은 것이었다. 호텔 식당의 냅킨도 마찬가지였고, 욕실과 방의 시설은 전부 녹슬고 곰팡이투성이였다. 개인이나 민간회사에서 운영하는 호텔은 상태가 나은 편인데, 그래도 다른 나라보다 비싸고 시설은 떨어진다. 따라서 개인이 직접 관리하는 민박집인 카사(Casa)가 시설은 떨어져도 청결 면에선 훨씬 낫다. 다만 카사는 방이 몇 개 없어서 어떤 방을 이용하는가에 따라 만족도 차이가 크다. 따라서 직접 가서 방을 확인해보는 것이 가장 좋다. 최근에는 내부 시설을 호텔에 가깝게 해놓은 비싼 카사들도 많이 생겼다. 센트로는 다른 지역보다 저렴하지만 카피톨리오 주변을 제외하고는 주변 환경이 엉망이기 때문에 숙박하지 말 것을 강력하게 권한다. 숙박지는 아바나 비에하와 베다도 중에서 선택하는 것이 무난하다. 시내를 구경하기에는 아바나 비에하가 더 편하지만 베다도의 카사들이 아바나 비에하보다 공간이 넓고 쾌적한 편이다. 요즘엔 에어비앤비도 이용 가능하다.

카사 카르멘
Casa Carmen

카피톨리오 인근에 있는 카사로 시설은 별다른 것이 없지만 식당 등 공용 공간이 예쁘고 위치가 주변을 돌아보기 좋은 곳이다. 방은 작은 편이다.

주소 아바나 비에하. Cienfuegos 60 **가격** 더블·트윈 20~30달러

테라사 로스 페페스
Terraza los Pepes

카피톨리오에서 가까운 카사로 시설이 깨끗하고 방이 비교적 넓다. 무엇보다 꽃과 나무가 많은 테라스에서 아바나 거리를 볼 수 있다.

주소 아바나 비에하. Aguacate 468 **가격** 더블·트윈 30~40달러

카사 히랄디야
Casa Giraldilla

대성당에서 가까운 카사로 저렴한 카사에 비해 공용 공간과 방이 넓다. 침구류와 가구도 일반 카사보다는 좋고 주변 지역을 볼 수 있는 넓은 발코니가 있다.

주소 아바나 비에하. Aguacate 51 **가격** 더블·트윈 40~50달러

엘 알멘드론 로사도
El Almendron Rosado

침구류와 가구가 호텔 수준인 고급 카사로 흰색을 활용한 인테리어가 깔끔하다. 일반 카사보다 방이 넓고, 넓은 옥상 정원에서 주변 경치를 볼 수 있다.

주소 베다도. Calle 19 #459 **가격** 더블·트윈 60~80달러

호스탈 콜로니알 카사 데 루카
Hostal Colonial Casa de Luca

혁명 광장 인근에 있는 카사로 내부가 비교적 넓은 편이고 화장실 등 공용 공간도 상당히 깔끔하게 꾸며놨다. 주변이 주택가라 조용하다.

주소 베다도. Calle 4 #510 **가격** 더블·트윈 30~40달러

카사바나 부티크 호텔
Casavana Boutique Hotel

방이 12개밖에 없기 때문에 호텔보다는 조금 큰 카사에 가까운 곳이다. 내부 시설과 청결 상태는 아주 훌륭하다. 하지만 가격대가 있는 데 비해 방 크기가 작은 것은 단점이다. 시설에 비해 가격이 비싸지만 아바나의 호텔 중에서 이 정도면 저렴한 편이다.

주소 베다도. Los Presidentes 301 **가격** 더블·트윈 65~90달러

호텔 엔에이치 카프리
Hotel NH Capri

베다도 지역의 말레콘 가까이 있는 대형 4성급 호텔로 호텔 체인인 NH에서 운영하고 있다. 국영 호텔에 비해 내부 관리를 훨씬 잘 하고 있어서 깨끗하고, 아바나의 다른 동급 호텔 대비 시설이 좋은 편이다. 물론 가격은 상당히 비싸지만 아바나의 4성급 호텔은 보통 이 정도 가격대다.

주소 베다도. Calle 21 y Calle N **가격** 더블·트윈 160~200달러

나시오날 호텔 Nacional Hotel

베다도의 말레콘 앞에 있는 5성급 호텔이다. 아바나에서 가장 유명한 호텔 중 하나로, 쿠바는 5성급 호텔도 관리 상태가 안 좋은 곳들이 많은데, 이곳은 명성에 걸맞게 잘 관리되고 있다. 중남미 다른 국가들의 동급 호텔에 비하면 비싸고 시설이 떨어지지만 쿠바에서는 최상급이다.

주소 베다도. Paseo del Prado 603 **가격** 더블·트윈 250~350달러

트리니다드

Trinidad

쿠바 중남부에 있는 작은 도시인 트리니다드는 스페인 식민지 시절의 모습을 그대로 간직하고 있는 것으로 유명하다. 파스텔 톤으로 칠해진 낮은 건물들과 포석이 깔린 도로는 과테말라 안티구아와 멕시코 산 크리스토발을 떠올리게 만든다. 하지만 물자가 부족한 쿠바이기 때문에 건물의 페인트칠은 벗겨져 있고 창살은 녹슬어 있다. 가장 여행자를 괴롭히는 것은 어디를 가나 달라붙는 호객꾼들이다. 기념품, 식당, 택시는 물론 매춘까지 권한다. 안티구아가 쇠락한 것 같은 모습의 트리니다드는 오래 전부터 전해진 아름다운 볼거리를 잘 관리하는 것 또한 아주 중요하다는 것을 느끼게 해준다. 그래도 아바나보다는 숙소와 먹거리가 저렴해서 호객꾼들만 피한다면 비교적 여유 있게 여행을 즐길 수 있다.

시외버스

시외버스는 아바나와 동일하게 비아술(Viazul)과 여행사에서 운영하는 '트란스 투르(Trans Tur)' 두 가지가 있다. 비아술 터미널은 중심가 가까이 있기 때문에 숙소까지는 걸어서 이동할 수 있다. 버스가 매진될 때가 많으므로 터미널에 도착하자마자 다음 도시로 가는 버스표를 미리 구입하는 것이 좋다. 아바나와 동일하게 일행을 모아서 택시를 대절하는 방법도 있다.

예상 소요시간 및 요금

목적지	소요시간	요금
아바나	6~7시간	21~40유로
산타 클라라	3~3.5시간	7~15유로
바라데로	6~7시간	17~30유로

산티시마 성당
Iglesia de la Santisima

도시의 중앙광장인 '플라사 마요르(Plaza Mayor)'에 접해 있는 성당으로, '산티시마(Santisima)'는 '매우 신성한'이라는 뜻이다. 최초의 성당은 17세기에 세워졌으나 허리케인으로 파괴된 후, 1892년에 신고전주의 양식으로 다시 건축되었다. 성당 내부에는 18세기에 만든 '참 십자가의 예수(El Señor de la Vera Cruz)'가 있다.

위치 마요르 광장 북동쪽 **시간** 10:00~22:00

·TIP·

트리니다드 여행 포인트

트리니다드는 인구가 7만 명 정도밖에 안 되는 작은 도시이기 때문에 걸어서 모두 돌아볼 수 있다. 포석이 깔린 길은 울퉁불퉁해서 샌들보다는 운동화를 신는 것이 걷기 편하다. 벌떼처럼 달라붙는 호객꾼들은 일일이 대응하지 말고 그냥 무시하는 것이 편하다.

마요르 광장
Plaza Mayor

도시의 중앙광장으로, 트리니다드가 설탕과 노예 무역으로 막대한 부를 확보했던 18세기와 19세기 초까지 지어진 건물들이 주변에 남아 있다. 19세기 중반부터 노예 무역이 쇠퇴하면서 새로운 건물들이 거의 지어지지 않았고, 결과적으로 현재까지 식민지 시절의 건물들이 남아 있게 되었다. 광장은 야자수와 꽃, 잔디로 정원처럼 꾸며져 있다.

시립 역사 박물관
Museo de Historia Municipal

트리니다드의 역사와 관련된 물품을 전시하는 곳으로, 사탕수수 농장주였던 보렐(Borrell) 가문이 1830년경에 건축한 건물이다. 전시물은 별것 없지만 아치형으로 설계된 건물 내부와 정원이 예쁘다. 무엇보다 탑 꼭대기에 올라가면 트리니다드의 전경을 볼 수 있다.

주소 Simon Bolivar 423 **위치** 마요르 광장에서 남서쪽으로 도보 1분 **시간** 토~목 09:00~17:00, 금요일 휴무 **요금** 50페소

산프란시스코 성당
Iglesia de San Francisco de Asis

1813년에 프란체스코 수도회에 의해 건축된 성당으로 1920년대에 파손된 부분이 철거된 후 현재처럼 종탑과 약간의 건물만 남게 되었다. 노란색과 초록색으로 칠해진 외관이 인상적인 곳이다.

주소 Boca y Cristo **위치** 마요르 광장에서 북쪽으로 도보 1분

포파 예배당
Ermita de la Candelaria de la Popa

마요르 광장 북동쪽에 있는 나지막한 비히아(Vigia) 언덕을 올라가면 폐허가 된 작은 예배당이 하나 있다. 1716년에 건축된 곳으로 칸델라리아(Candelaria)의 '성모 마리아 포파(Virgen de la Popa)'에게 헌정된 곳이다. 1812년 허리케인으로 심한 피해를 입어서 재건되었으나 구조적 불안정으로 1980년대에 폐쇄되었다. 트리니다드의 쇠락한 이미지와 묘하게 잘 어울리는 곳이다.

위치 마요르 광장에서 북동쪽으로 도보 10분

추천 식당

아바나에 비해 저렴한 편이다. 특히 바다가 가깝기 때문에 랍스터를 싸게 먹을 수 있는 것으로 유명한데, 싸긴 하지만 맛은 크게 기대하지 않는 것이 좋다. 식당들의 메뉴, 가격, 맛 모두 크게 차이가 나지 않기 때문에 마음에 드는 분위기의 식당을 고르면 된다. 음식이 저렴한 데 비해 칵테일과 술은 아바나와 가격이 비슷해서 상당히 비싼 편이다.

카페 돈 페페 Café Don Pepe

마요르 광장에서 가까운 카페로 나무와 꽃이 무성한 정원이 예쁘다. 쿠바의 카페가 다 그렇듯이 커피뿐만 아니라 칵테일과 온갖 먹거리를 다 판다. 커피 종류는 저렴하지만 식사 메뉴는 비싼 편이다.

주소 Boca 363 **시간** 08:00~23:00

라 보티하 La Botija

큰 나무 테이블과 대장간에서 쓸 것 같은 금속 기구들을 벽에 걸어놓은 인테리어가 인상적인 곳이다. 금속 갈고리에 걸어서 나오는 바비큐가 유명하다.

주소 Amargura 71 **시간** 12:00~24:00

엔트레 시글로스 재즈 카페 Entre Siglos Jazz Cafe

이름만 카페이지 피자, 파스타, 랍스터 등 여행자가 찾을 만한 메뉴는 다 판다. 음식보다는 저녁에 열리는 라이브 공연으로 유명한 곳이다. 칵테일이 피자보다 더 비싸다.

주소 Media Luna 361 **시간** 12:00~24:00

비스트로 트리니다드 Bistro Trinidad

마요르 광장 북쪽에 있는 식당으로 고풍스럽게 꾸며진 인테리어가 고급스럽고, 무엇보다 옥상에 있는 야외 테이블에서 트리니다드의 전경을 볼 수 있다. 메뉴와 가격대는 다른 식당들과 비슷하다.

주소 Encarnacion 34 **시간** 11:00~22:00

추천 숙소

아바나와 마찬가지로 카사(Casa)가 가장 저렴하면서 깨끗하다. 버스터미널에 도착하면 많은 사람들이 카사 사진을 들고 여행자를 기다리고 있다. 트리니다드에는 500개가 넘는 카사가 있는데, 여행 블로그에 올라온 것보다 더 나은 곳을 얼마든지 찾을 수 있다. 카사는 아바나보다 조금 저렴한 편이다.

호스탈 도냐 크리스티나 Hostal Doña Cristina

정원과 공용 공간의 인테리어가 잘 되어 있다. 방 내부는 다른 카사와 별 차이가 없지만 방이 큰 편이다. 전체적으로 다른 카사보다 넓기 때문에 답답함이 덜하다.

주소 Anastasio Cardenas 378 **가격** 더블·트윈 20~25달러

카사 루스 Casa Ruth

저가형 카사치고는 내부 시설과 침구류가 괜찮은 편이다. 몇 달러 더 내고 약간 나은 곳을 원한다면 선택할 만하다. 중심가에서 약간 먼 것이 단점이다.

주소 Frank Pais 38 **가격** 더블·트윈 25~35달러

호스탈 비 해피 Hostal Be Happy

앤티크 가구를 이용한 인테리어가 상당히 고풍스럽고, 방과 식당 등 공용 공간이 아주 넓다. 저가형 카사보다 크게 비싸지 않으며 가격 대비 시설이 좋은 편이다.

주소 Jose Marti 331 **가격** 더블·트윈 35~45달러

카사 헤수스 마리아 Casa Jesus Maria

중앙에 정원이 있는 구조로 일반 카사보다 규모가 크다. 방 내부 시설과 침구류도 좋은 편이며 방도 상당히 넓다. 다소 비싸더라도 고급 카사를 원한다면 선택할 만한 곳이다.

주소 Jesus Maris 407 **가격** 더블·트윈 45~55달러

산타 클라라

Santa Clara

쿠바 중부에 있는 도시인 산타 클라라는 사실 별 볼거리가 없는 평범한 지방 도시다. 지저분한 거리가 많은 트리니다드에 비해 도시 전체가 깔끔하고 잘 정비되어 있긴 하지만 도시가 깨끗하다고 그것을 보러 가는 여행자는 없다. 여행자들이 산타 클라라를 찾는 이유는 단 하나, 그 유명한 '체 게바라(Che Guevara)'의 무덤이 이곳에 있기 때문이다. 그 외에는 특별한 볼거리가 없기 때문에 대부분의 여행자가 하루 정도만 머물고 떠난다. 택시를 대절해서 이동한다면 추가 요금을 조금 더 내고 산타 클라라에 들러서 체 게바라의 무덤을 본 후 다른 도시로 이동하는 것도 좋은 방법이다.

시외버스

시외버스는 여느 도시들처럼 비아술(Viazul)과 '트란스 투르(Trans Tur)' 두 가지가 있다. 비아술 터미널에서 시내 중심가는 2km 이상 떨어져 있기 때문에 택시(500~700페소)를 이용해야 한다. 버스표가 매진될 때가 많고 산타 클라라에 오래 머무는 여행자는 없기 때문에 터미널에 도착하자마자 다음 도시로 가는 버스표를 미리 구입하자.

예상 소요시간 및 요금

목적지	소요시간	요금
아바나	4~4.5시간	18~30유로
트리니다드	3~3.5시간	7~15유로
바라데로	3~3.5시간	12~20유로
산티아고	12~13시간	38~50유로

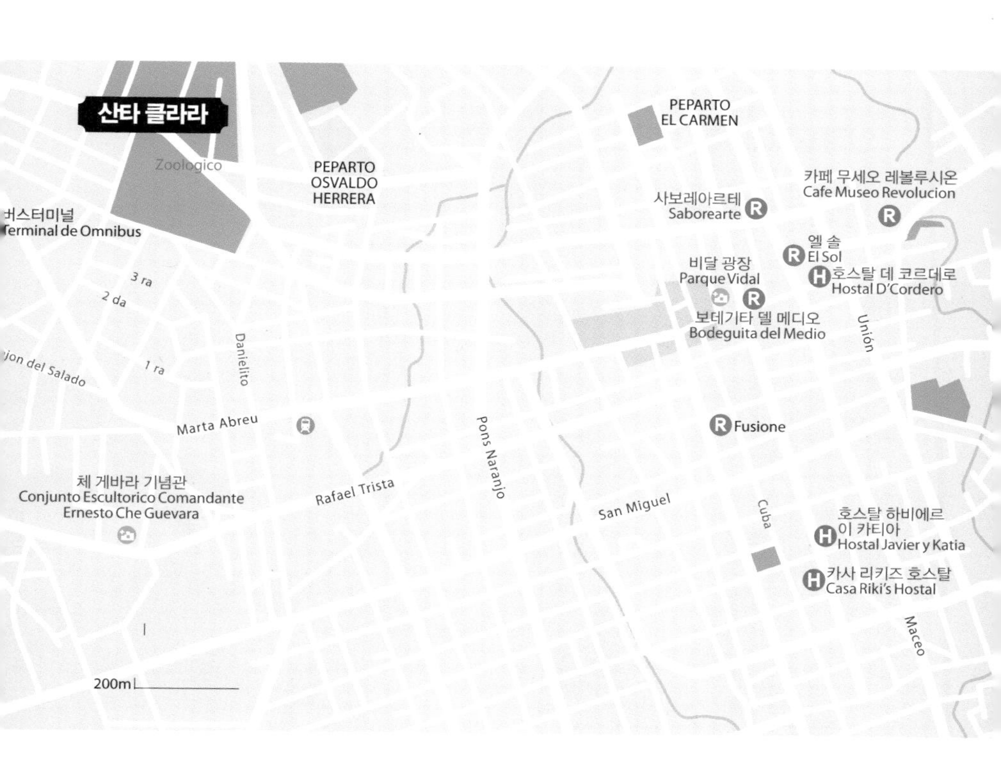

비달 공원

비달 광장
Parque Vidal

산타 클라라의 중앙광장으로 쿠바 독립전쟁 중 전사한 '레온시오 비달(Leoncio Vidal)'의 이름을 따서 명명되었다. 원형의 광장 중앙에는 커다란 야자수들과 함께 흰색의 정자가 있다. 광장에서는 무료 공연이 열리기도 한다.

산타 클라라 여행 포인트

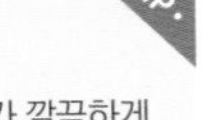

산타 클라라는 체 게바라의 무덤을 제외하고는 평범한 도시라서 특별한 볼거리가 없다. 다만 시가지가 깔끔하게 잘 정비되어 있고, 여행자를 괴롭히는 호객꾼이 없기 때문에 편안하게 시간을 보낼 수 있다는 것은 장점이다.

체 게바라 기념관
Conjunto Escultorico Comandante Ernesto Che Guevara

'콘훈토 에스쿨토리코 코만단테 에르네스토 체 게바라(에르네스토 체 게바라 지휘관의 복합 조형물)'라는 긴 이름을 가진 이곳은 체 게바라의 무덤이자 박물관이자 기념비다. 여러 가지 목적을 가진 곳이기 때문에 필자는 '기념관'으로 번역하였다. 드넓은 '혁명 광장(Plaza de la Revolucion)' 중앙에는 그 유명한 베레모와 군복 차림에 소총을 든 체 게바라의 동상이 있고, 그 아래에는 그의 유품과 사진 등을 전시한 박물관이 있다. 사실 헤밍웨이와 체 게바라는 쿠바인이 아니라 외국인이기 때문에 쿠바의 다른 도시에서는 그들의 명성을 돈벌이에만 이용한다는 느낌을 강하게 받는다. 하지만 이곳은 쿠바인과 피델 카스트로가 체 게바라에 대해 가지고 있는 애틋한 감정을 느낄 수 있는 곳이다. 1987년 볼리비아에서 게릴라 활동 중 생포되었다가 살해된 체 게바라의 유해와 신원 확인을 위해 잘렸던 그의 두 손도 이곳에 매장되어 있다. 입장료는 없으며 내부는 사진 촬영이 금지되어 있다.

위치 비달 광장에서 서쪽으로 도보 약 30분, 택시 이용 시 약 300페소 **시간** 화~일 08:00~21:00, 월요일 휴관 **요금** 무료

추천 식당

산타 클라라는 여행자가 몰리는 유명 관광지가 아니다보니 식당이 많지 않다. 하지만 가격이 다른 관광지에 비해 저렴하고, 현지인들이 식당을 많이 이용하기 때문에 색다른 분위기를 느낄 수 있다.

카페 무세오 레볼루시온

Cafe Museo Revolucion

가게 이름에 전시관을 의미하는 '무세오'를 붙인 것에서 알 수 있듯이 내부는 쿠바 혁명과 관련된 사진, 책, 군복 등 온갖 전시물이 가득하다. 쿠바의 관광객용 카페들이 여행자가 찾을 만한 모든 메뉴를 판매하는 데 비해, 이곳은 아주 간단한 먹거리와 음료, 칵테일만 판매하며 가격도 저렴하다. 내부 전시물을 구경하는 것만으로도 찾아갈 가치가 있다.

주소 Independencia 313 **시간** 월~목 11:00~23:00, 금·토 11:00~24:00, 일요일 휴무

사보레아르테

Saborearte

랍스터, 생선, 고기류 등 다양한 메뉴가 있으며 양도 푸짐하다. 무엇보다 관광객만 상대하는 식당이 아니라서 가격이 싸며, 넓은 식당 내부에는 항상 현지인들이 많다. 랍스터는 싼 편이 아니지만 고기와 생선 요리는 관광객용 식당보다 아주 저렴하다.

주소 Maceo 7 **시간** 09:00~23:00

보데기타 델 메디오

Bodeguita del Medio

현지인들에게 유명한 맛집으로 알려져 있으며, 벽면은 온통 손님들의 사인과 식당을 다녀간 유명인들의 사진으로 가득하다. 메뉴는 여느 식당들과 별 차이가 없지만 가격이 저렴하고 양도 푸짐하다.

주소 Leoncio Vidal 1 **시간** 11:00~23:00

엘 솔

El Sol

겉보기에는 평범한 가정집처럼 보이는 식당으로 현지인의 집에서 밥을 먹는 것 같은 분위기를 느낄 수 있다. 넓은 테라스에도 테이블이 있다.

주소 Maceo 52 **시간** 11:00~22:00

추천 숙소

산타 클라라는 인기 관광지가 아니기 때문에 카사의 숫자는 적다. 하지만 아바나와 트리니다드에 비해 전체적으로 시설이 좋으며, 가격은 트리니다드와 비슷하게 저렴하다.

카사 리키즈 호스탈

Casa Riki's Hostal

액자, 그림, 화분 등을 이용해 정성껏 인테리어가 되어 있고, 저가형 카사치고는 식당 등 공용 공간이 넓다. 방도 꽤 큰 편이고 청결하게 관리되고 있다.

주소 Colon 254 **가격** 더블·트윈 20~25달러

호스탈 하비에르 이 카티아

Hostal Javier y Katia

저가형 카사보다는 살짝 더 비싸지만 가구와 침구류가 좋고 공용 공간과 방이 넓다. 주변 지역이 주택가라 아주 조용하다.

주소 Serafin 225 **가격** 더블·트윈 25~35달러

호스탈 데 코르데로

Hostal D'Cordero

고급형 카사로, 나무가 무성하고 아름답게 꾸며진 정원에는 작은 분수대까지 있다. 방이 넓고 가구와 침구류는 호텔 수준이다. 카사보다는 작은 호텔이라고 생각하면 된다.

주소 Leoncio Vidal 61 **가격** 더블·트윈 50~60달러

호스탈 데 코르데로

호스탈 데 코르데로

바라데로

Varadero

아바나에서 동쪽으로 120km 정도 떨어진 곳에 있는 '이카코스 반도(Peninsula de Hicacos)'에 위치한 바라데로는 아주 특이한 지형이다. 육지에서 폭이 몇백 미터밖에 안 되는 좁고 긴 땅이 북동쪽으로 20km 튀어나와 있는 것이다. 따라서 좁은 땅 양쪽으로 아름다운 카리브해를 볼 수 있는데, 육지가 삼면을 둘러싼 남쪽 바다는 '카르데나스 만(Bahia de Cardenas)'이라고 한다. 바라데로의 눈부시게 빛나는 에메랄드색 바다와 넓은 백사장은 칸쿤 호텔존과 견주어도 밀리지 않을 정도다. 칸쿤과 마찬가지로 이곳에도 시내에서 떨어진 곳에 '호텔존(Zona Hotelera)'이 있는데, 칸쿤보다 호텔의 크기와 수가 적고 다양한 즐길 거리도 부족하다. 대신 칸쿤보다 야자수와 숲이 많이 남아 있으며, 호텔이 적다보니 더 한가롭게 여유를 즐길 수 있다. 무엇보다 칸쿤보다는 숙박료가 저렴하다. 즉, 칸쿤의 시골 버전이라고 부를 수 있는 곳이다. 아바나를 여행하면서 무더운 날씨와 여행자를 끊임없이 괴롭히는 호객꾼과 사기꾼, 매연에 지쳤다면 훌쩍 바라데로로 떠나보자. 쿠바에서 즐길 수 있는 가장 마음 편하고 행복한 시간이 될 것이다.

• 바라데로 드나들기 •

시외버스

시외버스는 비아술과 '트란스 투르' 두 가지가 있다. 비아술 터미널에서 호텔존까지는 꽤 멀어서 택시(20달러)를 이용해야 한다. '트란스 투르'는 호텔존에 바로 내려주기 때문에 택시비를 아낄 수 있다. 아바나-바라데로는 멀지 않기 때문에 일행이 있다면 택시를 대절해서 이동하는 것이 훨씬 빠르고 편리하다.

예상 소요시간 및 요금

목적지	소요시간	요금
아바나	2~2.5시간	9~20유로
트리니다드	6~7시간	17~30유로
산타 클라라	3~3.5시간	12~20유로
산티아고	15~16시간	51~70유로

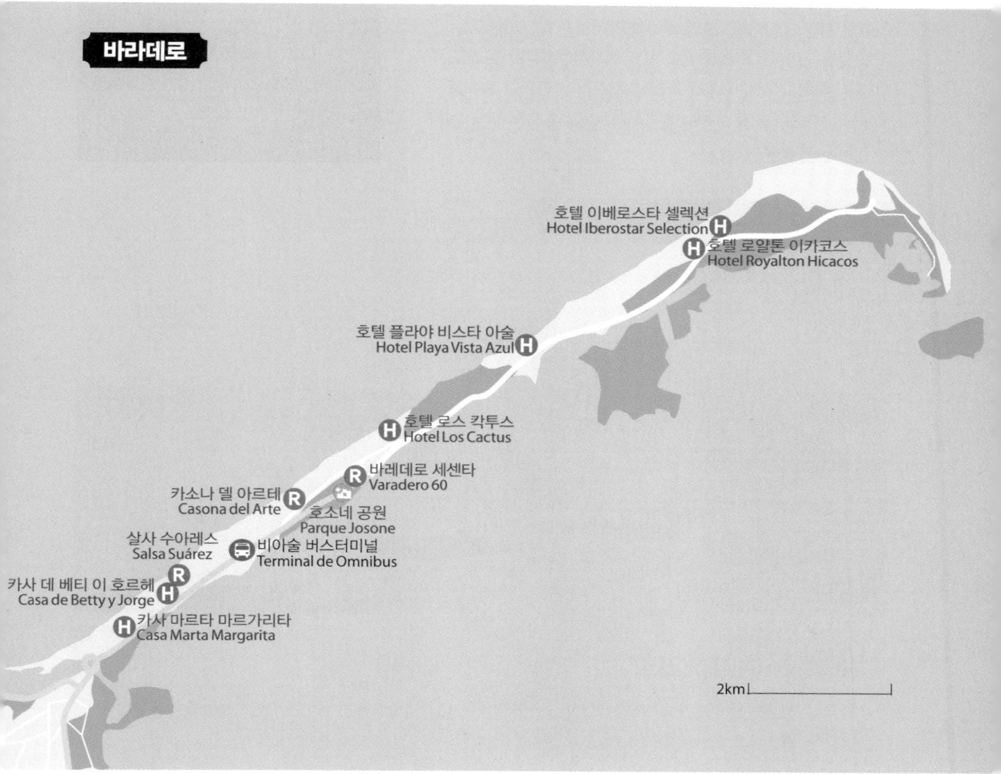

바라데로

호텔 이베로스타 셀렉션
Hotel Iberostar Selection
호텔 로얄톤 이카코스
Hotel Royalton Hicacos
호텔 플라야 비스타 아술
Hotel Playa Vista Azul
호텔 로스 칵투스
Hotel Los Cactus
바레데로 세센타
Varadero 60
카소나 델 아르테
Casona del Arte
호소네 공원
Parque Josone
살사 수아레스
Salsa Suárez
비아술 버스터미널
Terminal de Omnibus
카사 데 베티 이 호르헤
Casa de Betty y Jorge
카사 마르타 마르가리타
Casa Marta Margarita
2km

호소네 공원
Parque Josone

바라데로 시내에서 호텔존으로 들어가기 전에 있는 약 89,000㎡ 규모의 큰 공원으로 나무와 꽃이 무성하고 인공 호수도 있다. 호수에서는 조그만 보트를 빌려서 탈 수도 있다(시간당 약 600페소). 공원 내에 식당도 여러 곳이 있어서 현지인들이 생일, 웨딩 촬영 등 행사가 있을 때 많이 찾는 곳이다.

위치 Avenida 1 y Calle 58

바라데로의 해변
Playa de Varadero

바라데로 인근 지역에는 생태 보호구역이나 동굴 같은 볼거리도 있지만 그런 것을 보기 위해 바라데로를 찾는 여행자는 거의 없을 것이다. 바라데로를 찾는 이유는 첫째도, 둘째도, 셋째도, 아름다운 해변에서 카리브해를 실컷 즐기고 휴식을 취하는 것이다. 특히 석양에 물드는 해변의 풍경은 눈을 뗄 수 없을 만큼 아름답다.

TIP

바라데로 여행 포인트

바라데로 시내는 칸쿤의 센트로처럼 별다른 볼거리가 없다. 바라데로를 찾는 목적은 카리브해를 즐기기 위한 것이기 때문에 시내 구경을 위해 많은 시간을 낭비하지는 말자.

추천 식당

바라데로에는 칸쿤 호텔존처럼 식사와 음료가 모두 포함된 올인클루시브(All-inclusive) 호텔이 많다. 따라서 저렴한 숙소를 이용하거나 커피 한 잔을 즐기고 싶어 카페를 찾는 경우가 아니라면, 바라데로에서 식당을 이용할 일은 많지 않을 것이다. 휴양지이다보니 식당은 다른 도시들보다 훨씬 비싼 편이다.

카소나 델 아르테

Casona del Arte

아르테(Arte)라는 이름에서 짐작할 수 있듯이 내부를 다양한 그림과 원색으로 장식하여 상당히 예쁘다. 쿠바의 여느 관광객용 식당처럼 메인 메뉴부터 디저트까지 이것저것 다 판다. 음식보다는 예쁜 인테리어 때문에 찾는 곳이다.

주소 Calle 47 #6 **시간** 12:00~23:00

살사 수아레스

Salsa Suárez

잘 정돈된 인테리어와 정교하게 세팅된 테이블에서 고급 식당의 이미지를 풍기는 곳이다. 음식 플레이팅도 멋있고 종업원의 서비스도 훌륭하다. 물론 음식과 서비스가 좋은 만큼 가격은 상당히 비싸다.

주소 Calle 31 #103 **시간** 수~월 13:00~22:00, 화요일 휴무

바레데로 세센타

Varadero 60

호텔존에서 가까운 곳에 있는 식당으로 휴양지의 식당답게 내부가 넓고 음식이 푸짐하면서 플레이팅이 멋있다. 하지만 가격은 정말 비싸다. 디저트가 예쁘게 장식되어 나오기 때문에 식사보다는 디저트를 먹기 위해 방문해볼 만하다.

주소 Calle 60 #1 **시간** 화~일 17:00~23:00, 월요일 휴무

추천 숙소

바다에서 먼 칸쿤 센트로와 달리 저렴한 숙소가 있는 바라데로 시내에도 해변이 있다. 하지만 호텔존에 비해서 바다가 안 예쁘고 백사장도 좁은 편이다. 시내에 있는 저렴한 숙소도 다른 도시들보다는 훨씬 비싸기 때문에 차라리 돈을 더 써서 호텔존에 머무는 것을 강력하게 권한다. 호텔존은 시내로 나오기 어렵고 시내의 식당도 비싸기 때문에 올인클루시브 호텔에 머무는 것이 좋다. 바라데로의 올인클루시브 호텔들은 칸쿤보다 저렴하지만 절대 칸쿤 수준의 음식과 시설을 기대하면 안 된다. 굳이 비유하자면 칸쿤은 호텔 뷔페이고, 바라데로는 저렴한 저가 뷔페다. 물자가 부족한 쿠바이기 때문에 호텔에 대해 큰 기대를 하면 실망하게 된다.

카사 데 베티 이 호르헤

Casa de Betty y Jorge

비아술 버스터미널에서 가까운 카사로, 건물을 파란색으로 칠하고 정원의 테이블 위에는 갈대로 엮은 파라솔이 있는 등 휴양지 느낌을 내기 위해 노력했다. 방은 일반적인 저가형 카사처럼 좁은 편이다. 바라데로에선 싼 숙소지만 다른 도시와 비교하면 상당히 비싸다.

주소 Calle 31 #108 **가격** 더블·트윈 40~45달러

카사 마르타 마르가리타

Casa Marta Margarita

다른 카사들보다는 건물과 정원이 크고 방도 넓은 편이다. 나무가 많은 정원에 있는 테이블에서 휴식을 취하거나 음식을 먹기 좋다.

주소 Calle 2 #2102 **가격** 더블·트윈 45~55달러

호텔 플라야 비스타 아술

Hotel Playa Vista Azul

호텔이 해변과 가까워서 수영장에서 아름다운 카리브해를 바라볼 수 있다. 5성급 호텔치고는 시설이 별로 좋지 않지만 크게 비싸지 않은 가격을 생각하면 괜찮은 편이다.

주소 호텔존. Km 3.7 **가격** 더블·트윈 140~200달러(올인클루시브)

호텔 이베로스타 셀렉션
Hotel Iberostar Selection

돈을 더 쓰더라도 고급 호텔을 원한다면 이곳을 고려해보자. 규모가 아주 큰 호텔로, 아름답고 넓은 정원이 있고 멋진 수영장이 여러 개 있다. 시설이 다소 낡은 것이 단점이지만 이 정도면 바라데로에서 훌륭한 편이다. 바레데로에는 이베로스타 계열의 호텔이 여러 개가 있는데, 이곳이 가장 좋은 호텔이다.

주소 호텔존. Km 17 **가격** 더블·트윈 200~300달러(올인클루시브)

호텔 로얄톤 이카코스
Hotel Royalton Hicacos

바라데로에서 가장 훌륭한 호텔을 고르라고 하면 이 호텔이 답일 것이다. 야자수가 늘어선 아름다운 정원과 수영장, 넓은 방과 깨끗한 침구류가 훌륭하다. '멜리아 인테르나시오날(Melia Internacional)'과 함께 바라데로에서 가장 고급 호텔인데, 멜리아 호텔보다 이곳의 시설이 조금 더 좋다.

주소 호텔존. Km 15 **가격** 더블·트윈 250~350달러(올인클루시브)

호텔 로스 칵투스 Hotel Los Cactus

호텔존 입구에서 멀지 않은 호텔로 바라데로 호텔존에서는 상당히 저렴한 편이다. 물론 싼 만큼 시설이나 음식이 고급 호텔에 비해 떨어지지만 불편함을 느낄 수준은 아니다. 방이 넓고 수영장이 크다.

주소 호텔존. Km 4.5 **가격** 더블·트윈 100~150달러(올인클루시브)

- 산 호세 San Jose
- 포르투나 La Fortuna
- 몬테베르데 Monteverde
- 토르투게로 Tortuguero

우리나라 절반 정도 크기의 작은 나라인 코스타리카는 국토의 4분의 1이 국립공원과 생태 보호구역일 정도로 자연보호에 많은 노력을 기울이는 국가다. 어디를 가나 원시림 그대로의 밀림이 보존되어 있고, 전 세계 생물종의 5%가 이 작은 나라에 서식하고 있을 정도로 생물 다양성이 높다. 열대 밀림이 무성한 화산에서 트레킹과 온천을 즐길 수 있고, 아름다운 우림 속에서 짚라인을 타고 벌새, 나무늘보, 투칸(Tucan) 등 많은 동물들도 볼 수 있다. 또, 태평양과 카리브해 해변에서는 바다거북 등 다양한 해양 생물을 관찰하고 서핑 등 해양 레포츠를 즐길 수 있다. 이렇게 여행지마다 개성 있는 매력이 있고, 아기자기한 볼거리를 매일 만날 수 있는 것이 코스타리카 여행의 큰 장점이다. 거기에 어디를 가나 만날 수 있는 멋진 카페에서 세계적으로 유명한 코스타리카 커피의 훌륭한 맛과 향을 즐길 수 있다. 다른 중남미 국가들에 비해 치안 상태가 훨씬 좋기 때문에 안전에 대해 걱정할 필요가 거의 없으며, 영어를 유창하게 하는 사람들이 많기 때문에 스페인어에 대한 부담 없이 여행할 수 있다. 무엇보다 세상에서 가장 행복지수가 높은 나라 중 하나이기 때문에 항상 웃으며 여행자를 반기고 도와주는 코스타리카 국민들이야말로 이 작고 아름다운 나라의 가장 큰 매력 포인트다. 이 멋진 나라를 여행하는 우리나라 여행자들이 아직은 많지 않은 것이 아쉬울 뿐이다. 매일매일 새로운 재미를 주는 여행을 행복하게 경험할 수 있는 코스타리카의 매력을 만나보자.

코스타리카 기본 정보

수도 산 호세
인구 510만 명 (2020년 기준)
면적 51만㎢ (남한의 약 50%)
언어 스페인어
1인당 GDP 12,472 달러(2021년 기준)
통화 콜론(Colon). 1 USD = 500~520 콜론,
1콜론 = 약 2.6원 (2023년 기준)
전압 120V 60Hz

기후

일부 산악 지역을 제외하면 국토 대부분이 열대 기후로 1년 내내 덥고 습하다. 5~10월까지는 스콜성 비가 자주 내리며, 11~4월에는 비가 적게 온다. 비가 적을 때가 여행하기 좋을 것 같지만 이 시즌에는 밤에도 대기의 열기가 식지 않아 정말 덥다. 따라서 필자의 경험상 오히려 비가 내리는 시즌이 여행하기 좋았다. 오후나 저녁에 스콜이 내리면 대기가 시원해지면서 밤에는 편하기 때문이다. 단, 강수량이 가장 높은 9월과 10월에는 하루 종일 비가 내릴 때가 많다. 어디를 가나 밀림이 무성하고, 산 호세 외에는 큰 도시가 없다보니 체감상으로 더위가 아주 심하지는 않다. 몬테베르데(해발 1,330m)처럼 고도가 높은 지역은 비는 많이 오지만 기온이 높지는 않다. 그래서 몬테베르데의 호텔에는 에어컨이 없는 곳이 대부분이다.

역사

·스페인 지배

1년 내내 무더운 밀림 지역이기 때문에 인구가 40만 명 정도에 불과했다. 부족들은 아스텍, 마야문명권과 함께 남미와도 교역을 하였다. 1513년 스페인인들이 상륙하면서 그들이 가져온 질병이 퍼졌고, 상당수의 원주민들이 병으로 사망하였다. 살아남은 원주민들도 옥수수, 사탕수수 등 농작물 재배를 위해 가혹한 노동을 강요당하면서 18세기에는 몇천 명 수준까지 인구가 줄어들었다. 이렇게 원주민들이 전멸에 가까울 정도로 사망해서 현재 코스타리카 인구의 80% 이상이 백인이며, 백인이 아닌 인구 중 상당수도 원래 살던 원주민의 후손이 아니라 남미에서 넘어온 사람들이다. 현재 원주민의 후손은 전체 인구의 1% 정도에 불과하다.

·독립

과테말라 총독령에 속해 있던 코스타리카는 1821년 멕시코 제1제국이 독립하면서 다른 중미 국가들과 함께 멕시코 제1제국에 합류하였다. 하지만 1823년 멕시코 제국이 사라지고 제1공화국이 수립되자 멕시코와 갈라져서 '중미 연방(Provincias Unidas del Centro America)'의 일원이 되었다. 하지만 중미 연방 내에서 지역별 갈등이 심해지면서 1838년 중미 연방은 분열되었고, 코스타리카는 독자적인 헌법을 제정하여 독립국가가 되었다.

·독립 이후

독립 이후에 작고 가난한 농업 국가였던 코스타리카에 큰 변화를 가져온 것은 커피였다. 19세기 중반 커피를 재배하기 시작하면서 가난했던 코스타리카는 큰 부를 확보하기 시작했다. 산과 밀림이 많고 인구는 적기 때문에 대규모 농장이 아니라 소규모 자영 농장 위주로 커피 재배가 이루어졌고, 덕분에 많은 농민들에게 부가 분배될 수 있었다. 거기에 커피 재배가 힘든 저지대 밀림에서는 바나나 재배를 시작하면서, 커피와 함께 코스타리카의 주요 수출품이 되었다. 독립 초기 혼란스럽던 정치도 다행히 20세기에 들어서면서 조금씩 나아지기 시작했고, 1940년대에 잠시 내전을 겪기도 했지만 빠르게 안정을 되찾았다. 내전에 대한 교훈으로 1949년에는 군대를 없앤 후 비무장 민주주의를 표방하기에 이른다. 물론 주변에 강대국이 없고 사실상 미국의 영향력 아래에 있기 때문에 군대를 없애는 선택이 가능했던 것이다. 하지만 냉전 시기 과테말라, 니카라과 등 인근 국가에 군사정권이 들어서기 시작했고, 미국은 CIA를 통해 니카라과의 콘트라 반군 같은 우파 게릴라를 지원하면서 중미 전체가 혼란 속에 빠져들었다. 콘트라 반군은 코스타리카 내에 비밀기지를 만들어 활동하였고, 이로 인해 니카라과와 코스타리카 사이에 유혈 분쟁이 발생하였다. 결국 1986년 대통령에 당선된 '아리아스 산체스(Arisa Sanchez)'는 엄정한 중립을 표방하면서 콘트라 반군을 추방하고 니카라과와 평화를 회복하였다. 이 공적으로 그는 1987년 노벨평화상을 수상하였다. 1990년대 이후 정치가 안정되고, 관광업과 공업이 크게 발달하면서 중미에서 가장 부유한 국가가 되었으며, 국민의 행복지수도 세계 최고 수준을 유지하고 있다. 하지만 남미의 마약이 미국으로 넘어가는 통로로 사용되면서 마약 관련 범죄가 늘어나는 것이 큰 사회문제로 대두되고 있다.

경제

코스타리카는 에콰도르, 콜롬비아와 함께 바나나를 가장 많이 수출하는 국가 중 하나이며, 파인애플 수출량은 세계 1위다. 또, 커피와 카카오도 주요 수출 품목이다. 다른 중미 국가들과 달리 공업 육성에 성공하면서 의료 및 전자기기, 비료, 플라스틱 등도 주요 수출품이다. 특히 안전한 치안과 잘 발달된 관광업 덕분에 엄청난 수익을 벌어들이고 있다. 2019년의 경우 연간 총 수출액이 114억 달러인데, 관광업으로 벌어들인 수익이 40억 달러에 이를 정도다. 물론 늘어나는 국가 부채와 재정 적자 등 여러 문제점이 있지만 다른 중남미 국가들보다는 경제가 안정적이고 빈부 격차도 적은 편이다.

환전

코스타리카의 화폐인 콜론과 미국달러가 함께 사용되고 있다. 투어, 숙소, 식당, 마트 등 거의 모든 곳에서 콜론과 달러로 모두 결제가 가능하다. 콜론 대신 달러로 결제를 할 때 적용되는 환율도 은행이나 환전소와 별 차이가 없기 때문에 그때그때 편한 방법으로 결제하면 된다. 버스, 택시, 재래시장, 저렴한 로컬 식당, 작은 구멍가게 등을 제외하고는 콜론을 쓸 일이 별로 없기 때문에 환전을 많이 할 필요가 없다. 환전은 어느 도시에나 있는 은행과 환전소에서 쉽게 할 수 있는데, 환전하기 귀찮다면 마트에서 물건을 사고 달러로 지불한 후 거스름돈을 콜론으로 받으면 된다.

신용 카드 / ATM

ATM은 중남미 다른 국가들과 달리 현지 은행에서 부과하는 인출 수수료가 대부분 없다. 그리고 ATM에서 달러 출금이 가능하기 때문에 다른 나라에서 쓸 달러가 필요하다면 코스타리카에서 준비할 수 있다. 신용카드는 많은 식당과 숙소, 가게에서 쓸 수 있으나 호스텔과 여행사는 현금 결제를 선호한다. 신용카드 이용 시 해외결제 수수료가 붙기 때문에 고급 식당이나 호텔을 이용하거나 값비싼 물건을 사지 않는 한 현금 결제가 유리하다

코스타리카 대표 먹거리

인구의 대부분이 백인이고 미국의 영향이 아주 강한 나라이기 때문에 식당에서 주로 파는 메뉴는 스테이크, 햄버거, 피자, 파스타, 샐러드 등 미국식 먹거리가 많다. 또, 그런 메뉴가 아닌 음식도 따말(Tamales), 쁠라따노(Platano) 등 다른 중남미 국가에서도 먹는 것이 대부분이라 코스타리카에만 있는 특별한 먹거리를 찾는 것은 쉽지 않다. 대도시인 산 호세는 그나마 다양한 먹거리를 찾을 수 있는 데 비해, 대부분 작은 마을 크기인 관광지에서는 햄버거, 피자, 스테이크와 바비큐 같은 메뉴를 주로 먹게 될 것이다.

오야 데 까르네 Olla de Carne

코스타리카 음식 중 우리나라 사람들이 가장 좋아할 만한 메뉴는 '오야 데 까르네'일 것이다. 오야(Olla)는 냄비, 까르네(Carne)는 소고기라는 뜻으로 '냄비에서 요리한 소고기', 즉 소고기 스프다. 칠레의 까수엘라(Cazuela)와 비슷한 음식으로 소고기와 옥수수, 유까(Yuca, 카사바), 당근 등 각종 야채를 푹 끓인 것이다. 특히 쫄깃하면서 담백한 유까의 맛이 일품이다.

카사도 Casado

카사도는 특정한 음식을 뜻하는 것이 아니라 음식이 나오는 방식을 뜻하는 말이다. 고기와 생선 등 메인 메뉴와 함께 샐러드, 감자튀김, 튀긴 쁠라따노, 밥, 콩 등 다양한 음식이 한 접시에 담겨 나오는 것을 카사도라고 한다. 특히 저렴한 로컬 식당에 가면 이런 식으로 음식이 나오는 것을 자주 보게 될 것이다. 우리나라로 치면 백반이라고 생각하면 된다.

세비체 Ceviche

세비체는 생선과 오징어 등 각종 해물을 라임즙을 이용해 절인 것으로 페루를 대표하는 음식으로 유명하다. 하지만 페루뿐만 아니라 멕시코를 비롯해 중미에서도 많이 먹는데, 특히 바다에 접한 해안 지역에서 자주 접하게 된다. 멕시코의 세비체는 토마토와 양파가 많이 들어가는 데 비해, 코스타리카의 세비체는 신맛이 강한 페루의 세비체와 비슷하다. 양은 적은데 가격은 꽤 비싼 편이다.

소빠 데 뻬스까도 Sopa de Pescado

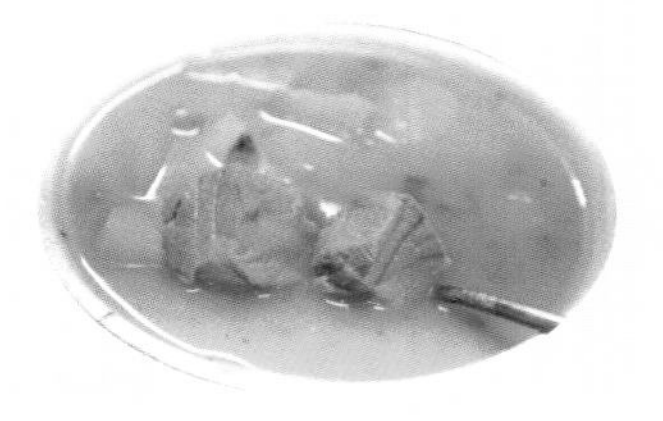

소빠(Sopa)는 스프, 뻬스까도(Pescado)는 생선이므로 생선과 야채를 넣고 끓인 스프를 의미한다. 어느 식당에나 있는 음식은 아니고 주로 해산물 전문점에 가야만 먹을 수 있는데, 참치 종류가 들어간 경우가 많다. 산 호세의 재래시장에 가면 저렴한 가격에 맛볼 수 있다.

아로스 꼰 레체 Arroz con Leche

아로스(Arroz)는 쌀, 레체(Leche)는 우유이므로 쌀에 우유를 넣은 디저트다. 우유와 함께 설탕, 계피가루, 연유 등이 들어가는데, 계피향이 나면서 상당히 달다. 우리나라 여행자들은 호불호가 상당히 갈리는데, 필자처럼 매일 먹을 정도로 좋아하는 사람도 있고 한 입만 먹고도 이상하다고 몸서리를 치는 사람도 있다. 남미의 아르헨티나와 칠레에서도 많이 먹는다.

유까 칩 & 쁠라따노 칩 Yuca Frita & Platano Frito

쁠라따노 칩

코스타리카는 거의 모든 지역이 열대기후이기 때문에 열대작물인 유까(Yuca)와 쁠라따노(Platano)를 많이 먹는다. 그래서 마트에 가면 감자 칩처럼 유까로 만든 칩이 있고, 쁠라따노를 세로로 길게 잘라서 튀긴 쁠라따노 칩도 자주 볼 수 있다. 유까 칩은 감자 칩보다 단단하면서 단맛이 덜하며, 쁠라따노는 바삭하면서 상대적으로 단맛이 많이 난다. 특히 버스터미널에서 많이 팔기 때문에 버스로 이동할 때 많이 먹게 될 것이다. 유까, 쁠라따노 외에도 고구마, 타로 등 다양한 칩을 코스타리카에서는 쉽게 먹어볼 수 있다.

코스타리카의 커피 Cafe de Costa Rica

코스타리카는 과테말라와 함께 커피로 워낙 유명한 국가이다보니 어디를 가나 커피 나무를 볼 수 있다. 커피 문화도 상당히 발달해서 거의 모든 카페가 직접 로스팅을 해서 커피를 만드는데, 대부분 인근 지역에서 생산한 원두로 커피를 만든다. 그래서 지역마다 커피 맛이 조금씩 다르며, 갓 볶은 신선한 원두를 비교적 저렴한 가격에 살 수 있다. 카페가 주로 외국인 관광객용인 과테말라와 달리 코스타리카는 커피가 엄청나게 대중화되어 있기 때문에 재래시장에 가면 우리나라 방앗간처럼 큰 기계에 커피를 볶아서 저렴하게 파는 곳이 있을 정도다. 커피와 카페 문화를 좋아하는 사람이라면 코스타리카는 천국일 것이다.

산 호세

San Jose

코스타리카의 수도인 산 호세는 코스타리카에서 유일한 대도시다. 하지만 대도시라고 해도 인구가 34만 명 정도이고, 면적은 서울의 8% 정도(약 45㎢)밖에 안 되기 때문에 우리나라 지방 도시에 온 것 같은 느낌이 들 것이다. 물론 가까운 도시들까지 합친 광역 인구는 100만 명을 넘어가지만 다른 나라의 수도처럼 화려하고 커다란 건물이 거의 없고, 대단한 볼거리가 있는 곳도 아니다. 그리고 여행자들은 코스타리카에 화산, 바다, 열대우림 같은 자연을 즐기기 위해 오기 때문에 산 호세에 대해서는 큰 매력을 느끼지 않는다. 하지만 국토의 정중앙에 있어서 저렴한 교통편은 모두 산 호세를 거치기 때문에 도시 사이를 이동하기 위해 정거장처럼 들르게 된다. 큰 볼거리는 없지만 관광지에서는 보기 힘든 재래시장과 저렴한 먹거리를 만날 수 있고, 구석구석 찾아보면 아기자기한 볼거리가 있다. 단, 코스타리카에서 유일하게 치안을 조심해야 하는 곳이니 너무 늦은 밤에는 외출을 피하는 것이 좋다..

국제선/국내선 항공

'후안 산타마리아 국제공항(Aeropuerto Internacional Juan Santamaria)'은 산 호세 중심가에서 서쪽으로 20km 정도 떨어져 있다. 한국에서 출발할 경우 미국이나 멕시코를 경유하며 비행 시간은 22~26시간(환승시간 포함)이 걸린다. 미국에서 출발한다면 4~8시간 소요된다. 멕시코, 과테말라, 파나마, 콜롬비아 등 중남미 국가와 연결되는 항공편은 아주 많다. 특히 멕시코의 저가 항공인 볼라리스(Volaris)가 코스타리카에 진출해 있기 때문에 인근 국가로 저렴하게 이동할 수가 있다. 볼라리스는 산 호세에서 멕시코시티, 과테말라시티, 칸쿤, 보고타, 리마로 가는 직항을 운영하며, 보고타행 저가 항공은 윙고(Wingo)도 있다. 파나마의 항공사인 코파(Copa), 콜롬비아의 항공사인 아비앙카(Avianca)에는 남미행 항공편이 많다. 코스타리카는 국토가 작아서 이동 시간이 얼마 안 걸리고 시외버스가 워낙 저렴하기 때문에 여행자가 비싼 국내선 항공편을 이용할 일은 거의 없다. 대표적인 국내선 항공사로는 산사(Sansa)항공이 있다.

홈페이지
볼라리스 www.volaris.com
코파 www.copaair.com
아비앙카 www.avianca.com
윙고 www.wingo.com

■ 공항에서 산 호세로 이동하기

공항버스

산 호세 시내로 가는 가장 저렴한 방법이다. 툴사(Tulsa)와 스테이션 웨건(Station Wagon)에서 공항버스를 운영하며, 요금은 기사에게 내면 된다.

시간 04:30~23:00 **소요시간** 40~50분 **요금** 675콜론

택시

공항 대합실에 있는 택시 부스에서 요금을 지불하고 티켓을 받아서 이용한다. 공식 공항택시는 오렌지색이며 요금을 달러로 지불할 수도 있다.

시간 24시간 운행 **소요시간** 20~30분 **요금** 25~30달러

시외버스

코스타리카의 시외버스

코스타리카의 시외버스는 놀랄 만큼 저렴하다. 하지만 모든 시외버스는 직행버스가 아니라 수시로 정차하는 완행버스다. 코스타리카는 산 호세를 제외하면 밀림 중간중간에 작은 마을이 있는 형태인데, 중간에 타고 내리는 사람이 있으면 버스는 수시로 멈춘다. 시설도 시외버스보다는 시내버스에 가까운데, 우리나라 농촌 지역에서 읍내와 외곽 마을을 연결하는 버스와 비슷하다고 보면 된다. 또, 버스에는 보통 에어컨이 없다. 가는 내내 무성한 밀림을 지나기 때문에 크게 덥지는 않지만 엉덩이와 등에 땀이 차는 것은 어쩔 수 없다. 자리가 없으면 몇 시간을 서서 가야 하는 등 불편한 점이 많지만 가격은 놀라울 정도로 저렴하다.

여행사 셔틀버스 Shuttle Bus

시외버스보다 빠르고 편하게 이동하고 싶다면 여행사에서 운영하는 셔틀버스(Shuttle Bus)를 타면 된다. 시외버스보다 훨씬 빠르고 에어컨이 있어서 편하게 이동할 수 있다. 하지만 시외버스보다 훨씬 비싸서 한 번 이동하는 데 몇십 달러가 든다. 셔틀버스는 여행사나 숙소에서 예약할 수 있다.

산 호세의 버스터미널

산 호세는 중앙터미널이 없고 버스회사별로 또는 목적지별로 많은 터미널이 있는데, 중심가 인근에만 무려 16개의 터미널이 있다. 큰 건물이 있는 터미널도 있지만 티켓을 파는 조그만 부스만 있거나 아예 도로에 버스 정류장만 있는 곳도 있다. 따라서, 출발 전에 숙소 직원에게 버스 스케줄을 반드시 확인하자. 숙소마다 자세한 버스 스케줄을 가지고 있다. 하루에 버스가 2~3편밖에 없는 도시가 많고, 일반적으로 배차 간격이 길기 때문에 스케줄을 확인하지 않고 터미널에 갔다가는 하루를 날릴 수 있다. 대표적인 터미널 몇 곳을 아래에 소개하는데, 대부분의 터미널이 중심가에서 멀지 않아서 금방 갈 수 있다.

그란 테르미날 델 카리베 Gran Terminal del Caribe

산 호세의 동쪽, 카리브해 쪽으로 가는 버스들이 출발한다. 토르투게로(Tortuguero)로 갈 때는 이 터미널에서 카리아리(Cariari)로 간 후 카리아리에서 파보나(La Pavona) 행으로 갈아타야 한다.

주소 Calle Central Alfredo Volio y Avenida 13

테르미날 시에테 이 디에스 Terminal 7-10

산 호세 북쪽 지역과 함께 서쪽 태평양 연안으로 가는 버스가 출발한다. 포르투나(La Fortuna), 몬테베르데(Monteverde)로 갈 때는 이 터미널을 이용한다.

주소 Avenida 7 y Calle 10 **홈페이지** www.terminal7-10.com

테르미날 트라코파 Terminal Tracopa

산 호세 남쪽, 특히 파나마 국경 근처로 가는 버스가 출발한다. 파나마까지 국제선 버스를 타는 대신에 시외버스로 국경 도시인 '파소 카노아스(Paso Canoas)'까지 간 후 걸어서 국경을 넘는 방법도 있다. 국경을 넘으면 있는 파나마의 국경 도시인 다비드(David)에서 다음 목적지로 이동하는 버스를 탈 수 있다.

주소 Calle 5 y Avenida 18 **홈페이지** www.tracopacr.com

예상 소요시간 및 요금

목적지	소요시간	요금
포르투나	3.5~4시간	3,000~3,500콜론
몬테베르데(산타 엘레나)	4.5~5시간	3,300~4,000콜론
카리아리	2~2.5시간	2,000~2,500콜론
파소 카노아스(파마나 국경)	6~7시간	9,000~10,000콜론

코스타리카의 팁 문화

코스타리카는 미국의 영향이 워낙 강한 나라이기 때문에 멕시코처럼 팁이 일반적이다. 따라서 식당, 택시 등 서비스를 이용하면 팁을 지불해야 한다. 일반적으로 팁은 10%이며 고급 식당은 그 이상을 요구하기도 한다. 계산서에 팁이 적혀 있지 않다면 10%를 내면 되고, 팁 금액이 적혀 있다면 적힌 대로 내면 된다.

국제선 버스

파나마, 니카라과, 과테말라, 멕시코 등으로 가는 국제선 버스는 버스회사별로 스케줄과 가격, 출발지가 다르다. 따라서 버스회사 홈페이지를 확인해야 한다. 과테말라, 멕시코처럼 먼 국가는 저가 항공을 이용하는 것이 훨씬 편하고, 비용도 큰 차이가 없다.

버스회사	주소	홈페이지
티카 부스(Tica Bus)	Avenida 3 y Trans. 26	www.ticabus.com
니카 부스(Nica Bus)	Terminal 7-10에서 출발	www.nicabus.com.ni
트란스니카(TransNica)	Calle 22 y Avenida 5	www.transnica.com
엑스프레소 파나마(Expreso Panama)	Avenida 12 y Calle 16	www.expresopanama.com

시내 교통

시내버스 Bus

버스는 노선 표시가 명확해서 타기 쉽고 가격도 저렴하지만 산 호세는 작고 여행자가 외곽 지역까지 갈 일이 거의 없다. 따라서 시내버스를 이용할 일은 거의 없을 것이다.

시간 05:00~22:00 **요금** 300~700콜론(목적지에 따라 요금이 다름)

택시 Taxi

택시는 우리나라보다 저렴하며 미터(m)기를 사용한다. 짐이 많다면 시외 버스터미널로 갈 때 택시를 이용하는 것이 편리한데, 보통 1,500~3,000콜론이면 갈 수 있다. 공항이나 외곽 지역으로 갈 때는 일반적으로 미리 가격을 협상한 후 타는 것이 좋다.

산 호세 여행 포인트

TIP

멕시코, 쿠바 같은 국가의 수도에 비해 자그마한 산 호세의 중심가는 도보로 모든 곳을 둘러볼 수 있는 규모다. 센트로를 관통하는 도로인 '아베니다 도스(Avenida 2)' 양쪽으로 주요 볼거리들이 있다.

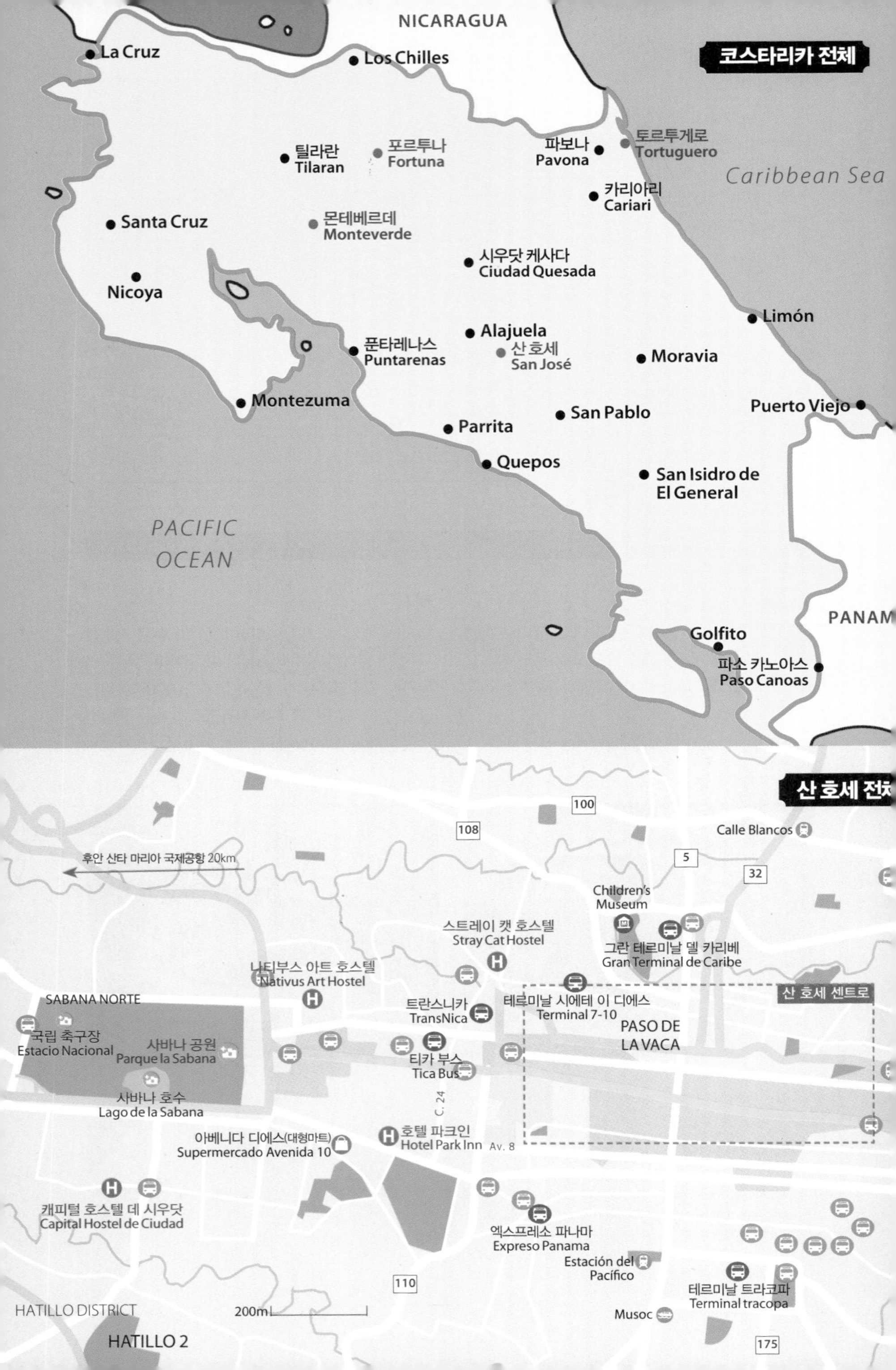

코스타리카 전체
NICARAGUA
La Cruz
Los Chilles
틸라란
Tilaran
포르투나
Fortuna
파보나
Pavona
토르투게로
Tortuguero
Caribbean Sea
카리아리
Cariari
Santa Cruz
몬테베르데
Monteverde
시우닷 케사다
Ciudad Quesada
Nicoya
Limón
Alajuela
푼타레나스
Puntarenas
산 호세
San José
Moravia
Montezuma
San Pablo
Puerto Viejo
Parrita
Quepos
San Isidro de
El General
PACIFIC
OCEAN
PANAM
Golfito
파소 카노아스
Paso Canoas
산 호세 전체
100
108
Calle Blancos
후안 산타 마리아 국제공항 20km
5
32
Children's
Museum
스트레이 캣 호스텔
Stray Cat Hostel
그란 테르미날 델 카리베
Gran Terminal de Caribe
나티부스 아트 호스텔
Nativus Art Hostel
산 호세 센트로
SABANA NORTE
트란스니카
TransNica
테르미날 시에테 이 디에스
Terminal 7-10
PASO DE
LA VACA
국립 축구장
Estacio Nacional
사바나 공원
Parque la Sabana
티카 부스
Tica Bus
사바나 호수
Lago de la Sabana
C. 24
아베니다 디에스(대형마트)
Supermercado Avenida 10
호텔 파크인
Hotel Park Inn
Av. 8
캐피털 호스텔 데 시우닷
Capital Hostel de Ciudad
엑스프레소 파나마
Expreso Panama
Estación del
Pacífico
110
테르미날 트라코파
Terminal tracopa
HATILLO DISTRICT
200m
Musoc
HATILLO 2
175

산 호세 센트로
테르미날 시에테 이 디에스
Terminal 7-10
Av. 9
Calle 8
Av. 5
Av. 7
Av. 9
Av. 11
Ctra. Braulio Carrillo
Café Rojo
Av. 7
Av. 7A
카페 오토야
Café Otoya
Av. 3
아우토 메르카도
(대형마트)
Auto Mercado
Calle 7
Av. 5
Av. 3
C. 11A
MADC
C. 6
C. 4
센트랄 시장
Mercado Central
소다 탈라
Soda Tala
카페 라 만차
Cafe La Mancha
어반 그린 호텔
Urban Green Hotel
Plaza Universal
카사 델 카카오
La Casa del Cacao
롤로 모라
La Sorbetera de
Lolo Mora
엘 토스타도르
El Tostador
C. 15
Av. 1
피제리아 마놀리토
Pizzeria Manolito
브라울리오 카리요 콜리나 광장
Parque Braulio Carrillo Colina
C. 4
프레콜롬비노 황금 박물관
Museo del Oro
Precolombino
쿨투라 광장
Plaza de la Cultura
쿠에스타 데 모라스(
대형마트)
Cuesta de Moras
메르세드 성모 성당
Iglesia de Nuestra Señora
de la Merced
Calle 8
센트랄 광장
Parque Central
국립극장
Teatro Nacional
2
옥 박물관
Museo del Jade
코스타리카 국립 박물관
Museo Nacional de
Costa Rica
대성당
Catedral Metropolitana
de San Jose
에스키나 데 부에노스 아이레스
La Esquina de Buenos Aires
플뢰르 드 리스 호텔
Fleur de Lys Hotel
Av. 6
Calle 5
Calle 7
Av. 6
Museo
C. 15
50m
Av. 8

센트랄 광장
Parque Central

산 호세 시가지의 중앙에 있는 '파르케 센트랄(Parque Central)', 센트랄 광장은 멕시코시티의 소칼로(Zocalo) 광장과는 비교할 수 없을 정도로 작다. 1885년에 건설된 곳으로, 규모는 작지만 중앙에 설치된 원형 아치와 광장 곳곳에 설치된 재미있는 조형물, 커다란 야자수들이 인상적이다. 광장의 동쪽에는 대성당(Catedral)이 있고, 아베니다 도스 거리 건너편에는 '살라사르 극장(Teatro Salazar)'이 있다. 광장 곳곳에는 벤치와 나무 그늘이 있어서 시내를 구경하다가 쉬기에 좋다.

주소 Avenida 2 y Calle 2

대성당
Catedral Metropolitana de San Jose

1827년에 완공된 신고전주의 양식의 성당으로 화려하지 않고 수수한 외관을 가지고 있다. 19세기 말 지진으로 종탑 등 석조 구조물들이 손상되자 콘크리트를 사용해 재건하였다. 내부에는 몇몇 코스티라카 대주교와 대통령의 무덤이 있다.

위치 센트랄 광장 동쪽 **시간** 06:00~19:00

쿨투라 광장
Plaza de la Cultura

대성당에서 동쪽으로 두 블록만 가면 쿨투라 광장이 있다. 쿨투라(Cultura)는 '문화'라는 뜻인데, 이름에 걸맞게 광장 바로 옆에는 '국립 극장(Teatro Nacional)'과 '프레콜롬비노 황금 박물관(Museo del Oro Precolombino)'이 있다. 콘크리트로 포장된 평범한 광장이지만 젊은층이 모여드는 곳이라 다양한 거리 공연이 열리곤 한다.

주소 Avenida Central y Calle 5 **위치** 센트랄 광장에서 동쪽으로 도보 2분

국립극장
Teatro Nacional

1897년에 완공된 '테아트로 나시오날'은 신고전주의 양식으로 건설되었다. 수수한 건물이 대부분인 산 호세 시내에서 단연 가장 멋진 건축물이다. 건설될 당시에는 산 호세 인구가 2만 명이 채 안 되던 시절이었는데, 건설비 충당을 위해 수출되는 커피에 특별세를 부과하였다. 하지만 그 금액으로는 턱없이 부족해 수입품에 세금을 부과해 겨우 공사비를 충당하였다. 극장 내부는 다양한 조각과 벽화로 장식되어 있고, 대리석으로 만든 바닥과 기둥이 있는 로비도 아름답다. 1시간 간격으로 출발하는 가이드 투어를 통해 내부를 둘러볼 수 있다.

위치 쿨투라 광장 남쪽 **시간** 09:00~17:00 **요금** 3,500콜론 **홈페이지** www.teatronacional.go.cr

프레콜롬비노 황금 박물관
Museo del Oro Precolombino

프레콜롬비노(Precolombini)는 콜럼버스가 신대륙에 도착하기 전이라는 뜻이다. 즉, 스페인 지배 전에 만든 유물들이 전시되어 있다. 당시에는 주로 사금을 이용해 공예품을 만들었으며, 박물관에는 1,586점의 황금 공예품과 약 2천 점의 도자기 및 기타 공예품이 전시되어 있다. 입장료가 상당히 비싸다.

위치 쿨투라 광장 동쪽 **시간** 09:15~16:30 **요금** 10,880콜론(16달러) **홈페이지** www.museosdelbancocentral.org

메르세드 성모 성당
Iglesia de Nuestra Señora de la Merced

1816년에 고딕 양식으로 만들어진 메르세드 성당은 산 호세 시내에서 가장 아름다운 성당이다. 뾰족하게 솟아 있는 붉은 첨탑이 인상적인데, 성당 바로 앞에 있는 '브라울리오 카리요 콜리나 광장(Parque Braulio Carrillo Colina)'의 커다란 야자수와 아주 잘 어울린다.

주소 Avenida 2 y Calle 12 **위치** 센트랄 광장에서 서쪽으로 도보 10분

센트랄 시장
Mercado Central

산 호세 중심가에서 가장 가까운 재래시장이다. 저렴한 과일, 야채와 함께 푸짐한 로컬 음식을 먹을 수 있다. 다른 나라 대도시의 시장에 비해 규모는 작지만 세상 어디를 가나 재래시장 구경은 즐거운 일이다. 세비체를 비롯한 다양한 해물 요리와 소고기 스프인 '오야 데 까르네'를 추천한다. 시장 인근에도 저렴한 식당들도 많이 있다.

주소 Avenida Central y Calle 6 **위치** 센트랄 광장에서 북서쪽으로 도보 5분

사바나 공원
Parque la Sabana

산 호세 중심가의 서쪽 끝에는 커다란 사바나 공원이 있다. 나무와 꽃이 무성한 아름다운 산책로와 '사바나 호수(Lago de la Sabana)'가 있으며, 국제 축구 경기와 프로 경기가 열리는 커다란 국립 축구장(Estacio Nacional)도 있다. 시간 여유가 있을 때 산책하기 좋은 곳인데, 밤늦은 시간에는 가지 않는 것이 좋다. 최근에는 호수의 물이 거의 다 말라버린 상태다.

위치 센트랄 광장에서 서쪽으로 도보 30분

옥 박물관
Museo del Jade

무세오 델 하데(Museo del Jade)에는 스페인 정복 이전 문명에서 옥(Jade), 나무, 조개 같은 재료를 이용해 만든 공예품들과 도자기, 석조 유물 등이 전시되어 있다. 현재 건물은 코스타리카의 건축가인 디에고 라아트(Diego Laat)가 디자인한 현대적인 건물로, 2014년에 개장하였다. 역시 입장료가 비싸다.

위치 쿨투라 광장에서 동쪽으로 도보 약 10분 **시간** 08:00~17:00 **요금** 16달러 **홈페이지** www.museodeljade.grupoins.com/

코스타리카 국립 박물관
Museo Nacional de Costa Rica

옥 박물관 바로 옆 광장에는 긴 노란색 건물이 있는데 코스타리카 국립 박물관이다. 마치 성처럼 생겼는데 군사기지로 사용되던 건물을 박물관으로 만들었기 때문이다. 1887년에 코스타리카의 문화 및 자연 유산들을 보존하기 위해 국립 박물관이 만들어졌고, 현재 건물은 1950년부터 사용하고 있다. 스페인 정복 전후의 다양한 유물과 함께 세계 각국에서 온 물품들도 전시되고 있다. 굳이 들어가보지 않더라도 건물과 박물관 앞 광장이 멋있기 때문에 찾아가볼 가치가 있다.

위치 쿨투라 광장에서 동쪽으로 도보 약 12분 **시간** 화~토 08:30~16:30, 일 09:30~16:30, 월요일 휴관 **요금** 11달러 **홈페이지** www.museocostarica.go.cr

추천 식당

코스타리카는 중미에서 가장 잘 사는 나라이기 때문에 멕시코나 과테말라에 비하면 먹거리가 비싸다. 저렴하게 식사를 하고 싶다면 센트랄 시장과 그 인근에 있는 저렴한 식당을 이용하면 된다.

카페 라 만차

Cafe La Mancha

커피의 나라 코스타리카에서 훌륭한 카페를 추천하지 않을 수 없다. 사실 코스타리카는 대부분의 카페가 나름의 개성이 있고 뛰어나다. 쿨루라 광장 인근에 있는 이 카페는 에스프레소 타입의 커피와 핸드드립을 모두 만들며, 케이크 등 디저트도 맛있다. 무엇보다 독특하고 예쁜 건물 내부에 있어서 더 특색 있다. 커피는 코스타리카 대부분의 카페가 그렇듯이 2~3달러 수준이다.

주소 Calle 1 y Avenida Central, Edificio Steinvorth **시간** 월~토 10:00~19:00, 일요일 휴무

카사 델 카카오

La Casa del Cacao

카카오라는 단어에서 알 수 있듯이 초콜릿 전문점이다. 초콜릿을 이용한 디저트와 음료부터 수제 초콜릿, 초콜릿을 듬뿍 뿌린 크레페와 간단한 먹거리도 판매한다. 아담한 가게 내부는 원목과 원색을 활용하여 예쁘게 꾸며져 있다.

주소 Calle 1 y Avenida Central **시간** 월~토 10:00~18:00, 일요일 휴무

피제리아 마놀리토

Pizzeria Manolito

콜롬비아 스타일의 엄청나게 큰 피자를 파는 곳이다. 한 조각이 웬만한 작은 피자 크기이고 혼자 다 먹기 벅찰 정도로 양이 많다. 콜롬비아 피자처럼 도우가 얇고 맛이 담백해서 우리 입맛에도 잘 맞는다. 먹거리가 비싼 산 호세에서 가장 가성비가 좋은 먹거리 중 하나다.

주소 Calle 9 y Avenida Central **시간** 08:00~22:00

에스키나 데 부에노스 아이레스

La Esquina de Buenos Aires

코스타리카에는 멕시코처럼 아르헨티나식 스테이크를 파는 식당이 많이 있는데, 산 호세 중심가에서 가장 유명한 곳이 이곳일 것이다. 부위별 스테이크부터 아르헨티나식 빠리야(Parrilla), 각종 샐러드, 엠빠나다, 해물 요리도 있다.

주소 Calle 11 y Avenida 4 **시간** 월~목 11:30~ 15:00, 18:00~22:30, 금 11:30~22:30, 토·일 12:00~22:00

롤로 모라

La Sorbetera de Lolo Mora

스페인어로 소르베떼(Sorbete)는 샤베트라는 뜻이다. 따라서 소르베떼라(Sorbetera)는 샤베트를 파는 곳을 의미한다. 센트랄 시장 안에 있는 샤베트 전문점으로 파파야, 파인애플 등 다양한 맛의 샤베트를 2~3달러에 즐길 수 있다. 무더운 코스타리카 날씨에 시원한 샤베트는 잘 어울린다.

주소 Mercado Central **시간** 월~토 10:00~16:30, 일요일 휴무

카페 오토야

Café Otoya

코스타리카는 좋은 카페가 너무 많은데 이곳은 외관이 예뻐서 추천하는 곳이다. 문을 연 지 얼마 안 된 곳으로 만화 캐릭터를 연상시키는 벽화와 넝쿨식물로 장식된 벽이 예쁘다. 피자, 샌드위치 등 다양한 먹거리도 판매한다. 카페보다는 식당에 가까운 곳으로 브런치를 즐기기에 좋다.

주소 Calle 11A y Avenida 7 **시간** 월~금 07:00~ 22:00, 토·일 08:30~22:00

엘 토스타도르

El Tostador

코스타리카의 카페를 이야기하면서 이곳을 이야기하지 않으면 섭섭할 것이다. 코스타리카의 대표적인 커피 체인점으로 산 호세에 많은 지점이 있다. 커피 맛은 무난한 편이다. 지점이 수십 개 있어서 산 호세에서 자주 보게 되는 카페다.

주소 Calle 2 y Avenida Central **시간** 09:00~19:00

소다 탈라

Soda Tala

'소다(Soda)'라는 식당에 대해 안내를 하기 위해서 선택한 곳이다. 소다는 또르따(Torta), 카사도(Casado), 샌드위치 등 저렴하고 간단한 음식을 파는 식당이다. 우리로 따지면 분식집이나 백반집이라고 보면 된다. 센트랄 시장 내에 있는 식당으로 시장 안에는 비슷한 소다가 여러 곳 있다.

주소 Mercado Central **시간** 월~토 06:00~18:00, 일요일 휴무

코스타리카 사람들의 마법 같은 주문, '뿌라 비다(Pura Vida)!'

코스타리카 사람들은 독특한 언어 습관이 있다. 이야기를 끝내거나 헤어질 때 항상 '뿌라 비다(Pura Vida)!'라는 말을 한다. '뿌라 비다'는 영어로 '퓨어 라이프(Pure Life)'이며 '순수한 삶'이라는 뜻이다. 필자는 왜 이런 습관을 전 국민이 가지게 된 것인지 많은 코스타리카 사람들에게 물어봤지만 정확한 유래를 아는 사람이 없었다. 1980년대에 시작된 것 같다는 것이 그나마 가장 구체적인 대답이었다. 왜, 어떻게, 시작되었는지 모르지만 '뿌라 비다'는 자연 속에서 살면서 긍정적인 에너지가 넘치는 코스타리카 사람들과 잘 어울리는 마법 같은 말이다. 아는 사이든 알지 못하는 사이든 '뿌라 비다!'라는 말을 들으면 괜히 기분이 좋아지고, 그들의 밝은 에너지가 전해져 힘이 나는 것 같다. 코스타리카에서 '뿌라 비다!'를 들으면 '저게 무슨 말이야?' 하고 당황하지 말고, '뿌라 비다!'라고 대답하면서 '엄지 척'을 해주자. 그러면 그들은 다시 한 번 환한 미소를 보내줄 것이다. 코스타리카에는 사람을 밝게 만들어주는 마법의 주문 '뿌라 비다'가 있다.

추천 숙소

산 호세의 숙소들은 전체적으로 깔끔하고 시설이 좋은 편이다. 호스텔은 멕시코, 과테말라에 비해 다소 비싸지만 깨끗하고 시설이 좋다. 반면 호텔은 비싸지 않은 대신 시설이 좋은 곳이 많지 않다. 일행이 있다면 에어비앤비도 좋은 대안이다.

캐피탈 호스텔 데 시우닷

Capital Hostel de Ciudad

원목과 밝은 색을 이용한 인테리어와 가구가 상당히 깔끔하다. 화장실, 샤워실 등 공용 시설도 일반 호스텔에 비해 깨끗하고 시설이 좋다. 다만 중심가에서 살짝 먼 것이 단점이다.

주소 Avenida 16ª y Calle 60 **가격** 도미 16~20달러, 더블·트윈 40~55달러

나티부스 아트 호스텔

Nativus Art Hostel

아트라는 단어와 어울리게 인테리어와 가구, 침구류에 다양한 파스텔 톤 색깔을 활용하였다. 호스텔이 크지 않아서 시설은 특별한 것이 없지만 깨끗하게 관리되어 있다. 인테리어를 보면 멕시코의 호스텔이 연상된다.

주소 Avenida 5 y Calle 36 **가격** 도미 18~25달러, 더블·트윈 50~55달러

스트레이 캣 호스텔

Stray Cat Hostel

흰색 벽과 검은색 원목, 금속 재질의 가구를 이용한 인테리어가 모던한 느낌을 준다. 도미토리 방이 비교적 넓은 편인 데 비해 부엌 등 공용 공간이 조금 좁다.

주소 Avenida 9 y Calle 20 **가격** 도미 15~20달러, 더블·트윈 40~60달러

플뢰르 드 리스 호텔

플뢰르 드 리스 호텔

Fleur de Lys Hotel

큰 가정집처럼 보이는 3성급 호텔로 밝은 핑크색 외관이 눈길을 끈다. 로비 등 내부 시설이 아주 깔끔하고 잘 정돈된 저택에 온 것 같은 느낌을 준다. 방은 약간 작은 편이다.

주소 Avenida 6 y Calle 13 **가격** 더블·트윈 55~70달러

어반 그린 호텔

Urban Green Hotel

쿨투라 광장 인근에 있는 호텔로 4성급 호텔치고는 작은 편이지만 위치가 아주 좋다. 규모가 작아서 부대시설은 부족하지만 방은 넓은 편이며 아주 깨끗하다.

주소 Avenida 1 y Calle 3 **가격** 더블·트윈 70~120달러

호텔 파크인

Hotel Park Inn

사바나 공원에서 가까운 4성급 호텔로 산 호세 시내에 있는 호텔 중에선 상당히 큰 규모다. 큰 호텔이기 때문에 수영장, 피트니스 센터 등 부대시설이 잘 갖추어져 있고 방도 상당히 넓다.

주소 Avenida 6 y Calle 28 **가격** 더블·트윈 90~130달러

포르투나

La Fortuna

해발 1,633m인 '아레날 화산(Volcan Arenal)' 아래 자리 잡은 작은 시골 마을이었던 포르투나는 1968년 아레날 화산이 분화를 시작하면서 갑자기 유명한 관광지가 되었다. 격렬하게 용암을 내뿜는 화산을 보고 싶었던 전 세계의 관광객들이 포르투나로 몰려들기 시작한 것이다. 1998년을 마지막으로 용암은 분출하지 않았고, 2010년부터 화산은 휴면 상태에 들어갔지만 잘 발달된 관광 기반 시설과 투어 덕분에 포르투나는 여전히 화산 관광지로 유명하다. '아레날 화산 국립공원(Parque Nacional Volcan Arenal)'로 지정된 이곳에서는 열대우림 속에서 다양한 열대식물과 동물을 구경하며 트레킹을 한 후, 천연 온천물이 흐르는 강에 몸을 담그고 피로를 풀 수 있다. 포르투나 마을도 아레날 화산이 배경으로 펼쳐지는 풍경이 멋있고, 아기자기하게 꾸며놓았다. 화산과 열대우림 그리고 천연 온천을 함께 만날 수 있는 포르투나는 코스타리카 여행에서 빼놓을 수 없는 곳이다.

시외버스

버스터미널(Terminal de Autobuses)은 마을 광장 근처에 있기 때문에 마을 안에 있는 숙소는 걸어서 이동할 수 있다. 산 호세와 가까운 작은 도시들 외에는 시외버스로 연결되는 곳이 없다. 산 호세에서 포르투나행 버스를 못 탈 경우 '시우닷 케사다(Ciudad Quesada)'에서 버스를 갈아타고 포르투나로 올 수도 있는데, 이럴 경우 비용과 시간이 훨씬 많이 든다.

예상 소요시간 및 요금

목적지	소요시간	요금
산 호세	3.5~4시간	3,500~4,000콜론
시우닷 케사다(Ciudad Quesada)	1~1.5시간	1,500~1,700콜론
틸라란(Tilaran)	2~2.5시간	2,800~3,200콜론

■ 포르투나에서 몬테베르데(산타 엘레나), 토르투게로로 이동하기

몬테베르데(산타 엘레나)

포르투나에서 몬테베르데까지는 직선 거리로 40km 정도인데 불행히도 바로 가는 시외버스가 없다. 그래서 틸라란(Tilaran)까지 간 후 몬테베르데행 버스로 갈아타야 한다(7~8시간 소요. 5,000~5,500콜론). 버스가 하루에 몇 편 없기 때문에 반드시 아침 일찍 출발하는 버스를 타야만 당일 내에 도착할 수 있다. 빠르고 쉬운 방법은 여행사 셔틀버스를 이용하는 것이다. 몬테베르데까지는 비포장도로가 많고, 중간에 '아레날 호수(Lago Arenal)'가 있기 때문에 차량과 보트를 갈아타면서 이동하게 된다. 셔틀버스는 여행사나 숙소에서 예약할 수 있다(3.5~4시간 소요. 30~35달러).

토르투게로

포르투나에서 토르투게로는 160km 정도 떨어져 있는데, 아니나 다를까 시외버스로 가는 것은 정말 힘들다. 시외버스를 이용하는 방법은 두 가지가 있다. 시우닷 케사다(Ciudad Quesada) – 사라피키(Sarapiqui) – 과필레스(Guapiles) – 카리아리(Cariari)를 거쳐서 파보나(La Pavona)까지 간 후 파보나에서 배를 타고 들어간다. 코스타리카는 시외버스가 자주 없기 때문에 하루 내에 도착하는 것은 거의 불가능하고, 중간에 하루 자야 한다. 다른 방법은 깔끔하게 산 호세로 돌아가서 하룻밤을 잔 후 다음 날 아침에 카리아리-파보나 루트로 이동한 후 배를 타는 것이다. 산 호세에서 출발해도 갈아타는 시간이 많이 걸려서 10~11시간 소요되며 오후 늦게야 토르투게로에 도착할 수 있다. 역시 빠르고 쉬운 방법은 여행사 셔틀버스를 이용하는 것이다. 포르투나에서 파보나까지 3시간이면 도착하며, 파보나에서 배를 타고 토르투게로로 간다. 시외버스를 이용하면 숙박비를 지출해야 하기 때문에 총 비용은 시외버스와 셔틀버스가 별 차이가 없다(셔틀버스 5~6시간 소요. 70~80달러).

포르투나 여행 포인트

포르투나는 끝에서 끝까지 걸어도 10분이면 충분할 정도로 아주 작은 마을이다. 따라서 큰 볼거리가 있는 것은 아니지만 어디를 가나 나무와 꽃이 무성하고 한적해서 산책하기 좋다.

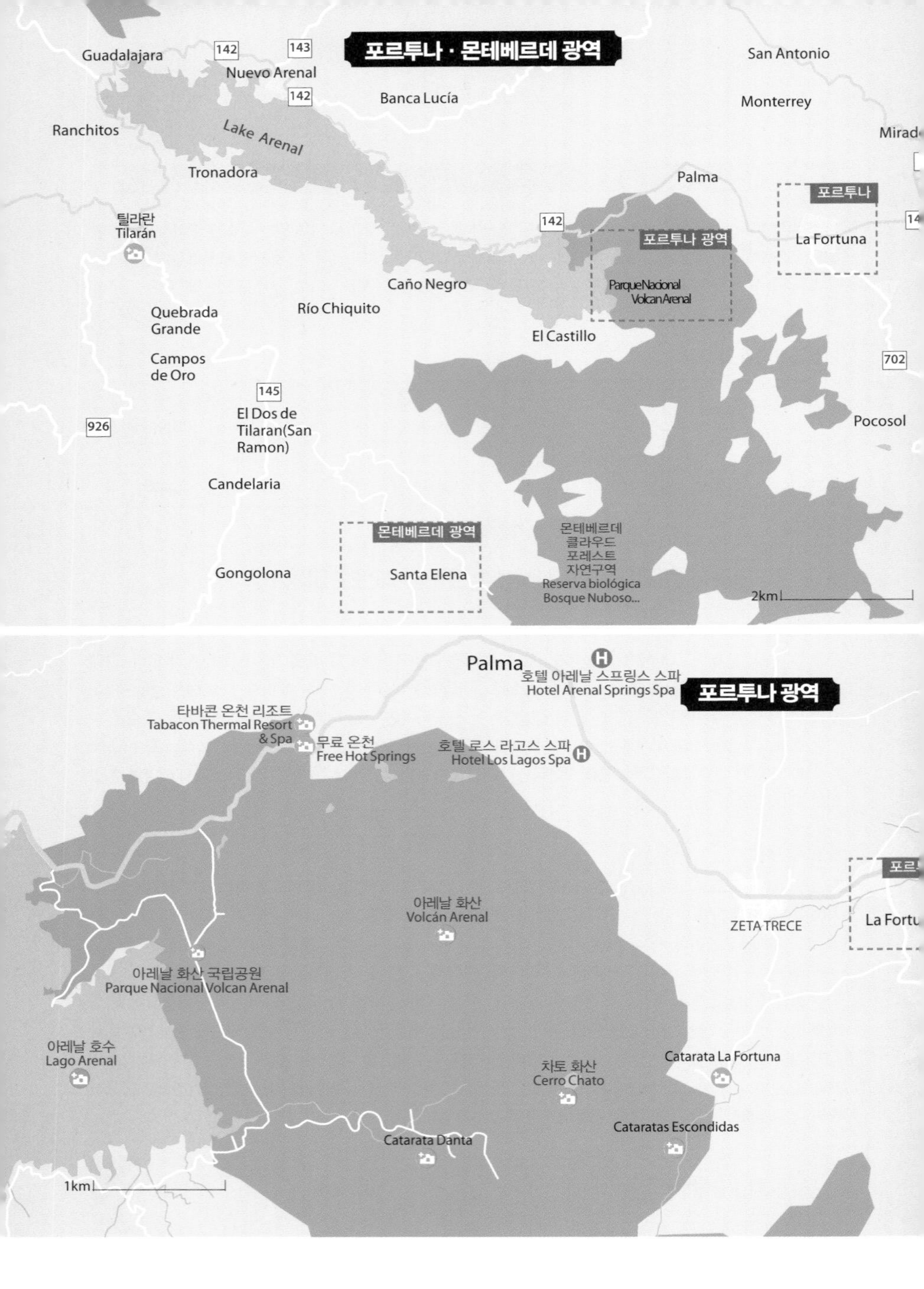

포르투나 · 몬테베르데 광역
Guadalajara
142
143
Nuevo Arenal
142
Banca Lucía
San Antonio
Monterrey
Ranchitos
Lake Arenal
Tronadora
Palma
포르투나
La Fortuna
142
포르투나 광역
Parque Nacional Volcan Arenal
틸라란
Tilarán
Caño Negro
Quebrada Grande
Río Chiquito
El Castillo
Campos de Oro
702
145
El Dos de Tilaran(San Ramon)
926
Pocosol
Candelaria
몬테베르데 광역
Santa Elena
Gongolona
몬테베르데 클라우드 포레스트 자연구역
Reserva biológica Bosque Nuboso...
2km
Palma
호텔 아레날 스프링스 스파
Hotel Arenal Springs Spa
포르투나 광역
타바콘 온천 리조트
Tabacon Thermal Resort & Spa
무료 온천
Free Hot Springs
호텔 로스 라고스 스파
Hotel Los Lagos Spa
아레날 화산
Volcán Arenal
ZETA TRECE
아레날 화산 국립공원
Parque Nacional Volcan Arenal
아레날 호수
Lago Arenal
차토 화산
Cerro Chato
Catarata La Fortuna
Cataratas Escondidas
Catarata Danta
1km

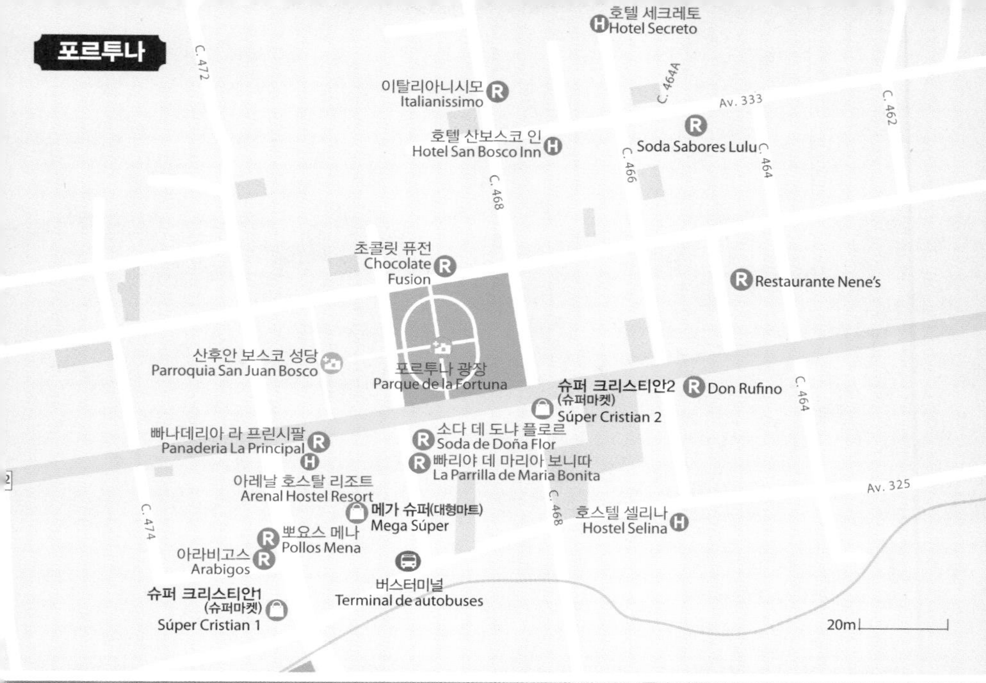

포르투나
호텔 세크레토
Hotel Secreto
이탈리아니시모
Italianissimo
호텔 산보스코 인
Hotel San Bosco Inn
Soda Sabores Lulu
초콜릿 퓨전
Chocolate
Fusion
Restaurante Nene's
산후안 보스코 성당
Parroquia San Juan Bosco
포르투나 광장
Parque de la Fortuna
슈퍼 크리스티안2
(슈퍼마켓)
Súper Cristian 2
Don Rufino
소다 데 도냐 플로르
Soda de Doña Flor
빠리야 데 마리아 보니따
La Parrilla de Maria Bonita
빠나데리아 라 프린시팔
Panaderia La Principal
아레날 호스탈 리조트
Arenal Hostel Resort
메가 슈퍼(대형마트)
Mega Súper
호스텔 셀리나
Hostel Selina
뽀요스 메나
Pollos Mena
아라비고스
Arabigos
버스터미널
Terminal de autobuses
슈퍼 크리스티안1
(슈퍼마켓)
Súper Cristian 1
C. 472
C. 464A
Av. 333
C. 462
C. 466
C. 464
C. 468
C. 474
Av. 325
20m

포르투나 광장
Parque de la Fortuna

마을 중앙에 있는 광장으로 열대 꽃과 나무가 가득해서 아름다운 정원 같다. 특히 구름이 걷혀서 아레날 화산이 보이면 포르투나 여행을 기념하는 사진을 찍기에 완벽한 장소가 된다. 마을을 산책하다가 나무 아래 벤치에 앉아서 쉬기 좋은 곳이다.

산후안 보스코 성당
Parroquia San Juan Bosco

포르투나 광장에 있는 조그만 성당이다. 포르투나의 메인 성당이지만 마을이 워낙 작기 때문에 성당도 조그마하다. '산 후안 보스코(San Juan Bosco)'는 포르투나 마을 수호 성인의 이름이며, 수호 성인을 기념하는 축제가 1월 22일에 열린다. 1962년에 건설되었으며, 내부는 단순하고 별 볼거리가 없지만 화산과 어우러진 모습이 아주 아름답다.

아레날 화산 국립공원
Parque Nacional Volcan Arenal

포르투나에서 17km 정도 서쪽으로 가면 아레날 화산 국립공원이 있다. 투어를 하지 않고 개인적으로 가서 트레킹을 하고 올 수도 있는데, 평지가 많아서 별로 어렵지 않게 걸을 수 있다. 다만 아레날 화산 조금 남쪽에 있는 '차토 화산(Cerro Chato)'으로 가는 트레킹 코스에 비하면 밀림이 무성하지 않다. 전체 트레킹 코스는 15km 정도이며 구석구석 돌아본다면 5~6시간이 걸린다. 열대우림보다는 용암이 굳어진 곳과 아레날 화산을 가까운 곳에서 보는 것이 주 목적인 트레킹 코스다. 국립공원 입구까지는 틸라란(Tilaran)행 버스를 타고가다 중간에 내리거나(약 1,500콜론) 택시를 타고 갈 수 있다(편도 약 30달러). 혼자 택시를 타야 한다면 차라리 투어를 신청하는 편이 경제적이다.

시간 08:00~16:00(14:30분 이후 입장 불가) **요금** 15달러

타바콘 온천 리조트
Tabacon Thermal Resort & Spa

포르투나는 화산과 함께 온천으로 유명하다. 여러 개의 온천이 있지만 그 중 가장 유명하고 아름다운 곳은 마을에서 북서쪽으로 12km 정도 떨어진 타바콘 온천이다. 무성한 열대식물 사이로 온천물이 폭포를 이루어 떨어지는 모습이 아름답다. 온천물의 온도는 최대 50도까지 있기 때문에 우리나라 여행자들이 만족할 만큼 따뜻하다. 리조트라서 호텔, 식당 등 다양한 시설이 있는데 가격은 상당히 비싸다. 더 저렴한 온천을 찾는다면 '파라다이스 핫스프링(Paradise Hot Springs. 데이패스 38~58달러. www.paradisehotsprings.net)', '발디 핫스프링(Baldi Hot Springs. 데이패스 27~71달러. www.baldihotsprings.cr)', '에코 테르마스(45~70달러. www.ecotermales.cr)' 같은 곳들이 있다. 입장 인원 제한이 있기 때문에 며칠 전에 홈페이지에서 예약하는 것이 좋으며, 성수기에는 몇 주 전에 예약해야 한다. 마을에서 택시로 타바콘 온천까지 가면 편도 20~25달러가 든다.

요금 원데이패스 80~86달러(식사 불포함) **시간** 10:10~22:00 **홈페이지** www.tabacon.com

무료 온천
Free Hot Springs

온천은 가고 싶은데 가격이 너무 비싸다고 좌절하지 말자. 입장료를 한 푼도 내지 않고 즐길 수 있는 무료 온천이 있기 때문이다. 여행자들이 모두 '프리 핫 스프링(Free Hot Springs)'이라고 부르기 때문에 필자도 그렇게 적었지만 이곳의 실제 이름은 '초인 강(Rio Chollin)'이다. '타바콘 강'이라고 부르는 사람도 있는데, 바로 옆에 있는 타바콘 온천과 혼동한 것이다. 화산으로 데워진 온천물이 흐르는 강으로 '타바콘 온천 리조트' 매표소 인근 숲속에 있는데, 무료 온천에 온 사람들의 차가 도로에 늘어서 있기 때문에 금방 찾을 수 있다. 수영복과 수건만 챙겨서 가면 되는데, 우리나라 목욕탕의 일반적인 온탕보다는 약간 온도가 낮다. 포르투나에서 택시를 타고 갈 수도 있다(15~20분 소요. 편도 20~25달러).

위치 타바콘 온천 입구에서 도로 건너편으로 도보 2분 거리

포르투나 지역의 Tour

코스타리카에는 미국인 관광객이 엄청나게 많기 때문에 투어 프로그램도 활동적인 액티비티를 좋아하는 미국인들의 취향에 맞춰서 준비되어 있다. 포르투나에는 수십 가지의 투어가 있는데, **래프팅**(Rafting. 60~80달러), **승마**(Horse Riding. 60~80달러), **카약**(Kayak. 50~60달러), **짚라인**(Zip Line. 50~60달러), **캐니어닝**(Canyoning. 80~100달러), **워터바이크**(Water Bike. 40~50달러), **ATV**(80~100달러), **커피 투어**(Coffee Tour. 50~60달러) 등 자연 속에서 즐길 수 있는 웬만한 투어는 다 있다. 여기서는 포르투나에서 가장 유명한 '아레날 화산 트레킹'에 대해서 소개하겠다. 각종 투어는 여행사나 숙소에서 쉽게 예약할 수 있는데, 워낙 종류가 많기 때문에 투어를 소개하는 자료가 책 수준이다. 포르투나 중심가에 있는 여행사보다 중심가를 약간 벗어난 곳에서 예약하면 일반적으로 조금 더 저렴하다.

아레날 화산 트레킹 Volcan Arenal Trekking

아레날 화산 주위에 있는 트레킹 코스를 걷는 투어다. 차량과 가이드, 간단한 점심, 국립공원 입장료가 포함되어 있다. 트레킹 코스는 아레날 화산 남쪽에 있는 '차토 화산(Cerro Chato)'을 올라가는 코스, '로스 파토스 호수(Lago los Patos)' 코스 등 여러 개의 코스가 있으며, 현지 상황에 따라 특정 코스는 입장이 불가능할 수도 있다. '차토 화산' 코스는 오르막이 많아서 약간 힘들기는 하지만 울창한 열대우림을 보기에 좋다. 풀데이(Full Day) 투어의 경우 트레킹 후에 '무료 온천(Free Hot Springs)'에 가서 한 시간 정도 온천을 하는데, 타바콘 등 유료 온천이 포함된 더 비싼 투어도 있다. 열대우림 속에서 다양한 식물과 동물을 볼 수 있고, 아레날 화산 주변의 폭포와 화산 호수인 '아레날 호수(Lago Arenal)'도 볼 수 있다. 산속에는 가게나 식당이 거의 없기 때문에 수영복과 간식거리, 생수, 수영복, 수건과 함께 우비를 챙기는 것이 좋다.

시간 풀데이(Full day) 8~9시간, 하프데이(Half Day) 5~6시간 소요 **가격** 풀데이 70~110달러, 하프데이 50~80달러

추천 식당

코스타리카는 교통비는 저렴하지만 음식이 비싼 편이다. 특히 포르투나 같은 관광지는 먹거리가 산 호세보다 전체적으로 비싸다. 마을 내에 로컬 식당이 여러 개 있는데, 로컬 식당도 산 호세처럼 저렴하지는 않다. 하지만 전체적으로 음식의 질은 좋은 편이다. 포르투나의 날씨는 아주 무더운데 에어컨이 나오는 식당이나 카페는 거의 없다.

아라비고스

Arabigos

커피와 함께 디저트, 샌드위치 및 식사 메뉴도 파는 카페다. 핸드드립 커피도 맛볼 수 있으며, 코스타리카의 다양한 지역에서 생산된 원두도 판매한다. 커피는 훌륭하지만 원두는 상당히 비싸다.

주소 Calle 472 y Avenida 327 **시간** 07:00~19:00

초콜릿 퓨전

Chocolate Fusion

가게 이름 그대로 다양한 수제 초콜릿을 파는 곳이다. 브라우니와 초콜릿 케이크가 맛있고, 커피와 핫초코 등 다양한 음료도 판매한다. 초콜릿을 좋아한다면 지나치기 힘든 곳으로, 에어컨이 있다는 것이 큰 장점이다.

주소 Calle 470 y Avenida 331 **시간** 09:00~20:00

빠리야 데 마리아 보니따

La Parrilla de Maria Bonita

깔끔한 분위기의 레스토랑으로 스테이크, 햄버거 등 다양한 메뉴를 파는데, 특히 돼지고기 폭립이 가격 대비 아주 푸짐하다. 사이드 메뉴 중에서는 로즈마리 향이 물씬 풍기는 로스트 포테이토가 일품이다. 크게 비싸지 않으면서 분위기, 맛 모두 훌륭하다.

주소 Calle 470 **시간** 12:00~22:30

뽀요스 메나

Pollos Mena

세상 어디를 가나 가성비 좋고 실패할 가능성이 적은 후라이드 치킨을 파는 식당이다. 포르투나 마을에 있는 식당들 중 가장 저렴한 편이고 맛도 괜찮다.

주소 Avenidas 327 **시간** 11:00~22:00

빠나데리아 라 프린시팔

Panaderia La Principal

빵집(Panaderia)라는 이름에서 알 수 있듯이 다양한 종류의 빵을 판다. 빵들이 아주 먹음직스럽고 큼직해서 트레킹 투어를 할 때 간식으로 사가기 좋은 곳이다.

주소 Alajuela 142 **시간** 05:00~20:00

이탈리아니시모 Italianissimo

피자, 파스타 등 이탈리아 음식을 판매한다. 이탈리아 스타일의 도우가 얇은 피자가 5,000~8,000콜론인데, 포르투나의 물가를 감안하면 비싸지 않은 가격이다. 메뉴가 다양하고 맛도 괜찮다.

주소 Calle 468 y Avenida 333 **시간** 11:30~22:00

소다 데 도냐 플로르

Soda de Doña Flor

포르투나 광장에서 가까운 로컬 식당이다. 세트 메뉴는 고기류 하나와 몇 가지 사이드 메뉴, 음료를 선택해서 먹을 수 있고, 세트가 아니라 단품으로 주문할 수도 있다. 맛이 특별히 뛰어나진 않지만 마을 중심가 가장 가까운 로컬 식당이기 때문에 여행자들이 많이 찾는다.

주소 Calle 470 y Via 142 **시간** 07:30~22:00

추천 숙소

포르투나의 숙소들은 전체적으로 시설이 좋은 편이다. 특히 호스텔은 정원 등 공용 공간이 넓고 당구대 등 다양한 시설이 갖춰진 곳이 많다. 호텔의 경우 마을 내에는 비교적 저렴한 소규모 호텔이 있고, 아레날 화산으로 가는 길 중간에는 시설이 좋고 비싼 리조트들이 있다. 마을 외곽의 리조트에 머문다면 렌트카를 빌려서 이동하거나 리조트 내에서 식사를 해야 한다.

아레날 호스텔 리조트

Arenal Hostel Resort

오랫동안 배낭여행자들이 찾아온 곳으로 '리조트'라는 말이 붙어 있는 것처럼 넓은 정원과 수영장, 바가 있다. 특히 정원에 해먹과 벤치가 많아서 쉬기 좋다. 넓은 공용 공간에 비해 방은 크지 않은 편이다. 주방이 있다는 장점이 있지만 다른 호스텔보다 약간 비싸다.

주소 Calle 472 y Via 142 **가격** 도미 20~30달러, 더블·트윈 60~80달러

호텔 산보스코 인

Hotel San Bosco Inn

3성급 호텔치고는 꽤 큰 수영장이 있고 가구와 침구류도 깔끔하다. 호텔과 정원이 크고 비수기에는 가격이 저렴한 편이지만 비슷한 레벨의 호텔에 비해 침대와 방이 상당히 작다.

주소 Calle 468 y Avenida 333 **가격** 더블·트윈 45~ 70달러

호스텔 셀리나

Hostel Selina

호스텔 체인인 셀리나에서 운영하는 곳으로 다른 호스텔보다 내부 가구와 침구류가 좋고 수영장, 정원 등 공용 공간도 넓은 편이다. 주방이 없고 바에서 늦게까지 술을 팔아서 시끄러운 것이 단점이다. 포르투나에는 이곳처럼 주방이 없는 호스텔이 많다.

주소 Calle 468 y Avenida 325 **가격** 도미 15~25달러, 더블·트윈 55~80달러

호텔 로스 라고스 스파

Hotel Los Lagos Spa

마을에서 아레날 화산 방향으로 6km 정도 떨어진 곳에 있는 3성급 리조트로, 마을 외곽의 리조트 중에는 저렴한 편이다. 큰 수영장과 정원이 있고 온천도 있다. 저렴한 가격에 넓은 리조트에서 머물고 싶다면 좋은 선택이다.

주소 6km Oeste desde Parque de la Fortuna **가격** 더블·트윈 90~110달러

호텔 아레날 스프링스 스파

Hotel Arenal Springs Spa

아레날 화산 방향으로 7km 정도 떨어진 4성급 리조트로 아름다운 정원과 수영장이 있고 연못처럼 꾸며진 온천도 있다. 호텔 레스토랑에서는 이탈리아, 일식 등 다양한 음식을 판매한다. 하루에 300~500달러씩 하는 고급 리조트보다는 저렴하면서 시설은 크게 차이가 나지 않는다.

주소 7km Oeste desde Parque de la Fortuna **가격** 더블·트윈 200~250달러

호텔 세크레토

Hotel Secreto

마을 광장에서 두 블록밖에 떨어져 있지 않지만 주변에 식당이나 바가 없어서 조용하다. 3성급 호텔치고는 방이 넓고 침구류와 화장실 등 시설도 괜찮은 편이다. 비수기에는 상당히 저렴해지기 때문에 일행이 있다면 호스텔 가격 정도에 머물 수 있다. 정원의 나무에 나무늘보들이 살고 있다.

주소 Fin de Calle 466 **가격** 더블·트윈 50~80달러

호텔 세크레토

몬테베르데

Monteverde

포르투나에서 남서쪽으로 40km 정도 떨어진 산악 지역에 있는 몬테베르데는 '몬테베르데 운무림 보호구역(Reserva Bosque Nuboso de Monteverde)'으로 지정되어 보호되고 있다. '운무림(Cloud Forest)'이라는 단어에서 알 수 있듯이 무더운 '열대우림(Tropical Rainforest)'이 대부분인 코스타리카의 다른 지역과는 상당히 다른 기후적 특성을 가지고 있다. 대부분의 숙소에 에어컨이 없을 정도로 날씨가 덥지 않고, 산과 숲을 자욱한 안개와 구름이 뒤덮고 있을 때가 많다. 산과 숲이 가득한 몬테베르데의 중심에는 산타 엘레나(Santa Elena)라는 작은 마을이 있고, 마을 주변 산에는 숙소, 식당과 함께 각종 투어를 즐길 수 있는 자연 테마파크가 있다. 나무와 꽃이 가득한 숙소의 정원에는 벌새가 날아다니고, 주변 숲에서는 온갖 새들이 지저귄다. 상쾌한 공기를 느끼며 숲속을 산책하고 짚라인을 비롯해 다양한 액티비티를 자연 속에서 즐길 수 있는 몬테베르데는 세상 그 어떤 여행지와도 다른 느낌으로 여행자에게 다가올 것이다.

시외버스

몬테베르데 교통편을 이야기할 때 항상 산타 엘레나의 이름도 병기하는 것은 몬테베르데 지역의 정중앙에 버스터미널이 있는 조그만 산타 엘레나 마을이 있기 때문이다. 그래서 시외버스의 목적지가 몬테베르데라고 되어 있든 산타 엘레나라고 되어 있든 상관없이 모두 산타 엘레나 마을에 도착한다. 시외버스로 포르투나에 가고 싶다면 틸라란에서 버스를 갈아타고 가야 하며(7~8시간 소요, 4,500~5,000콜론), 더 빠르게 이동하고 싶다면 여행사 셔틀버스를 이용해야 한다(포르투나 교통 p329 참조). 많은 숙소가 산타 엘레나 외곽의 산에 있는데, 마을 외곽의 숙소까지는 도보나 택시(2,500~3,000 콜론)로 이동할 수 있다.

예상 소요시간 및 요금

목적지	소요시간	요금
산 호세	4.5~5시간	3,300~4,000콜론
틸라란(Tilaran)	1시간	1,200~1,300콜론
푼타레나스(Puntarenas)	3.5~4시간	3,000~3,500콜론

몬테베르데 여행 포인트

• TIP •

몬테베르데는 자연을 즐기기 위해서 오는 곳이라 산타 엘레나 마을 안에는 별다른 볼거리가 없다. 몬테베르데의 산에 있는 두 곳의 운무림 보호구역에서 트레킹을 할 수 있고, 여러 개의 자연 테마파크에서 캐노피(짚라인), 행잉 브릿지(Hanging Bridge), 벌새 정원, 파충류 전시관 등 다양한 액티비티와 볼거리를 즐길 수 있다.

몬테베르데 광역
엑스트레모 파크
Extremo Park
100% 아벤투라
100% Aventura
LA CRUZ
산타 엘레나
운무림 보호구역
Reserva Bosque
Nuboso de Santa Elena
셀바투라 파크
Selvatura Park
619
Wildlife Refuge
Monteverde
Don Juan Tours
Monteverde
PERRO NEGRO
산타 엘레나 마을
Santa Elena
Monte Verde
몬테베르데 운무림 보호구역
Reserva Bosque Nuboso de
Monteverde
1km
산타 엘레나 마을
호텔 시프레세스
Hotel Cipreses
C. 1
아웃박스 인
OutBox Inn
라울리토스 뽀요
Raulito's Pollo
슈퍼 콤프로
(대형마트)
Super Compro
몬테베르데 백팩커스
Monteverde
Backpackers
606
카페 몬테베르데
Café Monteverde
산타 엘레나
Santa Elena
토로 틴토
Toro Tinto
페르난데르 아르게다스 갤러리
Ferlander Arguedas Galley
620
하과룬디 롯지
Jaguarundi Lodge
초코 카페
Choco Cafe
버스터미널(트란스 몬테베르데)
Transmonteverde
메가 슈퍼(대형마트)
Mega super
산루카스 트리탑 다이닝
San Lucas Treetop Dining
엘 사포
El Sapo
센다 몬테베르데 호텔
Hotel Senda
Monteverde Hotel
디카리
Dikary
620
Ficus La Raiz
몬테베르데 컨트리 롯지
Monteverde Country Lodge
20m
호텔 몬타냐 몬테베르데
Hotel Montña Monteverde

몬테베르데 운무림 보호구역
Reserva Bosque Nuboso de Monteverde

산타 엘레나 마을에서 남동쪽으로 5km 떨어진 곳에는 '몬테베르데 운무림 보호구역'이 있다. 울창한 수풀 속에 만들어진 산책로를 따라서 트레킹을 즐길 수 있으며, 전체를 돌아보는 데 3~4시간이 걸린다. 오르막이 심한 코스는 없기 때문에 걷는 것이 힘들지는 않다. 산타 엘레나 마을에서 보호구역까지 갈 때는 버스를 타면 된다(약 15분 소요, 800콜론). 마을 외곽의 호텔에 머문다면 리셉션에서 호텔로 데리러오는 셔틀버스를 신청하는 것이 편하다.(편도 4달러, 왕복 6달러) 버스가 자주 있지 않으니 돌아오는 버스 시간을 반드시 확인하자. 가이드와 함께 돌아보는 투어를 신청할 수 있는데, 혼자 돌아볼 때는 발견하기 힘든 동물이나 곤충을 자세히 볼 수 있다.

시간 07:00~16:00 **요금** 입장권 25달러, 가이드 투어 45달러(입장권 포함, 07:30, 11:30, 13:30 출발) **홈페이지** www.cloudforestmonteverde.com

산타 엘레나 운무림 보호구역
Reserva Bosque Nuboso de Santa Elena

산타 엘레나 마을에서 북동쪽으로 6km 정도 가면 '산타 엘레나 운무림 보호구역'이 있다. 몬테베르데 보호구역과 분위기와 동식물은 비슷하지만 방문자가 더 적어서 한적하며 고도가 약간 더 높다. 트레킹 코스는 12km이며 역시 걷기가 힘들지 않다. 산타 엘레나 마을에서 보호구역까지는 버스를 타면 된다(약 20분 소요, 1,500콜론). 역시 가이드 투어도 신청할 수 있다.

시간 07:00~16:00 **요금** 18달러, 가이드 투어 33달러(입장권 포함, 07:30, 09:15, 11:30, 13:00 출발) **홈페이지** www.reservasantaelena.org

페르난데르 아르게다스 갤러리
Ferlander Arguedas Galley

마을 입구에 새로 생긴 갤러리다. 몬테베르데에는 여러 개의 갤러리가 있는데, 그중 압도적으로 아름답고 멋진 작품들을 볼 수 있는 곳이다. 코스타리카의 행복한 감성과 색채가 느껴지는 멋진 작품들을 화가가 직접 설명해 준다. 직접 그린 오리지널 작품은 가격이 워낙 비싸서 쉽게 구입하기 힘들지만 그림이 들어가 있는 티셔츠, 방석, 가방 등 다른 기념품들은 크게 비싸지 않아서 살 만하다.

시간 09:00~20:00 **요금** 무료 **홈페이지** www.ferlanderarguedas.com

몬테베르데 지역의 Tour

몬테베르데에도 포르투나처럼 승마, 래프팅, 캐니어닝 등 다양한 투어가 있는데, 가장 유명한 것은 캐노피(짚라인), 행잉 브릿지, 나비 정원 등 다양한 액티비티와 볼거리를 즐길 수 있는 자연 테마파크다. 일반적으로 왕복 차량이 포함된 투어로 다녀오는데, 어떤 것을 즐길 것인지 선택하는 것에 따라 가격이 달라진다. 테마파크 중 '셀바투라 파크(Selvatura Park)'는 모든 코스가 있고, '엑스트레모 파크(Extremo Park)'는 캐노피와 승마 코스만 있으며, '100% 아벤투라(100% Aventura)'는 캐노피와 행잉 브릿지만 있다. 캐노피는 55~70달러, 행잉 브릿지는 40~45달러, 승마는 45~55달러, 그 외 나비 정원, 파충류 전시관처럼 간단한 것은 15~25달러다. 여기서는 가장 다양한 코스가 있는 셀바투라 파크에 대해서 설명하겠다. 투어는 숙소나 여행사에서 예약할 수 있고, 테마파크 홈페이지에서 직접 예약할 수도 있다. 직접 찾아갈 수도 있지만 왕복 교통을 포함해서 예약하는 것이 훨씬 편하다(왕복 교통 5~10달러).

홈페이지

셀바투라 파크 www.selvatura.com
엑스트레모 파크 www.monteverdeextremo.com
100% 아벤투라 www.aventuracanopytour.com

■ 셀바투라 파크 Selvatura Park

산타 엘레나 보호구역에서 가까운 테마파크다. 캐노피, 행잉 브릿지, 나비 정원, 벌새 정원, 파충류 전시관 등이 있다. 단, 벌새 정원은 코로나 기간 동안 폐쇄되어 현재는 몬테베르데 보호구역 안에만 있다.

캐노피 Canopy

높은 나무 위에 걸린 쇠줄에 매달려 숲 위를 날아가는 것으로 여행자들이 코스타리카에서 가장 즐기고 싶어 하는 액티비티 중 하나다. 테마파크마다 보통 10~16개 캐노피 코스가 있어서 캐노피를 즐기는 데만 반나절 정도 걸린다. 셀바투라 파크와 엑스트레모 파크는 코스가 15~16개 있고 최장 코스는 1km 정도이며, 100% 아벤투라는 코스가 10개로 적은 대신 최장 코스는 1.6km로 가장 길다. 캐노피만 할 경우 투어 가격은 50~60달러다.

행잉 브릿지 Hanging Bridge

숲 사이로 난 산책로를 걸으며 중간중간에 설치된 철제 다리를 지나는 코스다. 100m 이상 긴 다리도 있는데 거의 흔들리지 않기 때문에 특별히 스릴 있거나 무섭지 않다. 네팔 같은 곳에서 트레킹할 때 건너는 다리에 비하면 돌다리 수준으로, 견고하고 튼튼하다. 다리를 지나는 것보다는 운무림의 다양한 생물을 보면서 산책하는 코스로 생각하면 된다.

벌새 정원
Hummingbird Garden

꿀물이 든 먹이통을 걸어놓아서 벌새가 모이게 하는 곳으로, 벌새 자체가 아주 작기 때문에 정원도 작다. 하지만 다양한 색깔의 벌새들을 수십 마리씩 볼 수 있기 때문에 인기가 좋다. 현재는 몬테베르데 보호구역에만 있다.

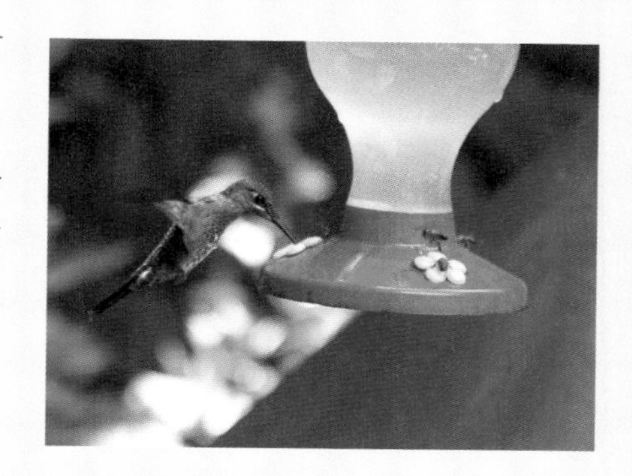

나비 정원
Butterfly Garden

나무와 꽃이 무성한 커다란 온실에 나비를 모아놓은 곳이다. 다양한 색상과 크기의 나비와 번데기를 관찰할 수 있다.

파충류 전시관
Reptile Exhibition

코스타리카에 서식하는 많은 종류의 개구리, 도마뱀, 뱀 등을 볼 수 있다. 특히 보호구역에 가더라도 보기 힘든 작고 화려한 색상의 개구리들이 인상적이다.

추천 **식당**

몬테베르데는 깊은 산속에 있다보니 코스타리카의 다른 관광지보다 먹거리가 약간 비싼 편이다. 하지만 큰 차이는 아니라서 부담을 느낄 정도는 아니며, 포르투나의 고급 식당들에 비해서는 오히려 저렴한 편이다. 마을 외곽의 산에 있는 일부 식당과 카페에서는 산 아래로 펼쳐진 전망을 볼 수 있다.

초코 카페
Choco Cafe

코스타리카의 카페 중 필자가 가장 좋아하는 곳이다. 커피도 훌륭하지만 케이크와 샌드위치, 파스타 등 먹거리도 맛있다. 야외 테라스에 있는 테이블에서는 운무가 낀 몬테베르데의 숲을 바라보며 커피를 즐길 수 있다. 숲과 구름이 가득한 몬테베르데는 커피를 즐기며 휴식을 취하기 좋은 곳이다.

위치 산타 엘레나에서 동쪽 620번 산악도로를 따라 도보 5분 **시간** 8:00~20:30

카페 몬테베르데
Café Monteverde

산타 엘레나 마을 내에 있는 카페로 원목으로 지은 2층 건물이 예쁘다. 직접 로스팅한 다양한 코스타리카산 커피 원두를 팔고 있고, 머그컵 등 커피 관련 용품도 판매한다. 산타 엘레나 마을에 있는 숙소에 머문다면 커피를 즐기기 좋은 곳이다.

주소 Alvarez y Cruz **시간** 07:00~19:00

토로 틴토
Toro Tinto

미국인 관광객이 많은 코스타리카는 어디를 가나 스테이크 전문점이 많은데, 이곳이 몬테베르데에서 가장 유명한 스테이크 전문점이다. 가격은 다른 식당보다 조금 비싸지만 훌륭한 스테이크와 피자를 먹을 수 있다. 스테이크는 일인분에 20~30달러로 아주 비싼 것은 아니다.

위치 산타엘라나 동쪽 끝, 620번 산악도로 시작 지점 **시간** 12:00~22:00

디카리 Dikary

마을 동쪽 산 중턱에 있는 피자 전문점이다. 산에 있는 식당들은 마을에 있는 식당보다 조금 비싼 편이데, 이곳은 가격이 비싸지 않으면서 맛도 괜찮은 편이다. 디저트와 샌드위치도 판매한다.

위치 산타 엘레나에서 동쪽으로 도보 약 15분 **시간** 12:00~22:00

라울리토스 뽀요 Raulito's Pollo

먹거리가 비싼 편인 산타 엘레나 마을에서 저렴하고 푸짐하게 먹을 수 있는 로컬 식당 중 하나다. 숯불에 구운 '뽀요 아사도(Pollo Asado)'와 감자튀김 세트를 5~6달러에 먹을 수 있다.

주소 Calle Paraiso y Via 606 **시간** 10:00~21:30

엘 사포 El Sapo

'센다 몬테베르데 호텔(Senda Monteverde Hotel)'에 있는 식당으로, 이 식당 앞에 펼쳐지는 멋진 전망으로 유명하다. 가격은 비싸지만 숲속의 식당에서 몬테베르데의 숲과 운무가 펼쳐지는 멋진 전망을 보면서 식사를 하는 것은 특별한 경험이 될 것이다.

위치 산타 엘레나에서 북동쪽으로 도보 약 10분 **시간** 07:00~21:30

산루카스 트리탑 다이닝 San Lucas Treetop Dining

몬테베르데에서, 아니 코스타리카 전체에서 가장 독특한 식당일 것이다. 식당 이름처럼 울창한 숲의 나무 꼭대기, 즉 숲 위에 설치한 식당이다. 나무마다 하나의 테이블이 들어가는 작은 공간이 있고, 테이블 사이는 나무다리로 연결되어 있다. 7코스의 세트 메뉴를 판매하며 일인당 100달러 이상 비용이 나온다. 저녁에만 영업하며 사전 예약은 필수다.

https://sanlucas.cr/

위치 산타 엘레나에서 북동쪽으로 도보 약 20분 **시간** 17:00~21:00

추천 숙소

산타 엘레나 마을 내에는 주로 호스텔과 저렴한 호텔이 있고, 좋은 호텔은 마을 외곽의 산속에 있다. 펜션 형태의 숙소인 카바냐(Cabaña)와 아파트형 숙소도 많이 있는데 보통 방이 몇 개 없는 소규모 숙소들이다. 산속에 위치한 좋은 호텔들은 다른 관광지의 동급 호텔에 비해 비싼 편인데, 방 넓이와 전망에 따라 가격 차이가 크다. 외진 지역이다보니 가격에 비해 시설은 다소 떨어지며, 성수기·비수기에 따라 가격 차이가 상당히 크게 난다. 호텔은 주로 산타 엘레나 동쪽 산에 있고, 카바냐와 아파트는 마을 남쪽과 서쪽 산에 많이 있다.

몬테베르데 백팩커스 Monteverde Backpackers

산타 엘레나 내에 있는 호스텔로 시설은 다른 도시의 호스텔보다 못한 편이다. 하지만 가격이 저렴하고, 주변에 로컬 식당이 여러 개 있고 마트가 가깝다.

주소 Calle Paraiso y Via 606 **가격** 도미 15~18달러, 더블·트윈 40~50달러

아웃박스 인 OutBox Inn

저가형 호텔치고는 주방과 거실 등 공용 공간이 상당히 넓다. 시설이 아주 깨끗하게 유지되고 있지만 넓은 공용 공간에 비해 방은 좁은 편이다.

위치 산타 엘레나 성당 인근 **가격** 도미 15~17달러, 더블·트윈 30~60달러

호텔 시프레세스
Hotel Cipreses

호스텔은 싫지만 숲속에 있는 호텔은 가격이 부담스럽다면 이곳을 고려해보자. 산타 엘레나 마을 내에서는 상당히 큰 숙소로, 숲속의 호텔과는 비교할 수 없지만 나름대로 예쁜 정원이 있다. 방도 3성급 호텔치고는 큰 편이다. 이 지역의 거의 모든 호텔이 그렇듯이 방 내부 시설은 떨어지는 편이다.

주소 Calle 6 y Calle 2 **가격** 더블·트윈 60~80달러

센다 몬테베르데 호텔
Senda Monteverde Hotel

가격은 상관없으니 가장 시설이 좋고 멋진 호텔에서 자고 싶다면 바로 이곳이다. 몬테베르데에서 가장 비싼 고급 호텔로 방, 정원, 스파 등 모든 시설이 훌륭하다. 무엇보다 호텔 아래로 보이는 몬테베르데의 전경이 아주 아름답다.

위치 산타 엘레나에서 동쪽 산악도로로 도보 10분 **가격** 더블·트윈 350~500달러

하과룬디 롯지 Jaguarundi Lodge

숲속에 있는 호텔에서 자고 싶은데 예산이 조금 부족하다면 이 3성급 호텔이 대안이 될 수 있다. 산타 엘레나에서 가까운 숲속에 있고 가격이 비싸지 않은 편이다. 내부 시설은 좋지 않지만 방은 상당히 넓다.

위치 산타 엘레나에서 동쪽 산악도로로 도보 5분 **가격** 더블·트윈 70~120달러

몬테베르데 컨트리 롯지
Monteverde Country Lodge

산타 엘레나 동쪽 산에 있는 3성급 호텔로 이 지역의 호텔 중에선 꽤 큰 편이다. 잘 꾸며진 넓은 정원이 있고 방이 넓은 편이다. 정원에서는 다양한 새와 벌새를 자주 볼 수 있다.

위치 산타 엘레나에서 동쪽 산악도로로 도보 15~20분 **가격** 더블·트윈 80~150달러

호텔 몬타냐 몬테베르데
Hotel Montña Monteverde

몬테베르데의 3성급 호텔 중에서 규모가 상당히 큰 편이다. 산 능선을 따라 여러 채의 건물이 있고 아주 넓은 초원이 있다. 방도 상당히 크고, 산과 숲이 시원하게 보이는 전망이 훌륭하다. 날씨가 맑은 날에는 호텔에서 태평양의 콜로라도 만(Colorado Gulf)까지 보인다.

위치 산타 엘레나에서 동쪽 산악도로로 도보 20~25분 **가격** 더블·트윈 90~130달러

토르투게로

Tortuguero

북동부 카리브해 바닷가에 있는 토르투게로는 코스타리카에서, 아니 중미 전체에서 가장 독특한 여행지일 것이다. '토르투게로 국립공원(Parque Nacional Tortuguero)' 안에 있는 작은 토르투게로 마을은 '토르투게로 강(Rio Tortuguero)'과 카리브해 사이의 폭 몇십 미터에 불과한 육지에 있다. 다른 지역과 육로 연결이 안 되어 있기 때문에 배를 타고 한 시간을 달려야 도착할 수 있는 곳으로, 마을 전체가 말 그대로 자연 속에 파묻혀 있다. 자동차, 오토바이 등 매연을 내뿜는 그 어떤 운송 수단도, 커다랗고 화려한 건물도 없다. 작은 마을 어디를 가나 나무와 꽃이 무성하고 현지인과 관광객 모두 느긋하게 자신의 두 다리로 거리를 걸으며 한가로움을 즐긴다. 석양을 볼 수 있는 잔잔한 강에서 1분만 반대 방향으로 걸으면 거친 파도가 몰아치는 카리브해 앞에 서게 된다. 인위적인 것이 최대한 배제된, 자연 그 자체를 느낄 수 있는 여행지인 것이다. 거기다 바다거북, 원숭이, 악어와 수백 종의 조류 등 다양한 생물을 국립공원에서 만날 수 있다. 코스타리카에 온다면 토르투게로에서 자연과 함께하는 시간을 반드시 즐겨보자.

시외버스 & 보트

토루트게로는 육지와 연결된 도로가 없고 보트를 타야 한다. 산 호세에서 먼저 카리아리(Cariari)로 간 후(2~2.5시간 소요. 2,000~2,500콜론), 카리아리에서 파보나(La Pavona)행 버스로 갈아탈 수 있다(1시간 소요, 1,200콜론). 파보나에서 토르투게로행 보트가 출발한다(1시간 소요. 3,000콜론). 중간에 대기하는 시간이 많기 때문에 총 10시간 이상 소요된다. 산 호세, 포르투나 등 여러 여행지에서 토르투게로행 여행사 셔틀버스가 출발하는데, 시외버스보다 훨씬 비싸지만 빠르고 편하다. 포르투나에서 토르투게로까지 이동하는 방법은 포르투나 교통편(p329)를 참조하면 된다.

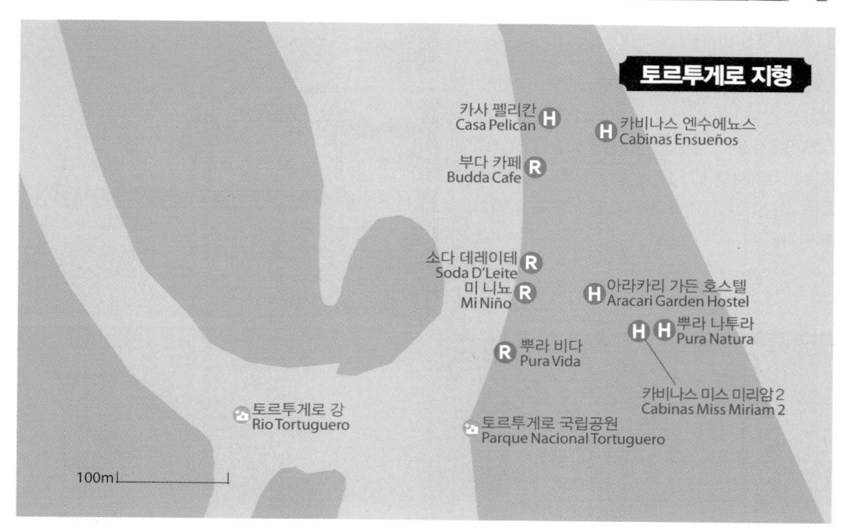

토르투게로 여행 포인트

TIP

토르투게로는 육상과 연결된 도로조차 없이 열대밀림과 바다, 강으로 완전히 둘러싸여 있다. 마을 자체가 국립공원 내에 있기 때문에 모든 곳에서 자연을 느낄 수 있다.

토르투게로 국립공원
Parque Nacional Tortuguero

1970년 국립공원으로 지정된 '토르투게로 국립공원'은 육지와 바다에 걸쳐 지정되어 있고, 전체 면적이 770㎢에 달한다. 육상은 단 1%만이 관광객에게 개방되어 있으며, 해양은 보존 지역으로 출입이 불가능하다. 울창한 열대밀림 사이로는 카리브해로 흘러드는 '토르투게로 강(Rio Tortuguero)'이 지나가고 있다. 원숭이, 재규어, 매너티, 악어(Caiman, 카이만) 등 다양한 육상·수중 생물이 서식하고 있는데, 가장 유명한 것은 해마다 산란을 위해 해변을 찾는 바다거북이다. 스페인어로 바다거북은 토르투가(Tortuga)이기 때문에 토르투게로라는 지명 자체가 바다거북에서 유래한 것이다. 국립공원은 '보트 투어'나 '하이킹 투어(Hiking Tour)', 그리고 바다거북을 관찰하는 '바다거북 투어'로 돌아볼 수 있다.

시간 06:00~12:00, 13:00~16:00 **요금** 입장권 17달러

토르투게로 강
Rio Tortuguero

토르투게로 마을의 서쪽을 감싸고 있는 강이다. 강가를 산책하며 잔잔하고 넓은 강과 아담한 토르투게로 마을이 어우러진 풍경을 보는 것만으로도 토르투게로의 매력을 느낄 수 있다. 강물에 비치는 석양이 아주 아름다우니 해가 질 때를 놓치지 말자.

토르투게로 지역의 Tour

토르투게로는 코스타리카 정부가 철저하게 보호하는 지역이라 출입할 수 있는 곳이 아주 제한되어 있고, 투어의 종류도 많지 않다. 투어비는 다른 지역에 비해 저렴한 편이다.

보트 투어 Boat Tour

토르투게로 국립공원을 둘러보기 가장 좋은 방법은 보트 투어다. 아침 일찍 보트를 타고 강으로 나가서 강가로 나온 동물들을 구경하는 것이다. 원숭이, 악어와 함께 다양한 종류의 새를 볼 수 있다. 단, 열대밀림에서 하는 투어가 어디가나 그렇듯이 물가로 나온 동물만 볼 수 있기 때문에 많은 동물을 볼 수는 없다. 일반적으로 많은 동물을 볼 수 있는 지역은 밀림이 아니라 넓은 시야를 확보할 수 있는 초원 지역이다. 동물이 많이 보이지는 않지만 직접 보트의 노를 저으며 울창한 밀림 속의 강을 돌아다니는 재미가 있다. 아침 일찍 출발하는 투어를 해야 동물을 볼 가능성이 더 높다. 보트 투어 외에 국립공원 안을 걸으며 동물들을 보는 '워킹 투어(Walking Tour. 2시간 소요. 20~25달러)'도 있다.

시간 3~4시간 소요 **가격** 30~40달러(국립공원 입장권 별도)

바다거북 투어 Turtle Tour

©Discover Corps

토르투게로 해변에는 해마다 2만 마리 이상의 녹색바다거북(Green Sea Turtle) 등 다양한 종류의 바다거북들이 산란을 위해 모여든다. 보통 7월에서 10월까지가 산란기인데 7~8월에 가장 많은 바다거북을 볼 수 있다. 9~10월에는 새끼 바다거북이 부화해서 바다로 향하는 모습을 볼 수도 있다. 바다거북 투어는 밤에 가이드와 함께 해변에 가서 바다거북이 산란을 하는 장면을 보는 것인데, 바다거북 보호를 위해 시끄러운 소리를 내거나 사진, 비디오 촬영을 하는 것은 엄격하게 금지되어 있다. 알을 깨고 나온 새끼거북들이 바다가 아니라 빛이나 소리가 나는 쪽으로 기어갈 수 있고, 어미 바다거북의 산란을 방해할 수 있기 때문이다.

시간 2시간 소요(20시, 22시 출발) 가격 35~40달러

추천 식당

토르투게로는 워낙 작은 마을이기 때문에 식당이 많지 않고, 메뉴도 다들 비슷비슷하다. 하지만 가격이 다른 관광지에 비해 특별히 비싸지는 않다. 그래서 마음에 드는 식당을 하나 찾으면 늘 그곳에 가게 될 것이다. 워낙 작은 동네라 식당이든 숙소든 별도의 주소는 없다.

미 니뇨
Mi Niño

음식이 푸짐하면서 깔끔하게 나와서 여행자들에게 인기가 좋은 식당이다. 해산물부터 고기 요리까지 웬만한 메뉴는 다 있는데, 특히 날씨가 덥다보니 열대 과일이 들어간 시원하고 커다란 스무디가 아주 인기 있다.

시간 07:30~21:00

소다 데레이테
Soda D'Leite

토르투게로에 몇 개 안 되는 로컬 식당 중 하나다. 일반 식당보다 조금 저렴한데 가격 차이가 크지는 않다. 음식의 양은 아주 푸짐하다.

시간 07:00~21:00

부다 카페
Budda Cafe

강가에 자리 잡은 카페로 마을 내 식당 중에서는 규모가 꽤 큰 편이다. 피자, 파스타 같은 음식과 함께 다양한 디저트와 음료를 판매한다. 음식도 괜찮지만 강 바로 앞에 있다는 것이 가장 큰 장점이다. 석양이 내려앉을 시간에 방문하는 것이 최고다.

시간 12:00~21:00

뿌라 비다
Pura Vida

이름만 봐도 코스타리카의 식당인 것을 알 수 있다. 강가에서 한 블록 들어온 곳에 있는데, 2층 테이블에 앉으면 강이 보인다. 메뉴나 가격은 다른 식당들과 큰 차이가 없다.

시간 07:00~21:00

추천 숙소

토르투게로는 육로로 접근이 어려운 곳이다보니 크고 시설이 좋은 호텔은 없고, 작은 게스트하우스 수준의 숙소가 많이 있다. 도미토리가 거의 없는 대신 전체적으로 숙박비가 비싸지는 않은 편이다. 바다거북의 산란기와 휴가철이 겹치는 7~8월에는 미리 숙소를 예약하고 방문하는 것이 좋다. 일부 좋은 호텔들은 시설에 비해 상당히 비싼 편이다.

아라카리 가든 호스텔

Aracari Garden Hostel

마을 내에서 꽤 큰 숙소로 토르투게로에서는 보기 힘든 도미토리가 있다. 나무가 무성한 넓은 정원이 예쁘고, 방 내부의 침구류도 게스트하우스치고는 괜찮은 편이다. 하지만 2인실 가격은 다른 게스트하우스보다 약간 비싼 편이다.

가격 도미 15~20달러, 더블·트윈 35~50달러

카비나스 엔수에뇨스

Cabinas Ensueños

새 건물이라 방과 내부 시설이 상당히 깔끔하다. 침구류와 화장실도 게스트하우스치고는 좋은 편이다. 정원이 없는 것은 아쉽지만 대신 해변이 바로 옆에 있다. 토르투게로의 게스트하우스 중 내부 시설은 가장 좋은 편이다.

가격 더블·트윈 35~40달러

뿌라 나투라

Pura Natura

저가형 게스트하우스보다는 조금 더 좋은 곳에서 자고 싶다면 이곳을 고려해보자. 내부 시설과 침구류가 게스트하우스보다는 호텔에 조금 더 가깝게 좋고, 바다가 보이는 정원도 있다. 3성급 호텔과 게스트하우스의 중간 정도 수준이라고 생각하면 된다.

가격 더블·트윈 50~60달러

카사 펠리칸

Casa Pelican

겉보기에는 평범한 게스트하우스 같지만 내부 시설은 3성급 호텔 수준이다. 토르투게로 숙소치고는 방이 넓은 편이고, 내부 시설과 침구류도 호텔급이다. 하지만 가격은 게스트하우스보다 훨씬 비싸다.

가격 더블·트윈 80~100달러

카비나스 미스 미리암 2

Cabinas Miss Miriam 2

내부 시설은 보잘것없지만 해변 바로 옆에 있는 것이 큰 장점이다. 숙소 바로 앞에는 넓은 풀밭이 펼쳐져 있고 커다란 야자수들이 늘어서 있다. 방은 좁은 편이다.

가격 싱글 25~30달러, 더블·트윈 30~40달러

여행회화

스페인어

스페인어

스페인어는 세상에서 가장 읽기 쉬운 언어로 알려져 있다. 발음과 문자가 100% 일치하기 때문에 기본 발음만 알면 누구나 읽을 수 있다. 대부분의 발음이 영어와 비슷하며, 격음(ㅍ/ㅌ/ㅋ)을 대체로 쓰지 않고 경음(ㄲ/ ㄸ/ ㅃ)이 많은 것이 특징이다.

※ 모든 언어가 그렇듯이 스페인어도 국가마다 단어와 발음에 약간씩 차이가 있다.

스페인어 발음

a	아	n	ㄴ
b	ㅂ	ñ	ㄴ + 중모음 발음
c	ㅆ(e, i), ㄲ(a, o, u)	o	오
d	ㄷ	p	ㅃ
e	에	q	ㄲ
f	ㅍ	r	ㄹ
g	ㅎ(e, i), ㄱ(a, o, u)	s	ㅅ
h	묵음(발음 안함)	t	ㄸ
i	이	u	우
j	ㅎ	v	ㅂ
k	ㄲ	x	ㄱ
l	ㄹ	y	이
m	ㅁ	z	ㅅ

스페인어의 인칭

나	Yo [요]	그녀	Ella [에야]
너	Tú [뚜]	우리	Nosotros [노소뜨로스]
당신	Usted [우스뗃]	당신들	Ustedes [우스떼데스]
그	Él [엘]		

※ 스페인어는 영어와 달리 반말과 존댓말이 있다. 나이 차이가 아주 많은 사람에게 반말인 'Tú [뚜]'를 쓰면 무례한 것이다. 중미의 스페인어는 스페인 본토와 달리 '너희들(Vosotros, 보소뜨로스)'는 쓰지 않는다.

인사

안녕. Hola. [올라]

좋은 아침입니다. Buenos dias. [부에노스 디아스]

좋은 오후입니다. Buenas tardes. [부에나스 따르데스]

좋은 저녁입니다. Buenas noches. [부에나스 노체스]

잘 가. Chao. [챠오] / Adiós. [아디오스]

감사합니다. Gracias. [그라시아스]

매우 감사합니다. Muchas gracias. [무차스 그라시아스]

실례합니다. Disculpe. [디스꿀뻬]

죄송합니다. Perdón. [뻬르돈]

※ 중미 사람들은 모르는 사람이라도 얼굴을 마주치면 웃으며 인사를 한다. 상대방이 인사를 하더라도 당황하지 말고 '올라'라고 말하자. '올라'는 영어의 'Hi'와 같다.

※ 중미의 각 시간대별 인사는 영어의 'Good morning/afternoon/evening'과 동일하다. 구분해서 쓰면 더 좋지만 외국인이니까 'Hola(올라)'만 해도 무방하다.

※ 실제 회화에서는 '아디오스'보다는 '챠오'라는 말을 잘 쓴다.

※ '그라시아스(Gracias)'는 '올라'와 함께 중미 여행 중 가장 많이 쓰는 말이다. 중미 사람들은 사소한 것에 대해서도 '그라시아스'라고 말한다.

요청과 부탁

나에게 ~를 줘. Dame~. [다메~]

저에게 ~를 주세요. Déme~. [데메~]

저에게 ~를 주실 수 있나요? ¿Podría darme~? [뽀드리아 다르메~?]

제발. Por favor. [뽀르 파보르]

※ Por favor는 영어의 '플리즈(Please)'와 같은 단어. 우리말은 '제발'이라는 표현을 잘 쓰지 않지만 중미는 아주 사소한 부탁을 할 때도 말 끝에 '뽀르 파보르'를 말한다. 요청을 할 때는 가능한 말하도록 노력하자. '물건 + Por favor'의 형태로 간단하게 요청을 할 수도 있다.

스페인어의 특이한 발음

- 서로 다른 C의 발음 : Ceci [쎄씨], Casa [카사]
- 서로 다른 G의 발음 : Gohan [고안], General [헤네랄]
- ñ의 발음 : ña [냐], ñe [녜], ño [뇨], ñu [뉴]
- g+중 모음 : gua [과], gue [게], gui [기],
- q+중 모음 : que [께], qui [끼]
- ll+중 모음 : lla [야], lle [예], llo [요], llu [유]

소개

제 이름은 ~입니다. Mi nombre es~ . [미 놈브레 에스 ~]

저는 25살입니다. Tengo 25 años. [뗑고 베인띠 씽꼬 아뇨스]

저는 학생입니다. Soy estudiante. [소이 에스뚜디안떼]

저는 여행객입니다. Soy turista. [소이 뚜리스따]

이름이 뭔가요? ¿Cómo se llama? [꼬모 세 야마?]

몇 살이세요? ¿Cuántos años tiene? [꾸안또스 아뇨스 띠에네?]

저는 한국 사람입니다. Soy Coreano. [소이 꼬레아노(남자)]
Soy Coreana. [소이 꼬레아나(여자)]

당신은 어느 나라 사람인가요? ¿De dónde es usted? [데 돈데 에스 우스뗏?]

기본적인 질문과 대답

네. Sí. [씨]

아니오. No. [노]

(사람을 부를 때) 저기요. Oiga. [오이가]

왜? ¿Porqué? [뽀르께?]

뭐라고요? ¿Cómo? [꼬모?]

이것은 무엇입니까? ¿Qué es esto? [께 에스 에스또?]

영어를 할 수 있나요? ¿Habla inglés? [아블라 잉글레스?]

저는 스페인어를 말할 수 없어요. No hablo español. [노 아블로 에스빠뇰]

이해했나요? ¿Entiende? [엔띠엔데?]

이해했습니다. Entiendo. [엔띠엔도]

~가 어디에 있나요? ¿Donde esta~? [돈데 에스따~?]

화장실이 어디에 있나요? ¿Donde esta el Baño? [돈데 에스따 바뇨?]

가격이 얼마인가요? ¿Cuanto Cuesta? [꾸안또 꾸에스따?]

식당에서

요리

1. 주식

흰쌀밥 arroz blanco [아로스 블랑꼬]

볶음밥 arroz frito [아로스 프리또]

삶은 감자 papa cocida [빠빠 꼬시다]

감자튀김(프렌치 프라이) papa frita [빠빠 프리따]

으깬 감자 pure [뿌레]

2. 닭고기 요리

닭튀김 pollo frito [뽀요 프리또]

구운 닭 pollo asado [뽀요 아사도] /
pollo a la brasa [뽀요 알 라 브라사]

닭 스프 sopa de pollo [소빠 데 뽀요],
caldo de gallina [깔도 데 가지나]

닭고기 볶음밥 arroz frito con pollo
[아로스 프리또 꼰 뽀요]

닭 가슴살 pechuga [뻬추가]

닭 날개 alita [알리따]

닭 다리 pierna [삐에르나]

3. 돼지고기 요리

튀긴 돼지고기 chicharron
[치차론(페루·볼리비아 음식)]

돼지고기 볶음밥 arroz frito con cerdo
[아로스 프리또 꼰 쎄르도] / chancho [찬초]

돼지 등심 chuleta [출레따]

돼지 목살 bondiola [본디올라]

삼겹살 panceta [빤쎄따]

베이컨 tocino [또씨노]

돼지갈비(폭립) costillas de cerdo
[꼬스띠야스 데 쎄르도]

4. 소고기 요리

소고기 안심 lomo [로모]

소고기 등심 ojo de bife [오호 데 비페]

소고기 채끝살 bife de chorizo [비페 데 초리소]

소고기볶음 lomo saltado [로모 살따도(페루 음식)]

5. 해물요리

해물 스프 sopa de marisco [소빠 데 마리스꼬]

해물 볶음밥 arroz con marisco [아로스 꼰 마리스꼬]

해물 샐러드 ensalada de marisco
[엔살라다 데 마르스꼬]

튀긴 생선 pescado frito [뻬스까도 프리또]

음식 재료

닭고기 pollo [뽀요] / gallina [가지나] / ave [아베]
※ ave는 '새'라는 뜻이지만 '닭고기'로도 쓰인다.

소고기 carne [까르네]

돼지고기 cerdo [쎄르도] / chancho [찬초]

양고기 cordero [꼬르데로]

소고기 등심 lomo [로모]

생선 pescado [뻬스까도]

해물(생선을 제외한 해물) marisco [마리스꼬]

문어 pulpo [뿔뽀]

오징어 calamar [깔라마르]

새우 camarón [까마론]

게 jaiba [하이바]

대게 centolla [센또야]

샐러드 ensalada [엔살라다]

양파 cebolla [쎄보야]

양상추 lechuga [레추가]

당근 zanahoria [사나오리아]

올리브(열매) oliva [올리바]

고수 cilantro [씰란뜨로]

오이 pepino [뻬삐노]

토마토 tomate [또마떼]

버섯 campiñon [참삐뇬]

옥수수 maiz [마이스]

감자 papa [빠빠]

고구마 camote [까모떼]

카사바 yuca [유까]

쌀 arroz [아로스]

빵 pan [빤]

조리법

튀긴 frito [프리또]

삶은 cocido [꼬시도]

볶은 saltado [살따도]

숯불이나 전기 등에 구운 asado [아사도] / barbacoa [바르바꼬아]

팬에 구운 a la plancha [알 라 쁠란차]

양념

설탕 azúcar [아수까르]

소금 sal [살]

식초 vinagre [비나그레]

식용유(기름) aceite [아세이떼]

올리브유 aceite de oliva [아세이떼 데 올리바]

후추 pimienta [삐미엔따]

소스 salsa [살사]

매운 소스 salsa picante [살사 삐깐떼]

케찹 ketchup [께춥]

마요네즈 mayonesa [마요네사]

머스터드 소스 mostaza [모스따사]

음식의 맛

(맛이) 단 dulce [둘쎄]

※ 'dulce'는 영어의 'sweet'이기 때문에, 케익·푸딩 등 단맛의 음식을 통칭하는 말로도 쓰인다.

(맛이) 짠 salado [살라도]

(맛이) 신 acido [아씨도]

(맛이) 매운 picante [삐깐떼]

맛있는 rico [리꼬]

뜨거운 caliente [깔리엔떼]

차가운 frio [프리오]

양 조절

더 많이(More) más [마스]

더 적게(Less) menos [메노스]

~와 함께(With) con [꼰]

~없이(Without) sin [신]

음료

음료 bebida [베비다]

※ '베비다'는 물·탄산음료·주류 등 모든 음료를 통칭하는 말이다. 따라서 식당에서 요리를 주문하고 나면 직원이 '베비다?'라고 물어보는데, '음료는 뭘 마시겠냐?'라는 질문이다.

물 agua [아구아]

생수 agua sin gas [아구아 신 가스]

탄산수 agua con gas [아구아 꼰 가스]

주스 jugo [후고]

맥주 cerveza [쎄르베사]

와인 vino [비노]

화이트 와인 vino blanco [비노 블랑꼬]

레드 와인 vino tinto [비노 띤도]

탄산음료 gaseosa [가세오사]

커피 café [까페]

카페라떼 cafe con leche [까페 꼰 레체]

아이스커피 cafe frio [까페 프리오]

※ '얼음(hielo)과 함께'라는 표현으로 'cafe con hielo(까페 꼰 이엘로)'라고 할 수도 있다.

우유 leche [레체]

과일

과일 fruta [프루따]

사과 manzana [만사나]

배 pera [뻬라]

딸기 fresa [프레사]

산딸기 frutilla [프루띠야]

※ 일부 지역에서는 'frutilla'가 '딸기'로 쓰인다.

포도 uva [우바]

복숭아 durazno [두라스노]

라임 limon [리몬]

아보카도 Aguacate [아구아까떼] / Palta [빨따]

무화과 higo [이고]

체리 cereza [쎄레사]

블루베리 arándano [아란다노]

식기류

숟가락 cuchara [꾸차라]

나이프 cuchillo [꾸치요]

포크 tenedor [떼네도르]

술을 마시는 잔 copa [꼬빠]

물이나 음료 잔 taza [따사] / vaso [바소]

접시 plato [쁠라또]

식사 종류

아침 식사 desayuno [데사유노]

점심 식사 almuerzo [알무에르소]

저녁 식사 cena [쎄나]

음식 comida [꼬미다]

주류 alcohol [알꼬올]

전채 요리 entrada [엔뜨라다]

메인 요리 plato principal [쁠라또 쁘린씨빨]

후식 postre [뽀스뜨레]

기타

배부른 lleno [예노]

배고픈 hambre [암브레]

메뉴판 menú [메뉴]

아이스크림 helado [엘라도]

케익 pastel [빠스뗄]

파이 torta [또르따]

식당에서 자주 쓰는 회화

영어 메뉴판이 있나요? ¿Hay menú en inglés? [아이 메누 엔 잉글레스?]

와이파이 비밀번호가 뭔가요? ¿Qué es clave de Wi-Fi? [께 에스 끌라베 데 와이파이?]

고수는 빼 주세요. Sin cilantro, por favor. [신 씰란뜨로, 뽀르 파보르]

맥주(와인)가 있나요? ¿Hay cerveza(vino)? [아이 쎄르베사(비노)?]

소금을 적게 넣어 주세요. (덜 짜게 해 주세요.) Menos sal, por favor. [메노스 살, 뽀르 빠보르]

예약

예약 reservación [레쎄르바씨온]

방 habitación [아비따시온]

호텔 hotel [오뗄]

호스탈 hostal [오스딸]

민박집 hospedaje [오스뻬다헤]

팬션 cabaña [까바냐]

(방이) 있는 disponible [디스뽀니블레]

싱글 룸 simple [심쁠레]

트윈 룸(침대 2개) doble [도블레]

더블 룸(큰 침대) matrimonio [마뜨리모니오]

트리플 룸 triple [뜨리쁠레]

(숙박비) 지불 pago [빠고]

세금 tasa [따사]

보증금 depósito [데뽀시또]

방

침대 cama [까마]

배게 almohada [알모아다]

침대 시트(홑이불) sábana [사바나]

이불 colcha [꼴차]

에어컨 aire acondicionador [아이레 아꼰디시오나도르]

히터 calentator [깔렌따도르]

선풍기 ventilador [벤띨라도르]

리모컨 (control) remoto [(꼰뜨롤) 레모또]

텔레비전 television [뗄레비시온]

냉장고 refrigerador [레프리헤라도르]

깨끗한 limpio [림삐오]

지저분한 sucio [수씨오]

열쇠 llave [야베]

카드키 tarjeta [따르헤따]

※ '따르헤따'는 '카드'라는 뜻으로 신용카드도 '따르헤따'라고 말한다.

화장실

화장실 baño [바뇨]

수건 toalla [또아야]

휴지 papel sanitario [빠 사니따리오]

샤워 ducha [두차]

비누 jabón [하봉]

뜨거운 물 agua caliente [아구아 깔리엔떼]

차가운 물 agua fría [아구아 프리아]

헤어드라이어 secador [세까도르]

자주 쓰는 회화

빈 방이 있나요? ¿Hay habitación disponible? [아이 아비따시온 디스뽀니블레?]

더운 물이 하루 종일 나오나요?
¿Sale agua caliente todo el dia? [살레 아구아 깔리엔떼 또도 엘 디아?]

에어컨이 있나요? ¿Hay aire acondicionador? [아이 아이레 아꼰디시오나도르?]

하룻밤에 가격이 얼마인가요? ¿Cuánto cuesta por noche? [꾸안또 꾸에스따 뽀르 노체?]

아침 식사가 포함되어 있나요? ¿Incluyen desayuno? [인끌루옌 데사유노?]

와이파이가 안 돼요. No funciona Wi-Fi. [노 풍씨오나 와이파이]

더운 물이 안 나와요. No sale agua caliente. [노 살레 아구아 깔리엔떼]

제 방이 더러워요. 청소할 필요가 있어요.
Mí habitación es sucia , Necesita limpiar. [미 아비따시온 에스 수씨아, 네세시따 림삐아르]

교통

공항과 터미널에서

표 boleto [볼레또]

※ 표는 '띠껫'이라는 표현도 많이 쓴다.

편도 ida [이다]

왕복 ida y vuelta [이다 이 부엘따]

매표소 venta [벤따]

캐리어 maleta [말레따]

배낭 mochila [모칠라]

입구 entrada [엔뜨라다]

출구 salida [살리다]

비행기 avión [아비온]

버스 bus [부스]

택시 taxi [딱시]

자가용 콜택시 remis [레미스]

배 barco [바르꼬]

기차 tren [뜨렌]

좌석 asiento [아시엔또]

창가 좌석 asiento ventana [아시엔또 벤따나]

통로 좌석 asiento pasillo [아시엔또 빠시요]

스케줄 horario [오라리오]

시간 tiempo [띠엠뽀] / hora [오라]

내일 오전 mañana por la mañana [마냐나 뽀르 라 마냐나]

※ 'mañana(마냐나)'는 아침과 내일을 모두 의미하기 때문에 버스표를 구매할 때 주의해야 한다. 마냐나라고 하면 보통 '내일'을 의미하고, '오전'은 'por la mañana(뽀르 라 마냐나)'라고 표현하지만 늘 그런 것은 아니다. 스페인어가 자신 없다면 날짜와 시간을 적어서 표를 파는 사람에게 보여 주는 것이 가장 확실하다.

자주 쓰는 회화

몇 시에 출발하나요? ¿A qué hora sale? [아 께 오라 살레?]

몇 시에 도착하나요? ¿A qué hora llega? [아 께 오라 예가?]

~까지 시간이 얼마나 걸리나요? ¿Cuánto se tarda hasta~? [꾸안또 세 따르다 아스따~?]

어디로 가나요? ¿A dónde va? [아 돈데 바?]

~로 가고 싶습니다. Quiero ir a~. [끼에로 이르 아 ~]

표를 취소하고 싶습니다. Quiero cancelar mi boleto. [끼에로 깐셀라르 미 볼레또]

물건 사기

비싼 caro [까로]
싼 barato [바라또]
할인 descuento [데스꾸엔또]
시장 mercado [메르까도]
슈퍼마켓 supermecado [수뻬르메르까도]
옷 ropa [로빠]
가게 tienda [띠엔다]

자주 쓰는 회화

가격이 얼마인가요? ¿Cuónto cuesta? [꾸안또 꾸에스따?]

너무 비싸요. 깎아주세요.
Muy caro. Descuento, por favor. [무이 까로. 데스꾸엔또, 뽀르 파보르]

길 묻기

왼쪽 izquierda [이스끼에르다]
오른쪽 derecha [데레차]
앞으로 쭉 derecho [데레초]
모퉁이 esquina [에스끼나]
(거리의) 블록 cuadra [꾸아드라]
(거리가) 가까운 cerca [쎄르까]
(거리가) 먼 lejos [레호스]

자주 쓰는 회화

~가 어디에 있나요? ¿Dónde está ~? [돈데 에스따~?]

걸어가면 시간이 얼마나 걸리나요? ¿Cuánto se tarda a pie?
[꾸안또 세 따르다 아 삐에?]

상당히 멀어요. Muy lejos. [무이 레호스]

모퉁이에 있어요. Está en la esquina. [에스따 엔 라 에스끼나]

돈

은행 banco [방꼬]
환전 cambio [깜비오]
환전소 casa de cambio [카사 데 깜비오]
돈 dinero [디네로]
동전 moneda [모네다]
위조지폐 dinero falso [디네로 팔소]
ATM 기계 cajero automático
[까헤로 아우또마띠꼬]
신용카드 targeta de crédito
[따르헤따 데 끄레디또 ('따르헤따'라고도 한다.)]
현금 efectivo [에펙띠보]

자주 쓰는 회화

달러를 바꾸고 싶어요. Quiero cambiar dólares. [끼에로 깜비아르 돌라레스]

카드로 지불할 수 있나요?
¿Puedo pagar en targeta? [뿌에도 빠가르 엔 따르헤따?]

현금이 없어요. No tengo efectivo. [노 뗑고 에펙띠보]

숫자

1 uno [우노]
2 dos [도스]
3 tres [뜨레스]
4 cuatro [꾸아뜨로]
5 cinco [씽꼬]
6 seis [세이스]
7 siete [시에떼]
8 ocho [오초]
9 nueve [누에베]
10 diez [디에스]
11 once [온쎄]
12 doce [도쎄]
13 trece [뜨레쎄]
14 catorce [까또르쎄]
15 quince [낀쎄]
16 dieciséis [디에시세이스]
17 diecisiete [디에시시에떼]
18 dieciocho [디에시오초]
19 diecinueve [디에시누에베]
20 veinte [베인떼]
21 veintiuno [베인띠우노]
30 treinta [뜨레인따]
31 treinta y uno [뜨레인따 이 우노]
32 treinta y dos [뜨레인따 이 도스]
40 cuarenta [꾸아렌따]
50 cincuenta [씽꾸엔따]
60 sesenta [세센따]
70 setenta [세뗀따]
80 ochenta [오첸따]
90 noventa [노벤따]
100 cien [씨엔]
200 dos cientos [도스 씨엔또스]
300 tres cientos [뜨레스 씨엔또스]
500 quinientos [끼니엔또스]
1,000 mil [밀]
1,000,000 millón [밀리온]

기타 장소

약국 farmcia [파르마시아]
레스토랑 restaurante [레스따우란떼]
병원 hospital [오스삐딸]
공항 aeropuerto [아에로뿌에르또]
터미널 terminal [떼르미날]
항구 puerto [뿌에르또]
해변 playa [쁠라야]
와이너리 bodega [보데가]
편의점 kiosco [끼오스꼬]
세탁소 lavandería [라반데리아]
기차역·버스 정류장 Estación [에스따시온]
여행사 agencia de viaje [아헨시아 데 비아헤]

시간

요일

월요일 lunes [루네스]
화요일 martes [마르떼스]
수요일 miércoles [미에르꼴레스]
목요일 jueves [후에베스]
금요일 viernes [비에르네스]
토요일 sábado [사바도]
일요일 domingo [도밍고]

월

1월 enero [에네로]
2월 febrero [페브레로]
3월 marzo [마르소]
4월 abril [아브릴]
5월 mayo [마요]
6월 junio [후니오]
7월 julio [훌리오]
8월 agosto [아고스또]
9월 septiembre [셉띠엠브레]
10월 octubre [옥뚜브레]
11월 doviembre [노비엠브레]
12월 diciembre [디시엠브레]

날짜 및 기타

년 año [아뇨]
월 mes [메스]
주 semana [세마나]
일 dia [디아]
날짜 fecha [페차]
어제 ayer [아예르]
어젯밤 anoche [아노체]
사흘 전 hace tres dias [아쎄 뜨레스 디아스]
오늘 hoy [오이]
지금 ahora [아오라]
내일 mañana [마냐나]
내일 모레 pasado mañana [빠사도 마냐나]
과거 pasado [빠사도]
미래 futuro [푸뚜로]

찾아보기

INDEX

관광지

투어

식당

숙소